AF329448

TRAITÉ PRATIQUE

DE

CONSTRUCTIONS CIVILES

PAR

Germano WANDERLEY

Professeur à l'École Industrielle Gouvernementale de Brünn

ÉDITION FRANÇAISE

Par A. BIEBER

INGÉNIEUR CIVIL, ANCIEN ÉLÈVE DE L'ÉCOLE CENTRALE

TROISIÈME VOLUME

LE BOIS DANS LA CONSTRUCTION

PARIS

E. BERNARD & Cⁱᵉ, IMPRIMEURS-ÉDITEURS

71, RUE LACONDAMINE, 71

1885

TRAITÉ PRATIQUE

DE

CONSTRUCTIONS CIVILES

Paris. — Imp. E. Bernard, 71, rue Lacondamine.

TRAITÉ PRATIQUE

DE

CONSTRUCTIONS CIVILES

PAR

Germano WANDERLEY

Professeur à l'École Industrielle Gouvernementale de Brünn

ÉDITION FRANÇAISE

Par A. BIEBER

INGÉNIEUR CIVIL, ANCIEN ÉLÈVE DE L'ÉCOLE CENTRALE

TROISIÈME VOLUME

LE BOIS DANS LA CONSTRUCTION

PARIS

E. BERNARD & Cie, IMPRIMEURS-ÉDITEURS

71, RUE LACONDAMINE, 71

—

1885

Première Partie

Charpente.

On appelle ouvrage de charpente tout ouvrage en bois pouvant s'exécuter avec les outils ordinaires du charpentier. [1] Il a pour objet ordinairement d'augmenter la section ou la longueur des pièces de bois, ou bien de réunir celles-ci en un réseau de forme invariable.

Les divers ouvrages de charpente peuvent se ranger en quatre classes, savoir :

1° Les combinaisons élémentaires, comprenant :

    (a) Les assemblages simples ;

    (b) Les poutres composées ;

2° Les planchers en bois ;

3° Les pans de bois et cloisons ;

4° Les combles en bois.

---

[1] Les principaux outils dont se servent les charpentiers sont :

La hache ; l'herminette ; les différentes espèces de ciseaux ; la bisaiguë, sorte de barre en fer d'un mètre de longueur, terminée d'un bout par un tranchant légèrement courbe et de l'autre par un tranchant perpendiculaire au premier. Les différentes espèces de rabots ; les tarières, vrilles et vilebrequins ; enfin les diverses sortes de scies, le marteau et le maillet. Pour le tracé, il emploie les règles, le traceret, le cordeau, le fil-à-plomb, le compas, le trusquin, les équerres, la sauterelle ou fausse équerre et le niveau.

CHAPITRE 1er.

Combinaisons élémentaires.

Assemblages simples.

La construction rationnelle d'un ouvrage de charpente repose sur la parfaite connaissance des assemblages simples.

En principe, ces assemblages doivent pouvoir s'exécuter facilement et rapidement. Le charpentier ne dispose que d'outils relativement lourds et grossiers, et le bois ne présente que peu de résistance sous de faibles dimensions ; il faut donc éviter les parties très ouvragées ; elles seraient non seulement exposées à s'abîmer pendant l'exécution, mais aussi à se casser pendant le transport à pied d'œuvre ou le montage.

Les assemblages simples ont pour but :

A. D'allonger les bois ;

B. De les élargir ;

C. De former le joint au point de croisement de deux pièces ;

D. D'augmenter leur section.

A. Allongement ou enture des bois.

Les principaux assemblages de cette nature sont :

1° L'enture bout à bout, à plat joint, fig. 1.

2° Le même avec clameaux, fig. 2.

3° Le même renforcé latéralement de bandes de fer, fig. 3, A—B.

4° L'enture à mi-bois, avec abouts carrés, fig. 4. [1])

5° L'enture en fausse coupe avec épaulements droits, fig. 5.

6° L'enture en fausse coupe avec clefs et bandes de fer, fig. 6.

7° L'assemblage à trait de Jupiter oblique, avec serrage par clef, fig. 7.

8° Le même avec serrage par boulons, fig. 8.

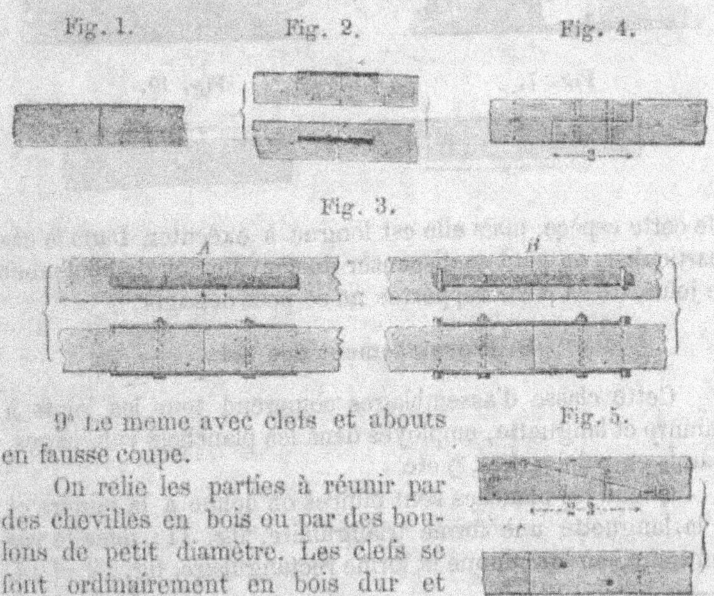

9° Le même avec clefs et abouts en fausse coupe.

On relie les parties à réunir par des chevilles en bois ou par des boulons de petit diamètre. Les clefs se font ordinairement en bois dur et s'enduisent de suif, pour diminuer le frottement au moment de leur mise en place.

Parmi ces différents assemblages, le plus solide est celui que nous avons indiqué en dernier lieu, car les pièces ne peuvent s'écarter l'une de l'autre, pas plus dans le sens de la largeur que dans le sens de la longueur.

Quelquefois le charpentier à recours à des pièces rappor-

---

[1]) Cet assemblage ne présente pas une grande solidité; aussi faut-il toujours le cheviller soigneusement ou l'armer de bandes de fer.

tées pour constituer l'assemblage. La fig. 10 nous montre une
enture de ce genre avec abouts en coupe et serrage par
clefs. Cette disposition est encore la meilleure parmi les joints

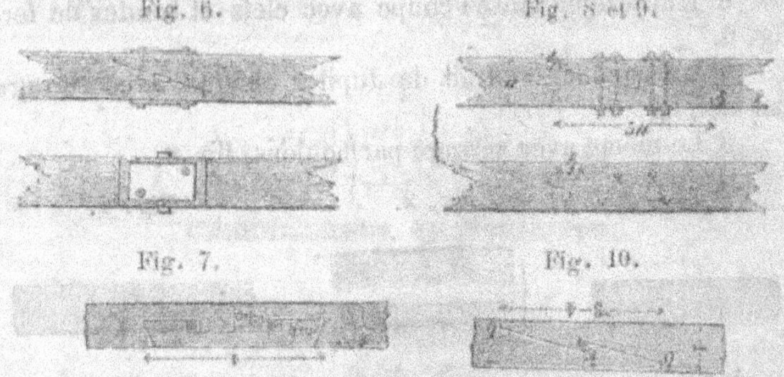

Fig. 6.   Fig. 8 et 9.

Fig. 7.   Fig. 10.

de cette espèce, mais elle est longue à exécuter. Dans le cas
particulier, on peut se dispenser de cheviller ou de boulonner
le joint, car la pièce rapportée ne se peut dégager. [1]

B. Élargissement des bois.

Cette classe d'assemblages comprend tous les joints à
rainure et languette, employés dans les planchers voligeages,
parois en palplanches, [2] etc.

Quand les planches sont minces on donne à la rainure et
à la languette une forme triangulaire, fig. 11; dans le cas
contraire, on leur donne la forme rectangulaire, fig. 12 et 14.

---

[1] Les entures ci-dessus mentionnées conviennent principalement à l'allongement des pièces horizontales. Il en existe un certain nombre d'autres dont l'usage
est moins commun. Parmi celles-ci les plus importantes sont :

L'enture à endents simples ou à queue-d'aronde ; l'enture en coulisse à
queue-d'aronde; enfin l'enture à endents avec rainures et languettes.

Pour l'allongement des pièces verticales, on se sert surtout des assemblages
suivants :

L'enture à fausse tenaille ; l'enture à tenon chevronné; celle à tenon en croix ;
l'enture à tenons et mortaises carrés; enfin les différentes sortes d'enfourchement.

[2] Les assemblages qui ont pour but l'élargissement des bois font plutôt partie
des ouvrages de menuiserie.

Les planches ou frises d'un plancher peuvent aussi se poser à plat-joint, c'est-à-dire avec tranches unies, reliées ou

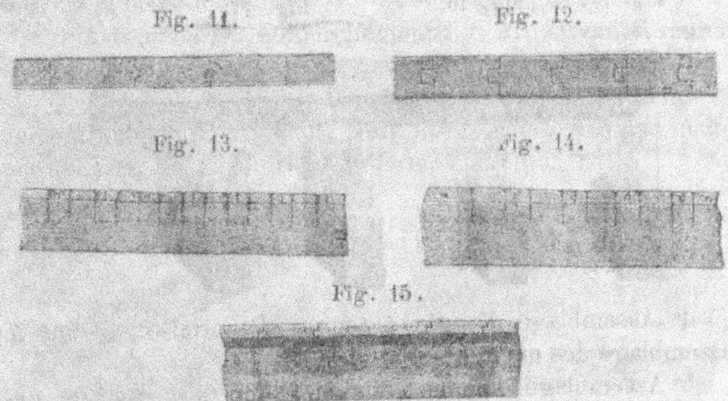

Fig. 11.   Fig. 12.

Fig. 13.   Fig. 14.

Fig. 15.

non à la colle-forte, fig. 13, ou bien elles peuvent se réunir par feuillure comme dans la fig. 15.

C. Assemblages d'angle et joints multiples.

a) Les pièces à réunir se trouvent dans un même plan.

1° L'assemblage droit à tenon et mortaise, fig. 16.

Ordinairement la longueur et l'épaisseur du tenon sont égales au tiers de la largeur de la pièce mortaisée. [1]

2° Assemblage droit à tenon et mortaise, avec emboîtement, fig. 17, A—B. Cet assemblage suppose que la pièce portant le tenon est plus large que celle dans laquelle se trouve la mortaise.

---

[1] En France, on donne ordinairement plus de longueur au tenon ; celle-ci est égale aux deux tiers de l'épaisseur de la pièce qui porte la mortaise ; quelquefois elle va jusqu'aux trois-quarts, mais il faut considérer cette dimension comme une limite supérieure.

L'assemblage à tenon et mortaise est presque toujours traversé d'une cheville en bois. Le but de cette dernière n'est pas, comme on pourrait le croire, de contribuer à la résistance de l'assemblage, mais simplement de maintenir les pièces en joint pendant le montage et le levage de la charpente.

3° Assemblage à tenon avec renfort en chaperon, employé dans les planchers, fig. 18.

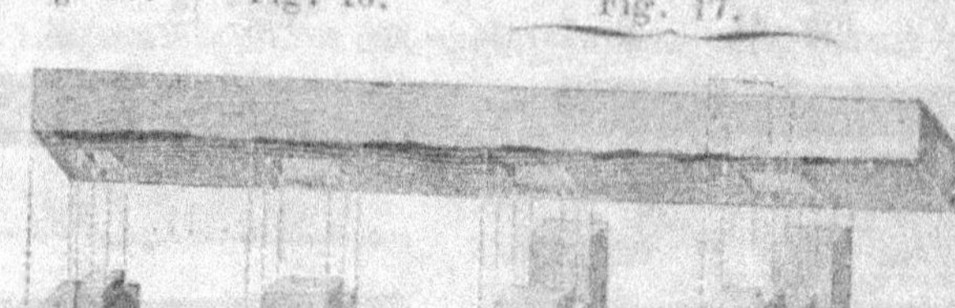

Fig. 19.   Fig. 16.   Fig. 17.

4° Assemblage d'angle à tenon et mortaise servant à l'assemblage des montants d'angle, fig. 19.

5° Assemblage oblique à tenon et mortaise, fig. 20, ne

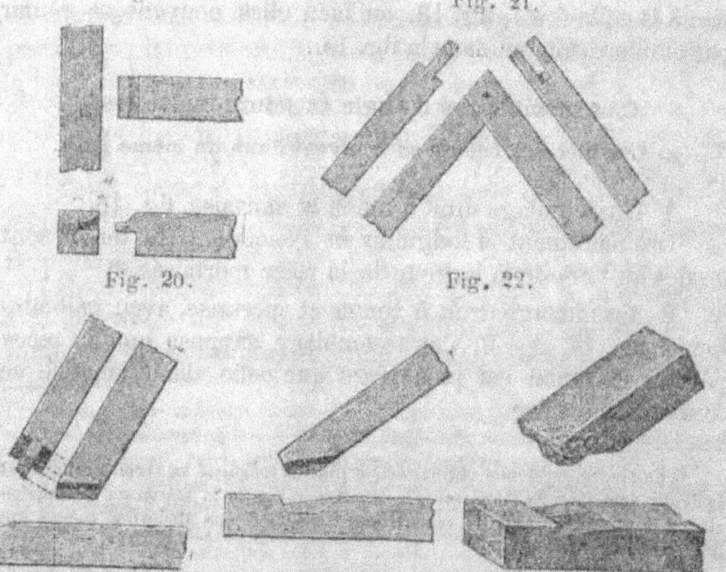

Fig. 18.   Fig. 21.

Fig. 20.   Fig. 22.

s'employant que lorsque la pièce oblique ne supporte qu'une faible pression, telles que, par exemple, les décharges d'un

pan de bois ou les contre-fiches de certains genres de fermes,
etc. La largeur du tenon est toujours égale au tiers de l'épaisseur de la pièce mortaisée. [1]

6° Assemblage à enfourchement fig. 21, servant à réunir
l'extrémité supérieure des chevrons.

7° Assemblage oblique à tenon et mortaise avec embrèvement, fig. 22. Il s'emploie pour les contre-fiches peu inclinées et pour les arbalétriers de fermes légères. [2]

Fig. 23 A.   Fig. 23 B.

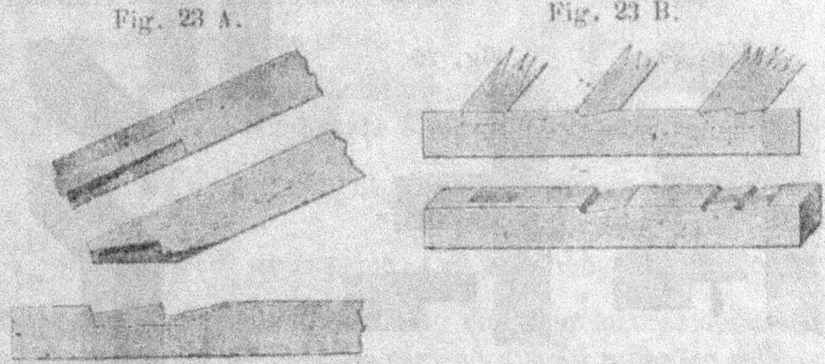

8° L'assemblage à crans avec tenon et mortaise sert dans
le cas où les deux pièces forment entre elles un angle très
aigu, fig. 23, A et B. L'embrèvement des crans ne doit pas
pénétrer de plus de $\frac{1}{7}$ ou mieux $\frac{1}{8}$ dans l'épaisseur de la pièce
horizontale et la profondeur de la mortaise ne doit pas dépasser
la moitié de la même dimension. Il faut en outre laisser de
0,25 m à 0,50 m de bois à l'about de la pièce.

9° Assemblage d'angle par entaille à mi-bois, avec cheville, fig. 24.

---

[1] Il faut remarquer que le tenon ne se compose plus d'un parallélipipède
complet, mais que l'angle saillant à son extrémité est abattu par un plan perpendiculaire à la face de la pièce mortaisée. Si l'on conservait à cet angle sa forme
aiguë, on serait forcé de renfouiller la mortaise. De plus comme il formerait une
sorte de coin, il pourrait, sous l'effet de grandes pressions, faire sauter l'épaule-
ment de la mortaise.

[2] Il sert aussi pour les pièces très inclinées quand la pression à transmettre
est grande, son but étant alors de fournir de meilleurs épaulements à la pièce
portant le tenon.

10° Assemblage droit par simple entaille à mi-bois, fig. 25.

Fig. 24.   Fig. 27.

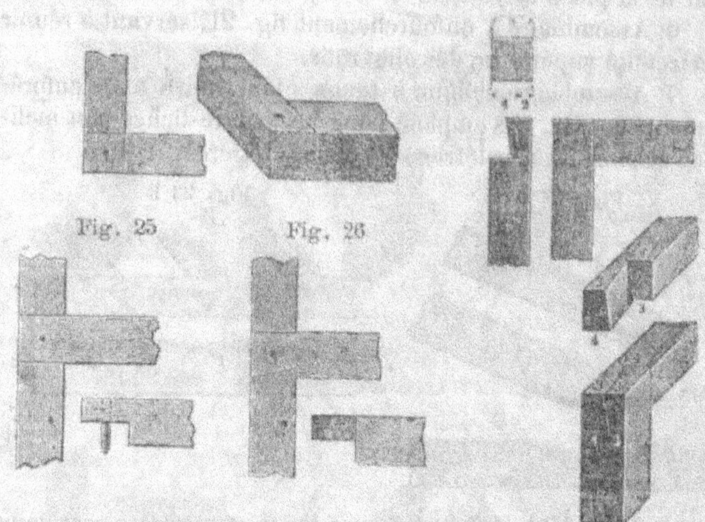

Fig. 25.   Fig. 26

11° Assemblage droit en queue-d'aronde, fig. 26. Il est préférable au précédent.

12° Assemblage d'angle par entaille en fausse coupe ; il convient bien pour l'attache de traverses, les plans obliques empêchant tout mouvement des pièces, fig. 27.

Fig. 28.   Fig. 29.

13° Assemblage d'angle par entaille à endents, fig. 28.

Il est plus compliqué que le précédent et ne convient qu'aux pièces transmettant de faibles efforts. [1]

Fig. 30.

14° Les assemblages en queue-d'aronde, fig. 29 et 30, s'emploient pour l'attache des abouts de jambes de force ou de faux entraits.

b) Les axes des pièces à réunir ne sont pas dans un même plan.

A cette catégorie appartiennent tous les différents assemblages à entaille et recouvrement.

L'entaille a ordinairement une profondeur égale au $\frac{1}{8}$ ou au $\frac{1}{10}$ de la largeur de la pièce. Ces assemblages s'emploient surtout pour réunir les solives d'un plancher aux semelles et sablières d'un pan de bois. Ils servent aussi à relier les solives à la sablière quand celle-ci repose sur un mur.

Les principales formes de ces assemblages sont représentées dans la fig. 31.

AA, est la sablière de chambrée d'un pan de bois. Elle porte sur sa face supérieure les mortaises recevant les tenons des poteaux de décharge du pan de bois supérieur, fig. 32, B.

BB, sont les solives du plancher lequel se termine dans l'angle par un blochet D.

CC, est la sablière haute couronnant la partie inférieure du pan de bois, fig. 32, B.

EE, peut être une simple sous-poutre transversale ou peut former la sablière haute d'une cloison intermédiaire.

F, représente la semelle d'une cloison reposant sur le plancher.

---

[1] Outre les assemblages d'angle ci-dessus mentionnés, on rencontre fréquemment aussi divers assemblages d'onglet. Dans ceux-ci une partie de l'épaisseur des deux pièces à joindre est taillée diagonalement pour former l'onglet, pendant que la jonction proprement dite est faite par entaille ou par tenon et mortaise.

Fig. 31.

Cet exemple nous montre que l'entaille peut se trouver

Fig. 32 A.

soit en-dessus (pièces CC et EE), soit en-dessous des bois (pièces AA et E). Pour les solives elle peut même se trouver des deux côtés à la fois. Ces assemblages ont des formes fort variées, dont voici les principales :

Fig. 32 B.

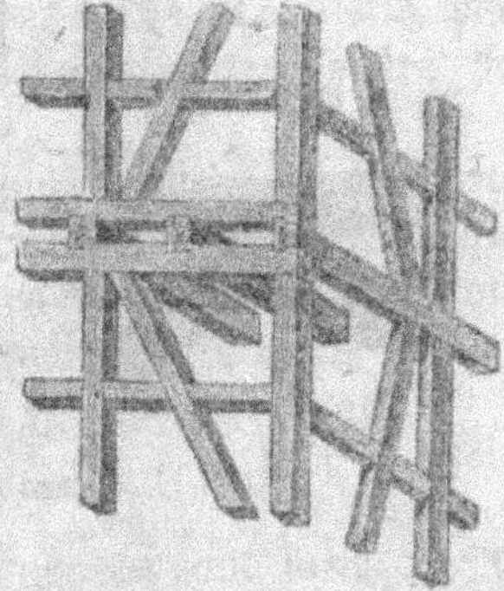

(a), (b), (c), (d), (e), (f), sont des assemblages en queue-d'aronde à recouvrement.

(g). Assemblage d'angle par entaille et recouvrement.

(h). Assemblage par entaille et onglet.

(k). Assemblage par entaille simple.

Ce mode de liaison est défectueux parce que les pièces n'ont pas de prise l'une sur l'autre.

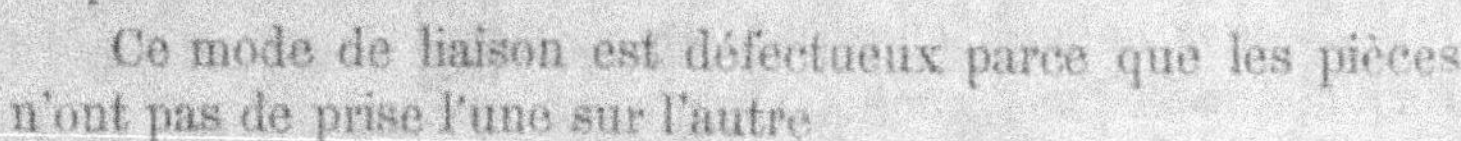

(l). Assemblage par entaille oblique.

Il est meilleur que le précédent.

(m). Assemblage par entaille avec demi-coupe oblique.

(n). Assemblage par entaille avec demi-coupe droite.

(i). Assemblage par entaille double.

(o). Assemblage par entaille avec renfort d'angle.

(w) et (p). Assemblages par entaille droite.

(z) et (v). Assemblages par entaille en queue-d'aronde.

Les assemblages à entaille dont on fait usage aux points de croisement sont :

(s). L'entaille droite avec portée oblique.

(t). L'entaille oblique avec portée oblique.

(q). L'entaille droite avec endents.

(u) et (y). Les entailles en croix.

(x). L'entaille en queue-d'aronde.

Les formes les plus usuelles sont celles qui portent les lettres h, m, n, o, g, f, s, t, u, v, et x.

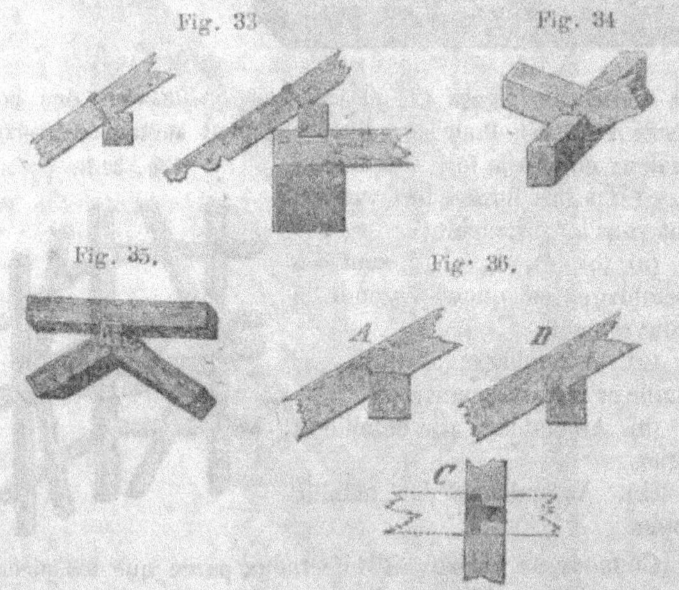

Fig. 33

Fig. 34

Fig. 35.

Fig. 36.

La fig. 32, A, donne un second exemple de quelques-uns de ces mêmes assemblages.

En général, on donne à l'entaille de 0,02 m à 0,03 m de profondeur et quand les pièces ont un fort équarrissage, on va jusqu'à 0,04 m.

L'endenture s'emploie surtout pour les chevrons, au point où ils s'appuient sur les pannes d'égout.

L'endenture simple est représentée dans la fig. 33. L'endent est triangulaire et vient recouvrir l'arête de la panne. Dans les noues, les chevrons s'appuient par entaille sur la pièce de noue et sont cloués sur elle. L'endenture se rencontre fréquemment aussi dans les fermes de forme simple. Elle peut servir, par exemple, pour former l'appui de la panne à la rencontre de deux contre-fiches, fig. 35. Une disposition très usitée au Moyen-Age, et encore parfois employée en Autriche et dans le midi de l'Allemagne, consiste à ajouter un petit tenon à l'endenture. La fig. 36, A—C, représente cet assemblage en plan, coupe et élévation.

D. Renforcement de la section des bois.

Lorsque les efforts à transmettre sont considérables, on est quelquefois conduit à remplacer les pièces simples par des pièces composées de deux ou plusieurs bois juxtaposés. L'assemblage de ces parties se fait par crans ou endents, avec ou sans clefs, et elles sont serrées l'une contre l'autre par une série de boulons.

L'assemblage à crans s'emploie plus particulièrement pour les poutres, arbalétriers, poinçons, contre-fiches, tandis que l'assemblage à endents rectangulaires et à clefs ne sert que pour les pièces verticales de fort équarrissage, telles que poteaux corniers, gros poinçons, etc., voir les fig. 73 et 79.

a) Assemblage à crans.

Les poutres jumellées de cette espèce sont formées d'un nombre impair de pièces de bois, trois, cinq ou sept.

Dans le premier cas, on place deux des pièces à la partie supérieure et la troisième à la partie inférieure, fig. 37, A. Dans le second cas, trois sont à la partie supérieure et deux

Fig. 38.

Fig. 37

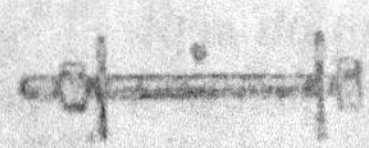

Fig. 39.

en-dessous, et enfin dans le troisième cas, quatre en-dessus et trois en-dessous, fig. 38. Le glissement d'une des parties, par rapport à l'autre est empêché, tant par les crans qui doivent se correspondre exactement, que par les boulons qui maintiennent les bois pressés l'un contre l'autre. Ces boulons se placent surtout près des extrémités des parties jumellées, fig. 38 et tout au plus de deux en deux crans. Ils ont la forme ordinaire et leur écrou s'appuie sur une rondelle en fer. Leur diamètre a ordinairement de 0,15 m à 0,20 m, fig. 39.

La hauteur de ces poutres jumellées varie du $\frac{1}{12}$ au $\frac{1}{15}$ de la portée. La longueur des crans est comprise entre les $\frac{8}{10}$ et les $\frac{10}{10}$ de la hauteur de la poutre et leur saillie est égale au $\frac{1}{10}$ de cette hauteur.

Le tracé des crans se fait de la manière suivante :

Soit le cas d'une poutre composée de trois pièces. On divise la hauteur totale de la poutre en 10 parties égales et l'on joint la division (4) de l'extrémité (a) avec la division (5) de la ligne milieu, en (b), voir fig. 37, A et fig. 40. On mène ensuite une parallèle à (ab) par les points (5) et (6). Ces deux lignes, dont l'écartement est égal au $\frac{1}{10}$ de la hauteur de la poutre, limitent entre elles la file de crans. La longueur de ceux-ci étant donnée (elle est comprise, comme nous savons, entre les $\frac{8}{10}$ et les $\frac{10}{10}$ de la hauteur), on les tracera facilement en (igh), (gfe), (edc), etc., en ayant soin de faire les épaulements (ih), (gf), perpendiculaires à (ab).

Pour augmenter la résistance de ces poutres jumellées et éviter qu'elles ne prennent trop de flèche, une fois chargées, on leur donne un léger cambre. Cette cambrure varie entre $\frac{1}{60}$ et $\frac{1}{100}$ de la portée. On la produit en appuyant le milieu de la poutre sur un point fixe, tandis que ses extrémités sont pressées à terre au moyen de crics. A cet effet, on scelle dans le sol deux forts cadres en charpente contre lesquels les crics viennent buter; c'est ce qu'indique la fig. 41.

La poutre reste ainsi fléchie jusqu'à ce que tous les trous soient percés et les boulons mis en place. Les crans devant se joindre d'une manière parfaite, on dresse soigneusement leurs faces de contact.

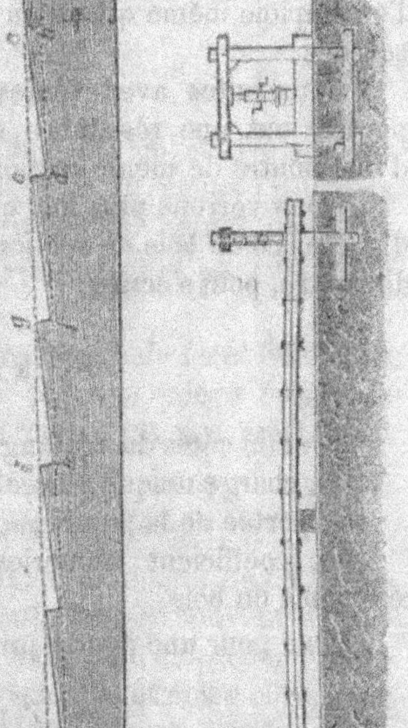

Fig. 40 et 41.

On voit par la description qui précède, que la construction de ces poutres jumellées exige beaucoup de soins et qu'elle ne peut être confiée qu'à des ouvriers habiles.

Afin d'obtenir des résultats satisfaisants, tout en simplifiant le travail, on adopte quelquefois le mode de construction suivant : On laisse un peu de jeu entre les épaulements des divers crans et on les remplit après coup en y chassant des clefs en bois dur ou en fer. Ce procédé obvie à l'inconvénient d'une inégalité dans la dimension des crans des deux pièces à juxtaposer. Les clefs sont chassées avec force pendant que la poutre se trouve encore fléchie sur le chantier. En pratique, c'est toujours la poutre jumellée à clefs que l'on emploie même quand on peut compter sur une exécution soignée.

Construites avec toutes les précautions voulues, ces poutres ont une résistance égale aux trois quarts de celle d'une poutre de même section, formée d'une seule pièce.

Nous verrons plus loin que la formule servant au calcul d'une pièce de bois de section rectangulaire, faisant fonction de poutre, peut s'écrire :

$$P = k \times \frac{bh^2}{l} \quad {}^{1)}$$

(b) et (h) côtés du rectangle ;

(P), charge unique placée au milieu de la portée ;

(l), portée de la poutre,

(k), coefficient numérique dépendant du coefficient de résistance du bois.

Donc pour une poutre jumellée :

$$P = \frac{3}{4} k \times \frac{BH^2}{l}$$

Pour que celle-ci présente la même résistance que la

---

¹) Lorsqu'on exprime (P) en kilogrammes, (l) en mètres, (b) et (h) en centimètres, la valeur de (k) peut être prise égale à 0,45 ou 0,50.

poutre simple, il faut, pour une même charge (P) et une même portée (l), que l'on ait :

$$\frac{3}{4} BH^2 = bh^2$$

Si les sections sont semblables, c'est-à-dire si les côtés ont entre eux le même rapport, $\frac{7}{5}$ par exemple, on a

$$\frac{H}{B} = \frac{h}{b} = \frac{7}{5}$$

et alors

$$\frac{3}{4} H^3 = h^3$$

où

$$1,44\,H = 1,59\,h.$$
$$H = 1,1\,h$$

On voit donc que pour une même portée et des sections semblables, la poutre jumellée doit avoir au moins 1,1 fois la hauteur de la poutre simple pour présenter autant de résistance qu'elle. En général, on prend même un coefficient supérieur, soit de 1,1 à 1,3.

Chaque joint se recouvre d'une bande de fer et les abouts des parties jumellées sont séparés par une mince feuille de plomb, afin que les bois de bout ne pressent pas directement l'un sur l'autre.

b) Assemblage par simples clefs.

L'exécution des poutres précédentes donne lieu à beaucoup de main-d'œuvre, aussi se contente-t-on souvent de laisser unie la surface de contact des bois, et d'empêcher le glissement des parties juxtaposées, en enfonçant entre elles, dans des entailles ménagées à cet effet, des clefs en bois dur ou en fer. Ces clefs ont une section carrée ou rectangulaire, comme en (a) et (b) fig. 42. [1] On donne à ces poutres une hauteur

---

[1] Elles ont quelquefois aussi la forme en queue-d'aronde et leur serrage se fait alors au moyen d'une seconde clef, formant coin.

de $\frac{1}{12}$ à $\frac{1}{15}$ de la portée et une cambrure d'environ $\frac{1}{60}$. Leur résistance peut être prise, comme tout à l'heure, égale aux trois quarts de celle d'une poutre simple de même section.

Fig. 42.

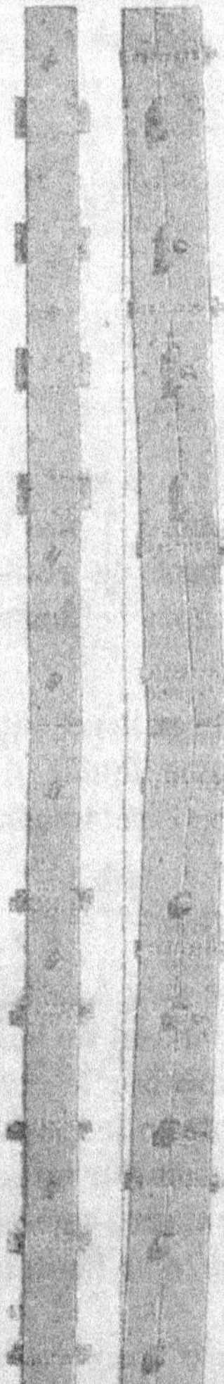

La tendance au glissement est faible au milieu de la poutre et augmente vers les extrémités ; c'est en ces derniers points qu'il faut le plus rapprocher les clefs.

La poutre jumellée de la fig. 42 se compose de parties légèrement cruciformes ; mais cette disposition ne convient qu'aux poutres horizontales, telles que linteaux, par exemple. En général, les deux moitiés conservent la même section d'un bout jusqu'à l'autre, et cette disposition est même la seule à employer quand les poutres sont inclinées, fig. 47 et 48. En pareil cas, il faut aussi supprimer toute cambrure.

Les pièces jumellées sont d'un emploi très fréquent dans la construction. Les fig. 44 à 48 en donnent quelques exemples, tirés de charpentes de combles et de planchers.

c) Assemblage à crémaillère ou à endents.

L'assemblage à endents ne s'emploie que pour le renforcement des pièces verticales, montants, poinçons, etc. En général, on l'évite parce qu'il occasionne beaucoup de maind'œuvre et que l'assemblage à clefs le remplace parfaitement. Nous aurons du reste dans la suite quelques exemples de poinçons de cette nature ; nous nous bornerons ici à indiquer le principe de l'assemblage, fig. 49. On divise la hauteur totale de la pièce en 9 bandes d'égale largeur et l'on trace l'endenture dans la bande du milieu. La longueur des endents est de 1 1/2 à 3 fois la hauteur de la pièce et chacun d'eux est traversé par un boulon. Afin de rendre le travail plus facile,

Fig. 43.

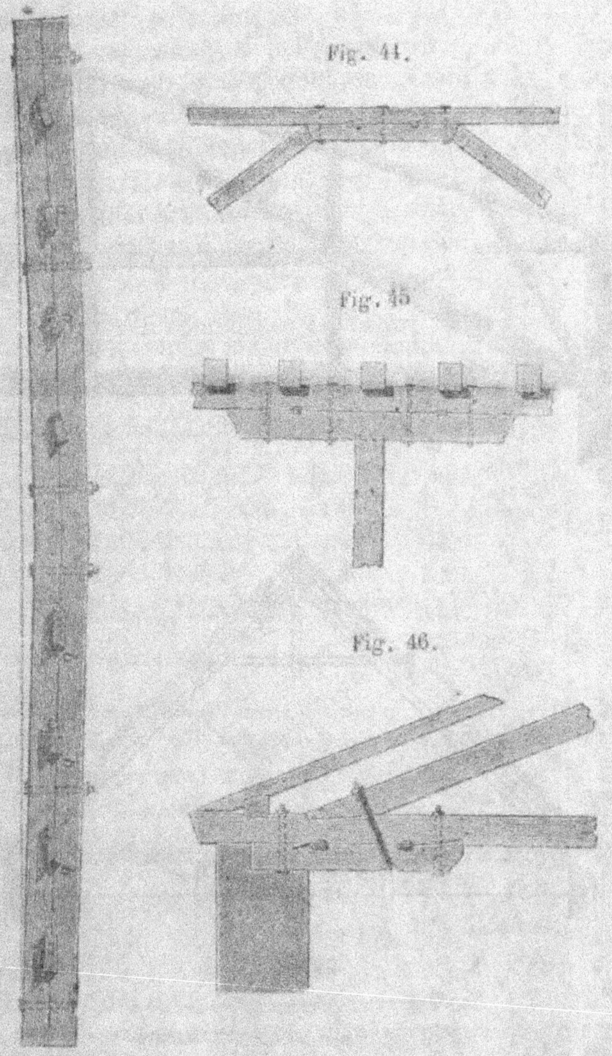

Fig. 44.

Fig. 45.

Fig. 46.

on peut laisser des vides entre les épaulements des endents

et opérer ensuite le serrage au moyen de clefs. L'assemblage
à endents est très usité pour les poteaux corniers des pans de
bois.

Fig. 47.

Fig. 48.

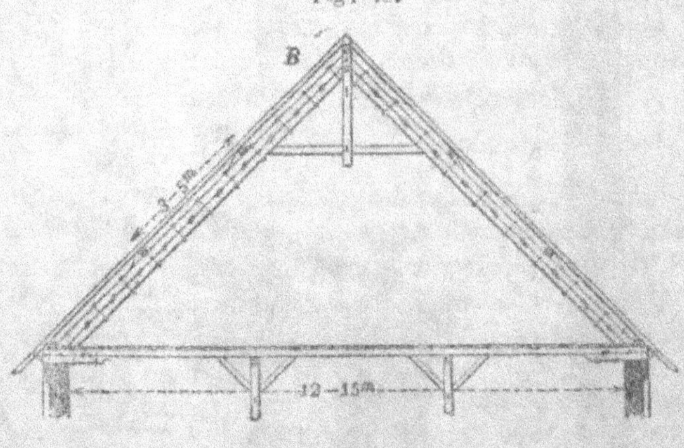

Fig. 49.

Assemblages des poutres composées.

Les toitures et, quelquefois aussi, les planchers et les cloisons, sont supportés par des combinaisons de pièces de bois, formant un ensemble de forme invariable, appelées fermes dans un cas et poutres armées dans l'autre. On comprend facilement l'importance des assemblages dans ce genre d'ouvrages; aussi reconnaît-on l'intelligence et l'habileté du charpentier à la manière dont il fait les assemblages, des différentes parties d'une poutre composée.

1. Poutres composées en forme de fermes.

Une ferme se compose toujours d'au moins quatre pièces, fig. 50, se soutenant l'une l'autre. Elles reposent aux extré-

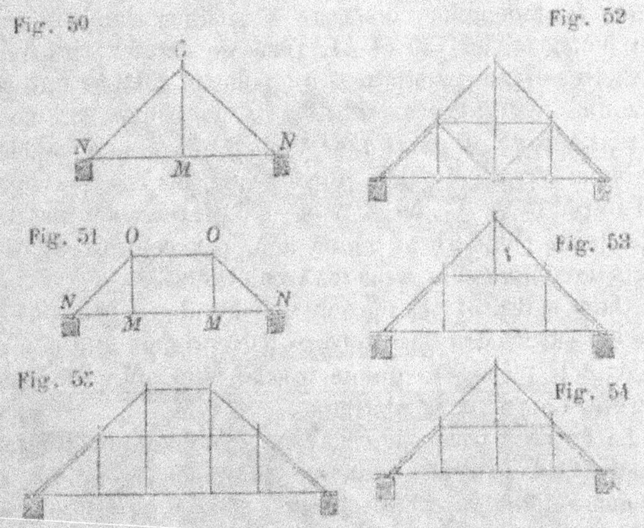

mités (NN) sur des points fixes où se trouve reporté toute la charge qui pèse sur la ferme, à savoir : le poids mort et les charges temporaires. La pièce horizontale, appelée entrait,

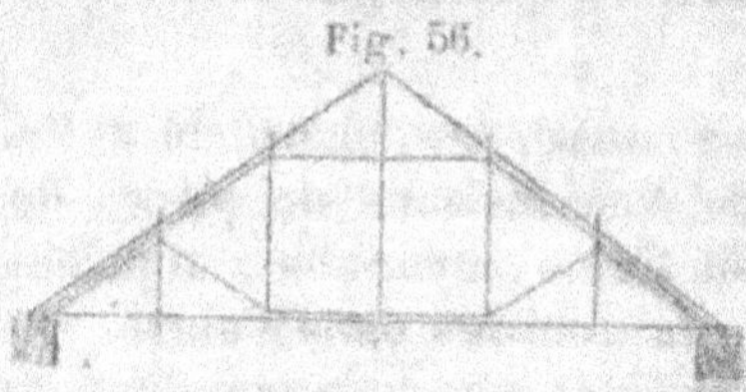

Fig. 56.

prend aux appuis la composante horizontale de la poussée exercée par les deux pièces inclinées, appelées arbalétriers, de manière que les appuis ne reçoivent qu'une action verticale.

Dans sa forme la plus simple, une ferme se compose donc de deux arbalétriers s'arc-boutant au sommet, d'un entrait reliant leurs extrémités inférieures et d'un poinçon rattachant le milieu de l'entrait au sommet de la ferme.

A ces pièces principales viennent s'en ajouter, un certain nombre de secondaires quand la portée de la ferme augmente.

Nous donnons aux fig. 50—56, diverses formes de poutres composées, parmi lesquelles on peut considérer comme formes fondamentales la ferme à poinçon simple et celle à deux poinçons, fig. 50 et 51. Dans ce dernier cas, il entre deux pièces supplémentaires, un poinçon (OM), et une pièce horizontale (OO), correspondant à la pièce que l'on nomme entrait relevé ou retroussé dans les fermes de comble.

Nous verrons plus loin que lorsque, des charges portent sur l'entrait (NN), fig. 50, le poinçon (OM) transmet une partie du poids au point (O) et donne lieu, par conséquent, à des efforts de compression dans les arbalétriers.

Dans la fig. 51, la tension que les deux poinçons (OM) exercent sur les deux arbalétriers (ON) produit une compression dans la pièce (OO) qui se trouve faire office de contrefiche entre les deux arbalétriers.

La ferme à trois poinçons peut s'obtenir de différentes manières. Elle peut être formée, comme dans la fig. 52, de l combinaison de deux petites fermes simples avec une grande ferme de portée double, le poinçon de cette dernière venant se rattacher aux pieds des arbalétriers intérieurs des petites fermes, ou bien, comme dans la fig. 53, de la combinaison d'une ferme simple avec une ferme à deux poinçons, le poinçon de la première descendant jusqu'à l'entrait relevé ou, comme dans la fig. 54, jusqu'à l'entrait principal.

Lorsque dans ces systèmes composés, on forme les parties qui viennent se juxtaposer de pièces de bois distinctes, il faut avoir soin de les jumeller ensemble, c'est-à-dire, de les réunir solidement par des clefs et des boulons (voir la fig. 17).

La ferme à quatre poinçons, fig. 55 peut s'obtenir par la combinaison de deux fermes à deux poinçons; celle à cinq poinçons, fig. 56, d'une à deux poinçons et de plusieurs à poinçon unique, etc.

Ces différentes espèces de fermes s'emploient pour supporter la couverture des combles, et quelquefois aussi des cloisons, fig. 55, ou des planchers fig. 57 et 58. Dans ce dernier

Fig. 57.

Fig. 58

cas la ferme fait fonction de poutre armée et est ordinairement placée perpendiculairement à la direction des solives, l'entrait leur fournissant l'appui nécessaire. Les solives peuvent être suspendues à cette pièce, fig. 57, ou reposer sur elle, fig. 58. La dernière disposition est la plus usuelle, car bien qu'alors l'entrait fasse saillie sur le plafond, la surface totale ne se trouve subdivisée qu'en un petit nombre de grands compartiments que l'on peut facilement décorer. Quant aux formes de détail de ces dispositions, elles ressortent des figures qui vont suivre, dans lesquelles est indiqué l'assemblage des différentes parties entre elles.

a) Arbalétriers.

La meilleure inclinaison à donner aux arbalétriers, au point de vue de leur résistance, est l'angle de 45° correspondant à une flèche H égale à

$$ 1 \times \sqrt{\frac{1}{2}} = 0,7 \times 1 $$

(l), étant la demi-portée de la ferme.

Le calcul prouve, en effet, que cette inclinaison conduit aux sections les plus faibles. Il est rare cependant de pouvoir adopter cet angle attendu que l'inclinaison de la toiture dépend presque toujours de la nature de la couverture et non des conditions de résistance de la ferme.

Fig. 59.   Fig. 60.

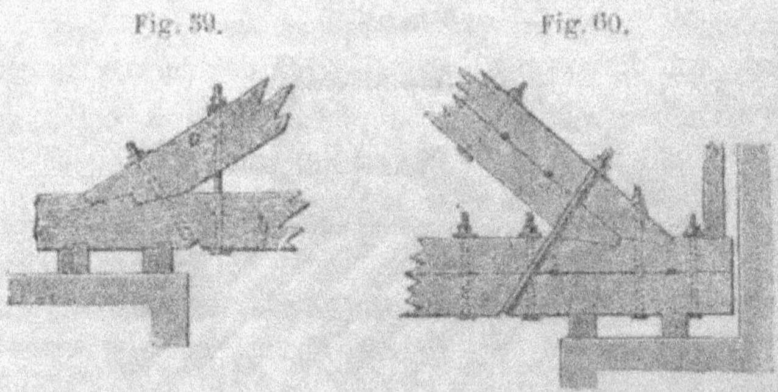

Dans les fermes légères l'arbalétrier et l'entrait s'assemblent à tenon et mortaise avec embrèvement simple, fig. 22. Si les pièces sont grosses, on adopte l'embrèvement à crans, fig. 23. Pour que les pièces soient bien maintenues, on les relie en outre par des boulons ou par des étriers, dirigés normalement à l'arbalétrier (a) ou à l'entrait (b) fig. 59. Il faut avoir soin de laisser au moins 0,3 m à 0,4 m de bois derrière l'embrèvement.

Quand on peut craindre que l'assemblage de l'arbalétrier n'affaiblisse par trop l'entrait, ce qui pourrait avoir lieu dans les fermes de grande portée, on renforce ce dernier à ses extrémités par des sous-poutres jumellées avec lui. Ces pièces additionnelles peuvent se placer en-dessus fig. 60, ou en-dessous de l'entrait, fig. 61.

Pour que les efforts se transmettent dans de bonnes conditions d'une pièce à l'autre, il faut que les parties jumellées soient parfaitement solidaires, c'est-à-dire qu'elles soient bien serrées par des clefs et des boulons, fig. 60 et 61.

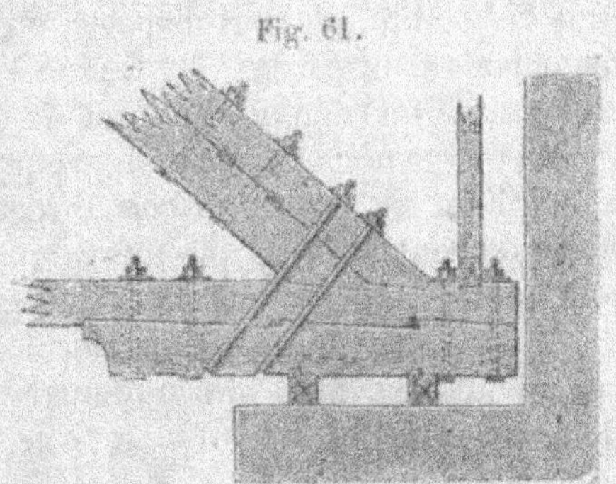

Fig. 61.

b) **Poinçons.**

Les poinçons sont ordinairement formés de pièces simples; dans le cas de très grandes portées, on est cependant quelquefois obligé d'avoir recours à des pièces jumellées que l'on assemble par joint à clef, avec ou sans crémaillère, fig. 49 et 73. [1])

---

1) Il est rare, de nos jours, de rencontrer des fermes en bois dont la portée soit assez grande pour obliger à faire le poinçon en bois jumellés; en pareil cas, il est, en effet, toujours plus avantageux d'adopter des fermes en fer, ou tout au moins un système mixte, bois et fer.

Dans le cas d'une ferme à deux poinçons supportant un plancher comme dans la fig. 57, par exemple, il est bon de placer les poinçons à une distance telle que la portée soit divisée par eux dans le rapport des nombres 3 : 4 : 3, afin de répartir la charge à peu près également sur l'entrait.

c) Entraits.

Lorsqu'on ne peut se procurer des bois assez longs pour former l'entrait d'une seule pièce, on a recours à l'un des modes d'enture déjà indiqués, par exemple à l'assemblage bout à bout avec bandes de fer, fig. 3, [1]), ou par trait de Jupiter, fig. 7 et 8. On place ce joint sous le poinçon et pour plus de solidité, on peut disposer en ce point une pièce formant sous-poutre, fig. 71. Quand l'effort à transmettre est très grand, on compose l'entrait de pièces jumellées, assemblées comme nous l'avons indiqué aux fig. 38 à 43 et 47. Mais aujourd'hui les fermes en bois, de construction aussi massive, ne se rencontrent plus que fort rarement, le fer donnant toujours une solution meilleure et plus économique.

Rappelons que dans les fermes de grande portée, il est quelquefois utile de renforcer l'extrémité de l'entrait d'une sous-poutre, fig. 61.

d) Assemblage du poinçon avec les arbalétriers.

Comme règle générale, il faut que les axes des arbalétriers et du poinçon passent par un même point, fig. 62. La

---

[1] Il va de soi que la section des bandes de fer, au point où elle est le plus réduit, c'est-à-dire au droit des trous de boulons, doit être suffisante pour résister à l'effort de traction que supporte l'entrait. Il faut également s'assurer que le nombre de boulons est suffisant pour résister à l'effort de cisaillement que leur transmettent les bandes de fer.

partie supérieure du poinçon doit conserver assez de bois au-
dessus des arbalétriers pour que l'about de ceux-ci soit bien
maintenu. C'est dans ce but aussi qu'il sera bon de renforcer
l'assemblage de ferrures, quand les pièces auront un fort
équarrissage.

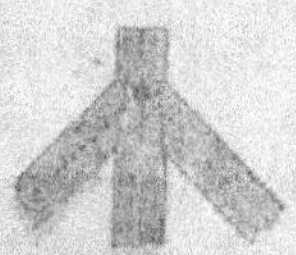

Fig. 62.

Dans les fermes de petite portée et de construction simple, la tête du poinçon est quelquefois maintenue par des ferrures en équerre ou en étrier, à la manière indiquée dans la
fig. 63.

Fig. 63.   Fig. 64.

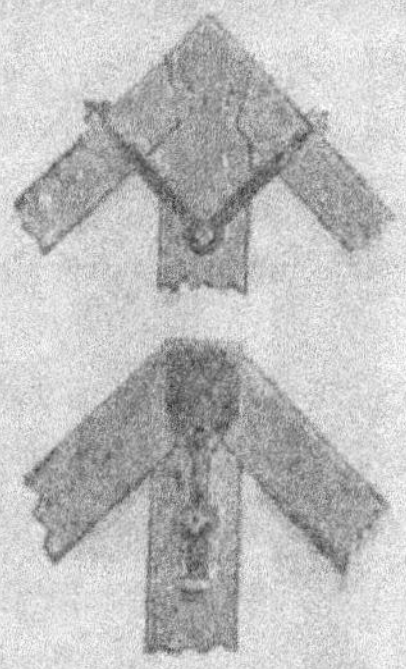

Quand les arbalétriers ont de forts équarrissages, les dispositions précédentes ne conviennent plus. On doit alors
donner au poinçon une section suffisante pour pouvoir embre-
ver sur lui les abouts des arbalétriers. A cet effet, on le compose de deux pièces jumellées, fig. 65, ou bien on le renforce

seulement à sa partie supérieure de pièces rapportées fixées
par des clefs et des boulons, fig. 64.

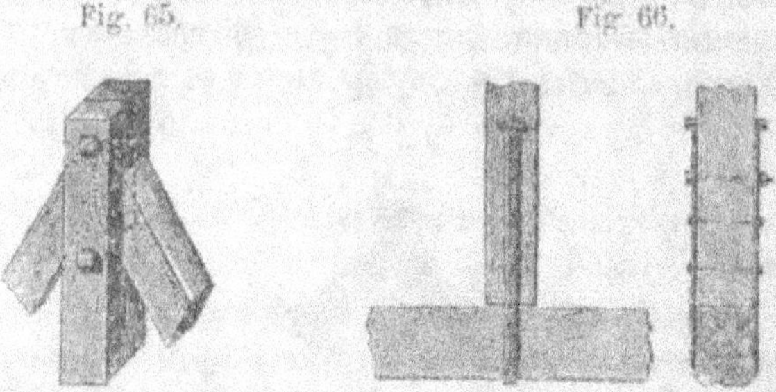

Fig. 65.   Fig. 66.

e) **Assemblage du poinçon avec l'entrait.**

Si la ferme est de petite portée et de construction légère,
on peut se contenter du mode d'attache représenté à la fig. 66.
Le poinçon se termine d'équerre sur l'entrait et est relié avec
lui par un étrier en fer plat, ayant environ 0,05 m de largeur

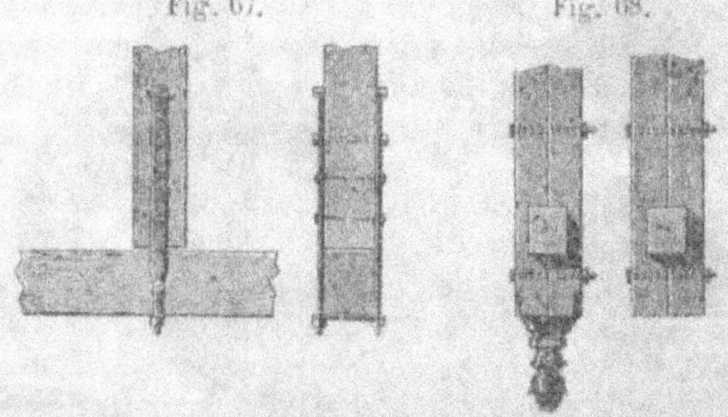

Fig. 67.   Fig. 68.

et 0,003 m à 0,005 m d'épaisseur et est fixé par des clous ou
des boulons.

On doit prendre la précaution de laisser au moins 0,03 m
de jeu entre l'entrait et l'about du poinçon, afin que celui-ci
ne vienne pas s'appuyer sur l'entrait, pendant le fléchissement de la ferme.

La disposition de la fig. 66 ne permet pas d'ajuster la longueur du poinçon, aussi est-il préférable d'adopter celle de la fig. 67. Dans cette dernière, la ferrure se compose de deux branches indépendantes, fixées sur les côtés du poinçon et terminées à la partie inférieure par une tige taraudée, sur laquelle on vient serrer une plaque de retenue au moyen d'un écrou.

Dans les fermes de grande portée, avec poinçon jumellé, les deux moités de celui-ci sont simplement entaillées et laissent passer l'entrait entre elles, fig. 68. Lorsque la ferme est destinée à supporter les solives d'un plancher, celles-ci peuvent se trouver en-dessus ou en-dessous de l'entrait et le mode d'attache du poinçon dépend alors de la disposition des solives, dont l'une peut se trouver précisément dans son plan.

Fig. 69.

Le mode d'assemblage ordinairement adopté dans ce dernier cas est représenté dans la fig. 69. L'entrait passe sous les solives et les deux branches de la ferrure qui le rattache au poinçon traversent la solive qui est placée dans le plan de ce dernier. Lorsque les solives sont suspendues à l'entrait, l'assemblage reste le même et le seul changement provient de ce que dans la figure, la pièce supérieure représente alors l'entrait.

La fig. 70 montre le cas où la solive passe à côté du poinçon ; celui-ci peut alors se rattacher à l'entrait de la manière ordinaire. Il en est de même dans la fig. 71.

Les dispositions changent complètement lorsque les solives sont dirigées parallèlement à l'entrait, fig. 72 et 73. La

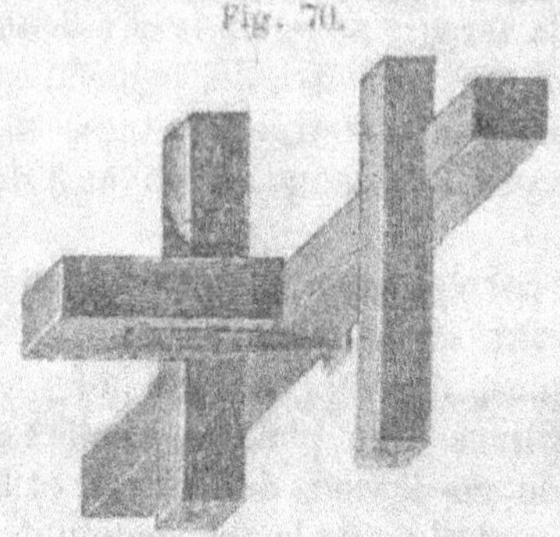

Fig. 70.

poutre qui soutient les solives en leur milieu porte alors sur l'entrait, près du poinçon, lequel est relié à l'entrait par un étrier ou par des boulons.

Une autre disposition du même genre est donnée dans la fig. 74 ; elle est semblable à celle de la fig. 69, si ce n'est que le serrage de l'étrier s'obtient au moyen de deux clavettes.

Fig. 71.

f) Assemblage des poinçons avec l'entrait relevé et l'arbalétrier.

Comme dans le cas de l'assemblage des arbalétriers avec le poinçon, les axes des trois pièces doivent toujours se couper en un même point, afin que les efforts se transmettent dans de bonnes conditions d'une pièce à l'autre, fig. 75.

Dans le cas d'une ferme à deux poinçons, l'arbalétrier et l'entrait relevé s'assemblent ordinairement par tenon et mortaise avec embrèvement sur le poinçon et si la portée est grande, on renforce le joint par des équerres à trois branches, fig. 76.

Ces dernières s'emploient même quand le poinçon dépasse d'une petite quantité les pièces embrevées sur elles.

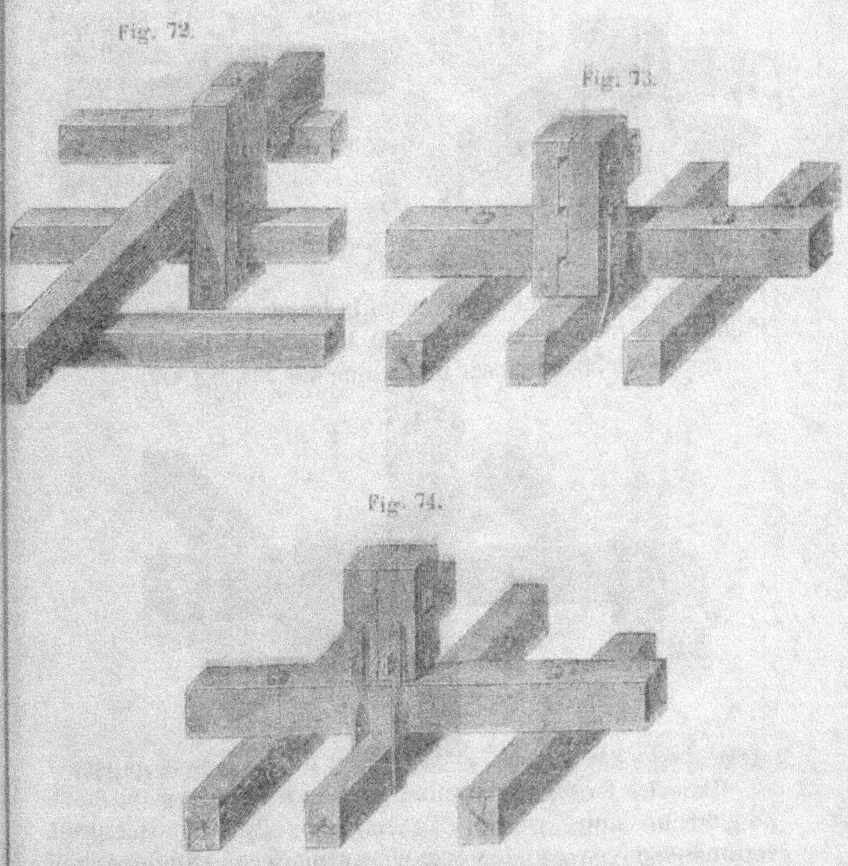

Fig. 72.

Fig. 73.

Fig. 74.

Dans les fermes à trois poinçons l'arbalétrier se prolonge au-delà de la jonction avec l'entrait relevé et alors la ferrure doit former en même temps étrier sur l'arbalétrier, fig. 77. Lorsque le poinçon se compose de deux pièces jumelées, comme dans la fig. 78, on peut joindre l'arbalétrier et l'entrait bout à bout et les assembler par entaille dans le poinçon.

Fig. 75.   Fig. 76.

L'assemblage est analogue quand la ferme est de forme triangulaire et à trois poinçons, fig. 79. Quelquefois on prolonge le poinçon pour faire reposer une panne sur lui, fig. 47.

Fig. 77.

Dans les fermes de comble avec entrait relevé, on peut adopter un autre genre d'assemblage, fig. 80. L'entrait retroussé se compose de deux pièces moisées, embrassant le poinçon et l'arbalétrier, et formant triangle avec eux. Pour que ce triangle ne se puisse déformer, on serre les joints par des boulons. Cette disposition est assez usitée dans les charpentes de hangars.

Nous donnons dans les fig. 81—83 quelques autres exemples de poutres composées servant de fermes de combles, mais nous reviendrons plus loin en détail sur ce sujet, en traitant de la charpente des combles.

Fig. 78.

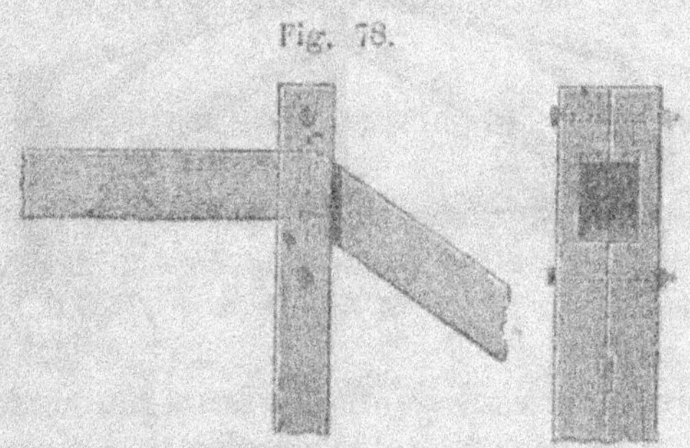

L'application des poutres composées au soutènement des cloisons sera donnée au chapitre : pans de bois.

Fig. 79.

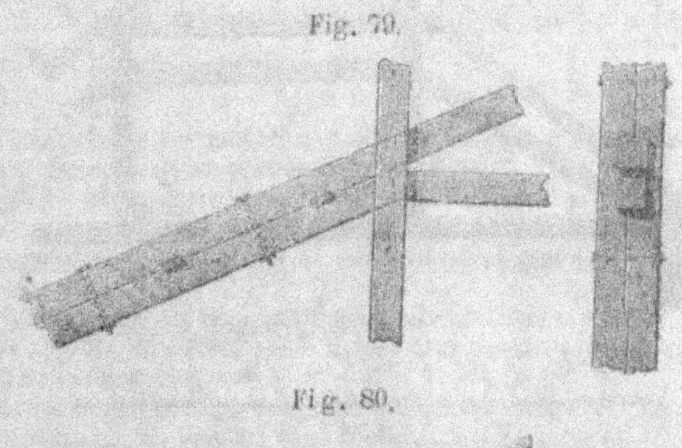

Fig. 80.

Fig. 81.

Fig. 82.

Fig. 83.

g) Ferrements des assemblages.

Ces ferrements comprennent principalement des boulons, bandes de fer et équerres. [1]

Les bandes de fer varient dans leurs dimensions suivant l'équarrissage des pièces à réunir. Leur largeur varie ordinairement entre 0,025 m et 0,065 m et leur épaisseur entre 0,012 m et 0,020 m. [2]

Les boulons ont aussi des dimensions fort variables; les diamètres usuels sont compris entre 0,020 m et 0,030 m. De chaque côté des pièces traversées, on interpose une rondelle en fer entre le bois et le fer, de façon à ce que la tête ou l'écrou du boulon ne puissent pénétrer dans le bois, lors du serrage, fig. 39. [3]

---

[1] La consolidation des assemblages se fait aussi au moyen de clous, chevilles en fer, vis, clameaux, frettes et étriers.

Lorsque les clous, chevilles et vis servent à fixer des planches, ils doivent avoir une longueur au moins égale au double de l'épaisseur de ces dernières. Il est bon de graisser les vis avant de les mettre en place, afin qu'elles ne rouillent pas dans le bois.

Les clameaux sont des crampons à deux pointes, celles-ci étant de même sens ou de sens opposés. Ils servent plutôt à fixer deux pièces l'une contre l'autre qu'à en consolider l'assemblage.

Les frettes servent à réunir les pièces assemblées suivant leur longueur, ou à consolider celles qui risqueraient de se fendre dans le sens des fibres. Lorsque les deux bouts de la frette sont soudés ensemble, on pose celle-ci à chaud et le serrage se produit par son refroidissement. Quand les bouts sont indépendants, on les relie et les serre au moyen de boulons ou de clavettes.

[2] Les bandes de fer se fixent au moyen de clous, de vis ou de boulons. Elles se posent sur les faces de parement ou s'encastrent dans des renfoncements dont la forme doit être exactement celle de la ferrure. Souvent ces bandes sont terminées par des petits retours d'équerre que l'on encastre dans le bois.

[3] L'écrou du boulon est quelquefois remplacé par une clavette, la tige portant alors une mortaise à la place du filet de vis. La saillie des filets du taraudage est égale au douzième du diamètre total du boulon et le pas est égal à $\frac{1}{6}$ ou à $\frac{1}{7}$. Quant à l'écrou, son diamètre peut être pris égal à deux fois celui du boulon et sa hauteur environ égale à la hauteur de six filets de la vis.

Calcul des fermes.

L'écartement des poinçons ou aiguilles pendantes est, en général, de 4 à 6 m.

Ainsi, suivant le nombre de poinçons, les limites seraient :

Nature de la ferme	Écartement limite des poinçons
à 1 poinçon.	de 5,5 m à 6 m.
à 2 poinçons.	de 5 m à 5,5 m.
à 3 „	de 4,5 m à 5 m.
à 4 „	de 4 m à 4,5 m.

Le dernier écartement est aussi celui qui convient aux fermes armées de plus de quatre poinçons.

Quand l'entrait d'une ferme à deux poinçons supporte une charge uniformément répartie, on espace les poinçons dans le rapport des nombres 3 : 4 : 3, afin d'égaliser les efforts auxquels la poutre est soumise en les différents points de sa longueur.

Nous rappelons que dans la ferme à un seul poinçon, la longueur de poinçon la plus favorable est $H = 0,7 l$; dans celle à deux poinçons, on fait $H = 0,8 l$, (l) étant la demi-portée.

Dans l'application des poutres composées aux constructions civiles, les proportions que nous venons d'indiquer doivent souvent être modifiées, parce qu'alors ces poutres se confondent presque toujours avec des cloisons dans lesquelles la charpente doit satisfaire à des conditions particulières.

Les dimensions des arbalétriers de fermes de petite portée, se calculent quelquefois au moyen des formules empiriques suivantes :

Lorsque la pente du toit est faible

$$h = (16 + 1,5 H)\ \text{cm.}$$

lorsqu'elle est forte

$$h = (16 + 1, 0 H)\ \text{cm.}$$

avec $$b = (h - 3)\ cm.$$

(H) étant la flèche exprimée en mètres ;

(b) la largeur de l'arbalétrier en centimètres ;

(h) sa hauteur en centimètres.

Mais il vaudra toujours mieux avoir recours au calcul direct, surtout quand la ferme est grande et que les charges supportées sont importantes.

Nous allons rappeler brièvement la manière de faire ces calculs.

Le but de l'armature surmontant l'entrait est de soutenir celui-ci en un ou plusieurs points intermédiaires, fig. 50 et 51, de manière à reporter la charge, à l'aide de l'armature, aux points d'appui (N). Nous examinerons successivement les poutres à un poinçon et celles à deux poinçons.

Poutre à poinçon unique (fig. 84)

Nous admettrons que l'entrait soit formé d'une seule pièce et qu'il supporte une charge uniformément répartie. Si sa longueur était telle qu'on dût le composer de deux pièces, on placerait le joint sous le poinçon et on aurait soin de lui donner une résistance égale à celle des deux parties.

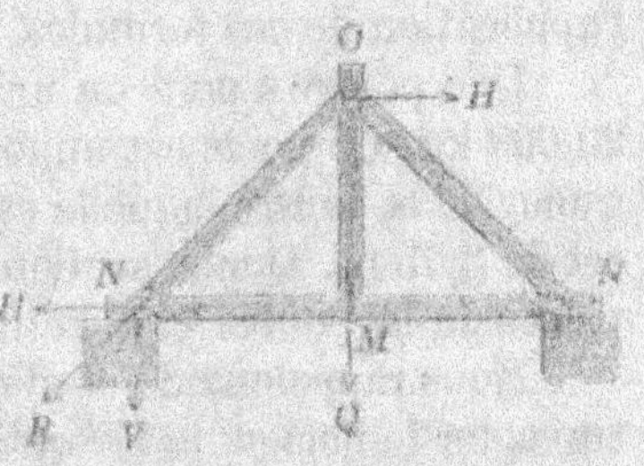

Si l'on appelle (P) la charge uniformément répartie sur l'entrait (y compris le poids mort), et si l'on suppose que celui-ci se comporte comme une poutre continue à deux travées, l'effort de traction exercé sur le poinçon sera égal à $\frac{5}{8}$ P.

Soit α l'angle formé par l'arbalétrier et l'entrait, (g) le poids du poinçon, (G) le poids des arbalétriers. Alors le poinçon transmet en (O) aux arbalétriers une charge

$$Q = \frac{5}{8} P + g$$

produisant à la partie supérieure des arbalétriers des compressions ayant pour valeur

$$\frac{Q}{2 \sin \alpha}$$

et au pied des arbalétriers

$$R = \frac{Q + G}{2 \sin \alpha}$$

Aux appuis, (R) se décompose en une force horizontale produisant une traction sur l'entrait, ayant pour valeur

$$H = R \cos \alpha = \frac{Q + G}{2} \cotg \alpha$$

et en une force verticale agissant sur le mur d'appui

$$V = R \sin \alpha = \frac{Q + G}{2} \ ^{1)}$$

Nous donnerons un exemple numérique, pour montrer l'application de ces formules.

Une poutre à poinçon unique supporte un plancher pesant 20.000 kg. Ce poids est uniformément réparti sur toute la longueur de la poutre, laquelle est de 12 m. La hauteur du poinçon est de 3,75 m. Quelle section faudra-t-il donner aux diverses pièces de la poutre et à l'étrier d'attache du poinçon ?

Nous rappelons d'abord que, dans la pratique, on ne fait travailler le bois et le fer qu'à une fraction de la charge de

----

1) Pour avoir la charge totale agissant sur le mur d'appui, il faut ajouter à la composante (V), la fraction de charge que l'entrait transmet aux appuis en agissant comme une poutre. Cette fraction est $\frac{3}{16}$ P. L'appui supportera donc en tout $\frac{Q + G}{2} + \frac{3}{16}$ P, soit en remplaçant (Q) par sa valeur et en simplifiant $\frac{P + G + g}{2}$.

rupture et que les coefficients de sécurité généralement admis sont $\frac{1}{10}$ pour le bois et $\frac{1}{6}$ pour le fer.

Dans ces conditions, nous adopterons les coefficients de résistance suivants :

pour le bois.	70 kg par cm. q.
" " fer (tôle mince) . .	700 " " " "
" " " (tôle épaisse). .	525 " " " "
" " " (fil de fer) . . .	1,000 " " " "

<h3 align="center">1° Calcul du poinçon.</h3>

La charge totale est $P = 20,000$ kg.

Si nous négligeons le poids du poinçon, poids relativement faible, nous avons

$$Q = \frac{5}{8} \times 20,000 = 12,500 \text{ kg.}$$

Si (f) représente la section du poinçon en centimètres carrés et si (k) désigne le coefficient de résistance, on a

$$f = \frac{Q}{k}$$

donc, dans le cas particulier,

$$f = \frac{12,500}{70} = 178 \text{ cm. q.}$$

Pour une section carrée, on aurait (b), côté du carré,

$$b = \sqrt{178} = 13,3 \text{ cm.}$$

Mais comme le poinçon est affaibli par les mortaises et les embrèvements des assemblages, on augmente dans une certaine mesure l'une des dimensions transversales de la pièce. Dans le cas présent, par exemple, on pourrait adopter une section de 0,14 m $\times$ 0,20 m.

2° Calcul de l'étrier.

Cette ferrure relie le poinçon à l'entrait; elle doit présenter une section totale de

$$\frac{12.500}{700} = 18 \text{ cm. q.}$$

soit 9 cm. q. pour chacune des branches s'appliquant contre le poinçon. [1])

3° Calcul des arbalétriers.

Les arbalétriers sont soumis à un effort de compression. Ils doivent présenter une section suffisante pour résister aussi bien à l'écrasement qu'à la rupture transversale par flexion. Il faudra donc vérifier leur résistance à ces deux points de vue et adopter celles des dimensions qui seront les plus grandes.

La résistance à l'écrasement se vérifie de la manière suivante :

Soit (R) l'effort de compression dans l'arbalétrier; (b) et (h) les côtés de la section, exprimés en centimètres.

Admettons pour valeur du coefficient de résistance (k), 60 kg. par cm. q. pour le sapin et 70 kg. pour le chêne; alors

$$b \times h = \frac{R}{k}$$

et si le rapport des deux côtés est $\frac{b}{h} = \frac{5}{7}$

$$h^2 = \frac{7}{5}\frac{R}{k}$$

---

[1]) L'étrier travaillant à la traction, la section qui doit entrer en ligne de compte n'est que la section totale de la branche, diminuée de la largeur du trou de boulon.

d'où

$$b = \sqrt{\frac{7}{5}\frac{R}{k}} = \sqrt{\frac{R}{43}} \text{ ou } \sqrt{\frac{R}{50}}$$

suivant qu'il s'agit de sapin ou de chêne.

Si la section était carrée, on aurait simplement

$$b = \sqrt{\frac{R}{60}} \text{ ou } \sqrt{\frac{R}{70}}$$

Le calcul de la résistance à la rupture transversale est moins simple. Appelons (E) le module d'élasticité du bois ; sa valeur est de 105,000 kg. par cm. q. Soit (l) la demi-portée c'est-à-dire la projection horizontale de l'arbalétrier ; (a) sa projection verticale. L'arbalétrier peut être considéré comme une pièce encastrée à ses deux extrémités. Si les dimensions de la section sont encore dans le rapport de 5 : 7, c'est-à-dire si

$$\frac{b}{h} = \frac{5}{7}$$

(h) pourra se calculer par la formule empirique

$$b = \sqrt[4]{\frac{15\,R\,(a^2 + l^2)}{28\,E}}$$

et

$$h = \frac{7}{5}\sqrt[4]{\frac{15\,R\,(a^2 + l^2)}{28\,E}}$$

Lorsque la section transversale est carrée, on peut prendre

$$b = \sqrt[4]{\frac{3\,R\,(a^2 + l^2)}{4\,E}}$$

Dans les formules précédentes, la pièce n'est supposée sollicitée que par une force dirigée suivant son axe. Si elle supportait en outre des charges entre les appuis, comme cela a lieu quand l'arbalétrier porte des pannes intermédiaires, il faudrait ajouter aux compressions précédentes les efforts dus à la flexion de la pièce et, à cet effet, déterminer la valeur du plus grand moment fléchissant produit par les charges.

Revenons maintenant à l'exemple numérique pour lequel

nous avons déjà calculé les dimensions du poinçon. Pour déterminer celles de l'arbalétrier, il faut connaître d'abord la valeur de la compression à laquelle celui-ci est soumis. Cette compression est donnée par

$$R = \frac{Q}{2 \sin \alpha}$$

en négligeant, comme pour le poinçon, le poids propre de l'arbalétrier.

Or

$$\sin \alpha = \frac{a}{\sqrt{l^2 + a^2}} = \frac{375}{\sqrt{600^2 + 375^2}}$$

$$= 0{,}533$$

donc

$$R = \frac{12500}{2 \times 0{,}533} = 11800 \, \text{kg}$$

à peu de choses près.

Au point de vue de la résistance à l'écrasement, les dimensions nécessaires seraient

$$h = \sqrt{\frac{7}{5} \cdot \frac{R}{70}} = \sqrt{\frac{11800}{50}}$$

$$= 15{,}5 \text{ soit } 16 \text{ cm}$$

et

$$b = 15{,}5 \times \frac{5}{7} = 11 \text{ cm.}$$

Mais pour présenter une résistance suffisante à la rupture transversale, elles devraient être

$$h = \frac{7}{5} \sqrt[4]{\frac{15 \, R \, (l^2 + a^2)}{28 \, E}} = \frac{7}{5} \sqrt[4]{\frac{15 \times 11800 \, (600^2 + 375^2)}{28 \times 105000}}$$

$$= 19 \text{ cm en nombre rond}$$

et

$$b = \frac{19 \times 5}{7} = 14 \text{ cm}$$

Ce sont donc ces dernières dimensions qu'il faut adopter.

4° Calcul de l'entrait.

L'entrait agit, d'une part, comme une poutre continue reposant librement à ses deux extrémités et soutenue en son milieu, et, d'autre part, comme un tirant reliant les pieds des arbalétriers ou contre-fiches. Chacune des deux travées a pour longueur (l) et est chargée du poids $\dfrac{P}{2}$ uniformément réparti, indépendamment du poids propre G' de la demi-longueur de l'entrait.

En supposant toujours

$$b = \frac{5}{7}\,h$$

(h) est donnée par la formule

$$h = \sqrt[3]{\frac{7}{5} \times \frac{6\left(\frac{P}{2} + G'\right)l}{8\,k}} \qquad {}^{1})$$

et si G' = 500 kg

$$h = \sqrt[3]{\frac{7}{5} \times \frac{6(10000 + 500) \times 600}{8 \times 70}}$$

$$= 46\ \text{cm}$$

---

1) Il est facile d'établir cette relation. Le moment maximum, dans une poutre continue à 2 travées égales, a lieu au-dessus de l'appui intermédiaire et a pour valeur $\frac{1}{8}\,p\,l^2$. Ici on aurait donc $y = \frac{1}{8}\left(\frac{P}{2} + G'\right)l$ puisque $p\,l = \frac{P}{2} + G'$. D'autre part nous avons

$$\frac{I}{v} = \frac{y}{k} \quad \text{et} \quad \frac{I}{v} = \frac{b\,h^2}{6} \quad \text{donc}$$

$$\frac{b\,h^2}{6} = \frac{1}{8}\frac{\left(\frac{P}{2} + G'\right)l}{k}$$

et en remplaçant (b) par $\frac{5}{7}\,h$

$$\frac{h^3}{6} \times \frac{5}{7} = \frac{1}{8}\frac{\left(\frac{P}{2} + G'\right)l}{k} \quad \text{d'où}\quad h = \sqrt[3]{\frac{7}{5} \times \frac{6\left(\frac{P}{2} \times G'\right)l}{8\,k}}$$

donc $$b = \frac{5}{7} \times h = 33 \text{ cm }^*)$$

Les dimensions fournies par le calcul doivent être considérées comme des minimum et même, en ce qui concerne le poinçon et les arbalétriers, il est bon d'augmenter la section trouvée de $\frac{1}{3}$ environ.

b) Calcul d'une poutre à deux poinçons.

La composante horizontale (H) de l'effort de compression R) a la même valeur en (O) qu'en (N). Elle est reçue à la

Fig. 85.

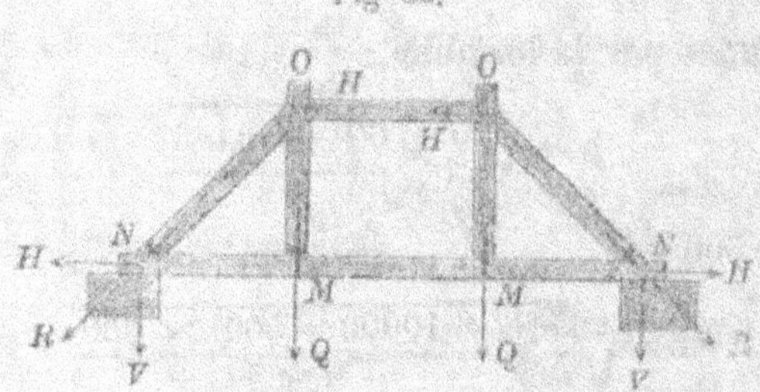

partie supérieure par l'entrait relevé faisant ici fonction de contre-fiche, fig. 85. La valeur de la compression (R) est

$$R = \frac{Q}{\sin \alpha}$$

---

*) Dans le calcul ci-dessus, on a négligé l'effort de traction dû à la composante horizontale de la poussée des arbalétriers. Il a pour valeur

$$H = \frac{Q}{2} \times \text{cotg } \alpha = 10000 \times \frac{600}{375}$$

$$= 16000 \text{ kg}$$

et comme la section fournie par le calcul de résistance à la flexion est de 46×33 soit 1518 cm q, cela correspond à une tension additionnelle de $\frac{16000}{1518} = 10$ k G par cm q. La fibre la plus fatiguée travaillerait donc en réalité à 80 kg environ, au lieu de 70 kg.

et la composante horizontale est

$$H = Q \cot g \, \alpha$$

Exemple numérique. — Une cloison de 5 m de hauteur, 11,25 m de longueur et d'une demi brique d'épaisseur, soit de 0,14 m avec les enduits, est supportée par une poutre à deux poinçons. Ceux-ci, de 4,49 m de hauteur, subdivisent l'entrait en trois travées d'égale longueur, ayant chacune 3,77 m. Quelles dimensions faudra-t-il donner aux diverses pièces de la poutre ?

Le mètre cube de cloison pèse environ 1500 kg. Le poids total de la cloison est donc de

$$5 \times 11,25 \times 0,14 \times 1500 = 12000 \text{ kg en nombre rond.}$$

En assimilant la pièce inférieure à une poutre continue, la charge supportée par chacun des poinçons est

$$Q = \frac{11}{30} P$$

$$Q = \frac{12000 \times 11}{30} = 4400 \text{ kg.}$$

1° Calcul des poinçons.

Leur section (f) est donnée par la relation

$$f = \frac{4400}{k} = \frac{4400}{70} = 63 \text{ cm q environ}$$

ou bien
$$b = 8 \text{ à } 9 \text{ cm.}$$

Mais ces pièces se trouvent comprises dans la cloison, on leur donne l'épaisseur de l'ensemble, c'est-à-dire 0,14 m et l'on détermine la seconde dimension en tenant compte des embrèvements.

2° Calcul de la ferrure du poinçon.

Dans le cas particulier, on a

$$f = \frac{4400}{k} = \frac{4400}{700} = 6,3 \text{ cm q.}$$

En général, on ne donne pas moins de 1 cm d'épaisseur à ces ferrements même quand le calcul conduit à une dimension plus faible.

3° Calcul des contre-fiches.

La force qui agit sur elles est

$$R = \frac{Q}{\sin \alpha}$$

mais

$$\sin \alpha = \frac{a}{\sqrt{l^2 + a^2}} = \frac{4,40}{\sqrt{3,77^2 + 4,40^2}}$$
$$= 0,75$$

d'où

$$R = \frac{4400}{0,75} = 6000 \text{ kg en chiffres ronds.}$$

Si l'on a encore $b : h = 5 : 7$, la valeur de (b) sera donnée par

$$b = \sqrt[3]{\frac{15\,R\,(l^2 + a^2)}{28\,E}} = \sqrt[3]{\frac{15 \times 6000(3,77^2 \times 4,40^2)}{28 \times 105000}}$$

d'où

$$b = 11 \text{ cm}$$

donc

$$h = \frac{7}{5} b = 16 \text{ cm.}$$

Mais comme nous l'avons déjà dit à diverses reprises, en pratique on forcerait un peu les dimensions trouvées et l'on prendrait, par exemple, 14 et 19 cm.

4° Calcul de l'entrait relevé.

Cette pièce travaille à la compression et se calcule tant au point de vue de sa résistance à l'écrasement qu'à celui de sa résistance à la rupture transversale. La première hypothèse nous donne, en supposant une section carrée

$$b = \sqrt{\frac{H}{K}}$$

(H) étant la composante horizontale de la force (Q) au point (O). Sa valeur est (Q) cotg α

$$\text{cotg}\,\alpha = \frac{1}{a} = \frac{377}{440} = 0,857$$

et

$$b = \sqrt{\frac{4400 \times 0,857}{60}}$$

$$= 8\,\text{cm, environ.}$$

Pour vérifier la résistance transversale de cette pièce nous appliquerons la formule précédemment citée

$$b = \sqrt[4]{\frac{3H \times F}{4E}}$$

et en remplaçant les différentes lettres par leur valeur

$$b = \sqrt[4]{\frac{3 \times 4400 \times 0,857 \times 377}{4 \times 105000}}$$

$$= 8\,\text{cm, environ.}$$

On augmenterait l'une des dimensions jusqu'à 12 ou 14 cm, afin de la rendre à peu près égale à l'épaisseur de la cloison.

2. Poutres s'appuyant sur contre-fiches.

Tandis que l'armature par en-dessus ne donne lieu qu'à

des réactions verticales aux appuis, le soutènement au moyen
de contre-fiches donne naissance à une poussée horizontale
en même temps qu'à une réaction verticale. C'est pour cette
raison que les poutres de ce genre, ne s'emploient qu'exceptionnellement dans les constructions civiles.

On peut distinguer les poutres à soutènement simple,
double ou multiple, suivant le nombre de points d'appui
intermédiaires fournis à la poutre. Les fig. 86 à 89 représen-

Fig. 86.   Fig. 87.

tent divers systèmes de cette espèce et les fig. 90 et 91 des
combinaisons de poutres des deux genres.

Fig. 88.   Fig. 89.

Les poutres reposant sur contre-fiches se composent
ordinairement de la poutre proprement dite, de contre-fiches
et de sous-poutres.

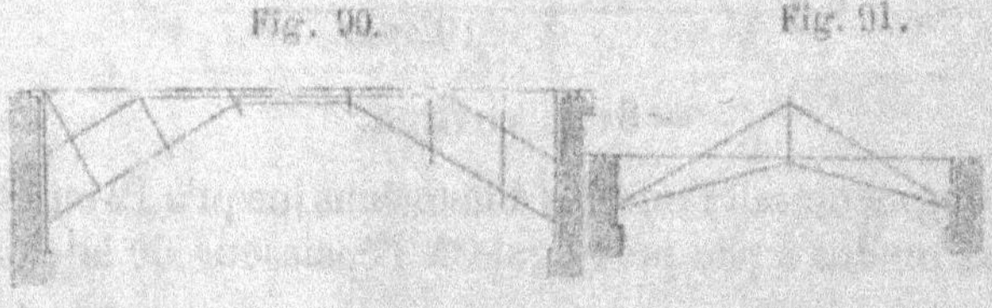

Fig. 90.   Fig. 91.

Avec le soutènement simple, c'est-à-dire, à un seul point
d'appui, il n'y a pas de sous-poutre; la pièce horizontale
repose directement sur les contre-fiches. Quand le nombre de

points d'appui est multiple, il est nécessaire d'ajouter non seulement des sous-poutres, mais aussi des aiguilles pendantes pour maintenir les contre-fiches.

Ces aiguilles peuvent être dirigées suivant la verticale ou bien perpendiculairement à la contre-fiche, fig. 90.

Les fig. 87-89 représentent des poutres avec des soutènements double, triple et quadruple.

Appuis des contre-fiches.

Le pied des contre-fiches s'appuie d'équerre sur une plaque de fonte reposant sur la muraille, ou avec embrève-

Fig. 92.   Fig. 93.

 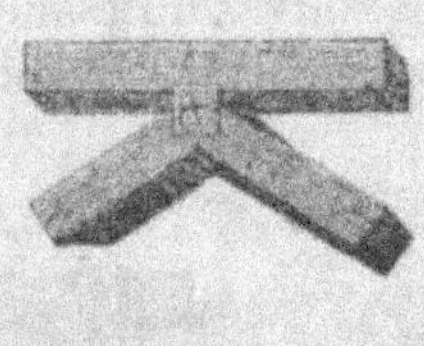

ment contre un montant en bois, fig. 92. Cette dernière disposition présente l'avantage de mieux répartir la pression sur les murs de butée, fig. 94.

Lorsque plusieurs de ces poutres se font suite, les contre-fiches prennent leur appui à même hauteur sur le poteau intermédiaire.

Assemblage des contre-fiches.

Quand le soutènement est simple, les contre-fiches butent l'une contre l'autre et s'assemblent par entaille sur la poutre, fig. 93.

Si le nombre des appuis de la poutre est multiple, on

maintient l'extrémité supérieure des contre-fiches par des sous-poutres. Ces pièces sont solidement jumellées à la poutre au moyen de clefs et de boulons, fig. 94.

Fig. 94.

Les solives du plancher reposent alors soit sur la poutre principale, soit sur la sous-poutre, auquel cas elles se trou-

Fig. 95.

vent encastrées entre ces deux pièces. La contre-fiche bute à plat-joint contre le bout de la sous-poutre. Pour consolider l'assemblage et empêcher tout mouvement des pièces en ces points, on les relie toutes trois par de petites moises, fig. 95.

Lorsque les poutres sur contre-fiches ont une grande portée, ces dernières deviennent elle-mêmes des pièces assez longues. Pour leur donner alors plus de résistance, on les relie à la poutre, à peu près à mi-longueur, par des aiguilles pendantes.

Dans les édifices les poutres sur contre-fiches s'emploient

pour le soutènement des planchers. Combinées aux poutres
avec armature à poinçons, elles donnent des systèmes composés pouvant servir de fermes de comble.

Les fig. 94 et 96 donnent des exemples de la première

Fig. 96.

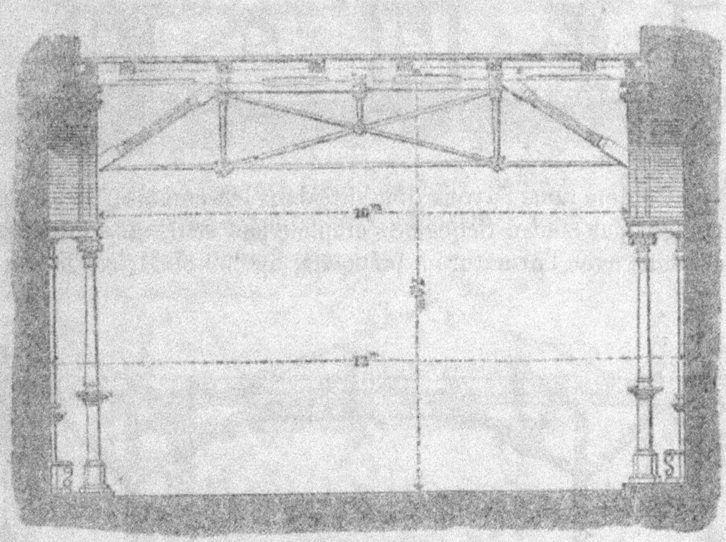

espèce. La seconde de ces figures représente le plancher de
la salle de réunion de la Société des architectes de Berlin. ¹)
Pour éviter qu'il n'y ait poussée aux points d'appui des contre-
fiches, on a complété l'armature par un système de tirants et
de poinçons.

Dans les bâtiments ruraux, on fait fréquemment usage
de poutres sur contre-fiches, afin de diminuer le nombre des
supports intermédiaires dont la présence gène toujours dans

<hr>

¹) L'exemple dont il s'agit ici n'est pas à proprement parler une poutre s'appuyant sur contre-fiches, mais une poutre armée à deux poinçons, dans laquelle
les charges agissent sur la pièce horizontale supérieure, au lieu d'agir sur la pièce
inférieure.

une certaine mesure. Les fig. 97 et 98 donnent des exemples de charpentes d'étable avec greniers.

Fig. 97.

Comme nous l'avons déjà dit, dans les combles, le soutènement par contre-fiches ne s'emploie pas seul, mais toujours combiné avec l'armature à poinçons, fig. 90 et 91, car la pou-

Fig. 98.

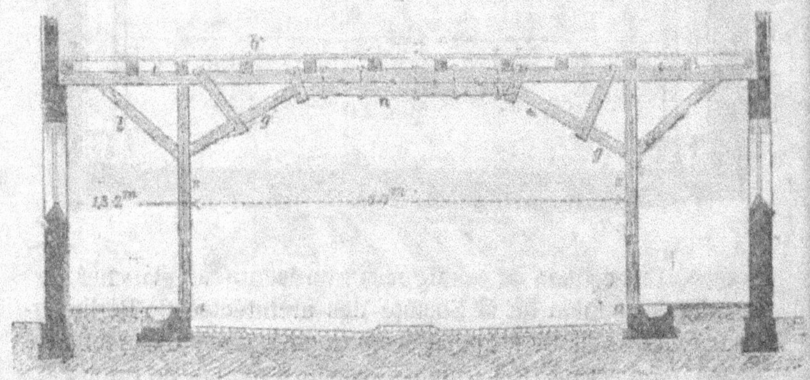

tre horizontale formant l'entrait constitue alors le lien qui supprime la poussée aux appuis.

Nous ne donnerons ici que deux exemples de fermes de ce genre, devant revenir plus loin, en détail, sur la construction des charpentes de comble.

La fig. 99 représente la combinaison d'une poutre sur contre-fiches avec la poutre surmontée d'une armature à un seul poinçon ; la fig. 100 la même combinaison dans le cas

Fig. 99.

où la seconde poutre est armée de deux poinçons. Dans ces deux exemples les entraits se composent de pièces moisées.

Fig. 100.

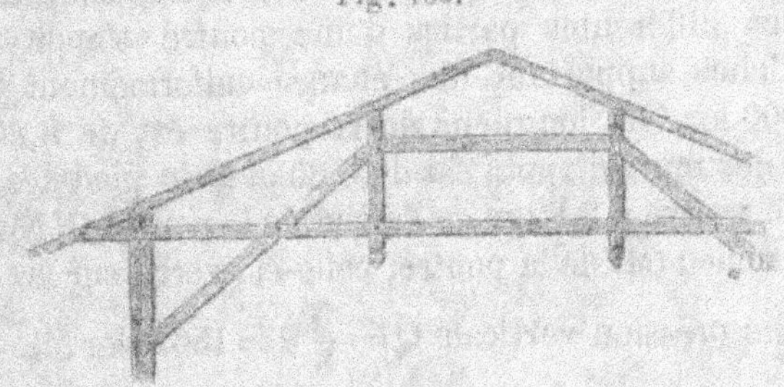

Calcul des poutres s'appuyant sur contre-fiches.

Dans la poutre avec armature à poinçons, toute la poussée horizontale que les arbalétriers tendent à exercer sur les appuis est annulée, la poutre formant elle-même tirant. Dans la poutre sur contre-fiches, il en est autrement et les appuis doivent pouvoir résister aux poussées qu'ils reçoivent des contre-fiches.

Désignons par α l'inclinaison de la contre-fiche sur l'horizontale fig. 101, et par Q le poids agissant au point (M), l'effort de compression sur chaque contre-fiche (O M) est alors

$$R = \frac{1}{2}\frac{Q}{\sin \alpha}$$

la valeur de la poussée horizontale en (O) est

$$H = \frac{1}{2} Q \cotg \alpha$$

et celle de la composante verticale est

$$V = \frac{1}{2} Q.$$

Si la charge totale uniformément répartie sur la poutre (N N) est (P), on peut admettre pour valeur de Q

$$Q = \frac{5}{8} P.$$

Exemple numérique. — Soit à calculer les dimensions des différentes parties d'une poutre s'appuyant sur contre-fiches, supportant une charge uniformément répartie de 25.000 kg. La longueur de la poutre est de 8,80 m ; la hauteur des murs d'appui est de 6,60 m et le pied des contre-fiches se trouve à 2,82 m de l'appui de la poutre (N N).

Au milieu (M) de la poutre, celle-ci exerce sur les contre-fiches une pression verticale $Q = \frac{5}{8} P = 15625$ kg. [1]

La pression sur chacun des appuis (N) est

$$Q' = \frac{3}{16} P = 4688 \text{ kg.}$$

La compression dans chaque contre-fiche est donnée par

$$R = \frac{1}{2} \frac{Q}{\sin \alpha} = \frac{1}{2} \frac{15625}{\sin \alpha}$$

Si nous désignons par (l) la demi-longueur de la poutre et

---

[1] Cela suppose que l'entrait se comporte comme une poutre continue à deux travées égales, avec appuis de niveau ; mais cette hypothèse n'est pas tout à fait vraie, car après la flexion les appuis ne sont plus de niveau : l'approximation est néanmoins suffisante.

par (a) la distance de son appui à celui de la contre-fiche, nous avons

$$\text{Sin } \alpha = \frac{a}{\sqrt{a^2 + l^2}} = \frac{282}{\sqrt{440^2 + 282^2}}$$

$$= 0,543$$

donc

$$R = \frac{1}{2}\frac{15625}{0,543}$$

$$= 14350 \text{ kg environ.}$$

La composante verticale à l'appui de la contre-fiche est

$$V = \frac{1}{2}Q = \frac{15625}{2} = 7812,5 \text{ kg}$$

et la composante horizontale

$$H = \frac{1}{2}Q \cot g \, \alpha$$

mais

$$\cot g \, \alpha = \frac{l}{a} = \frac{440}{282} = 1,555$$

d'où

$$H = \frac{1}{2} \times 15625 \times 1,555$$

$$= 12149 \text{ kg}.$$

La poutre (N N) repose librement à ses extrémités et s'appuie au milieu sur les contre-fiches. On peut donc la considérer comme une poutre continue à deux travées. Si sa hauteur et sa largeur sont dans le rapport de 7 à 5 et si (P) désigne la moitié de la charge uniformément répartie, nous avons

$$h = \sqrt[3]{\frac{7}{5} \times \frac{6 \, Pl}{8 \, k}} = \sqrt[3]{\frac{42 \times 12500 \times 440}{40 \times 70}}$$

$$= 43 \text{ cm environ}$$

et

$$b = \frac{5}{7} \times 43 = 31 \text{ cm}.$$

Contre-fiches. — Supposons que ces pièces soient de section carrée et soit (b) le côté du carré. Pour que la contre-fiche puisse résister à la flexion transversale, il faut, comme dans la poutre avec armature à poinçons, que

$$b = \sqrt[4]{\frac{3\,R\,(e^2 + a^2)}{4\,E}}$$

$$= 13\,\text{cm environ.}$$

Murs de butée. — En assimilant le mur d'appui à un parallélipipède dont la longueur est (m), la hauteur (r) et

Fig. 101.

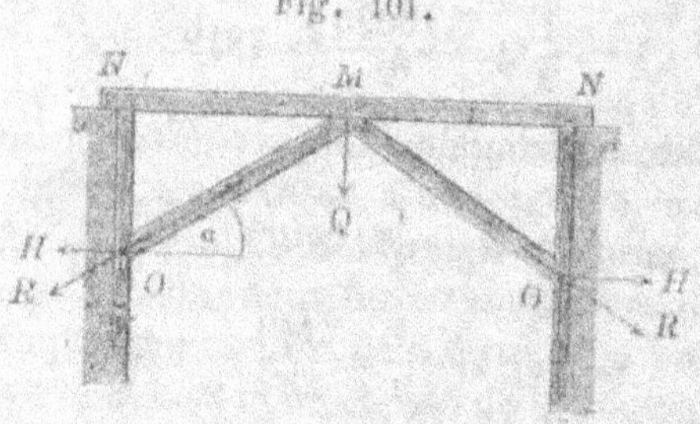

le poids par unité de volume (u), l'épaisseur (w) de ce mur est donnée par la formule [1]

$$w = \frac{P}{2\,u\,r\,m} + \sqrt{\frac{2\,Q\,l\,(r-a)}{u\,m\,a\,r} + \left(\frac{P}{2\,u\,m\,r}\right)^2}$$

dans laquelle les lettres (a), (P), (Q) et (l) ont la même signification que précédemment.

Pour l'exemple numérique de tout à l'heure, on aurait donc, si m = 3 m, r = 6 m et u = 2500 kg

$$w = \frac{25000}{2 \times 2500 \times 6 \times 3} + \sqrt{\frac{2 \times 15625\,(6-2,8)}{2500 \times 3 \times 2,8 \times 6} + \left(\frac{2500}{2 \times 2500 \times 3 \times 6}\right)^2}$$

soit en nombre rond

$$w = 1,20\,\text{m.}$$

____

[1] Cette formule s'obtient en exprimant l'égalité des moments autour de l'arête extérieure de la base du mur.

Poutres à soutènement double, fig. 102.

Lorsque les contre-fiches ne se touchent pas au milieu de la poutre, on les relie par une sous-poutre afin de transmettre

Fig. 102.

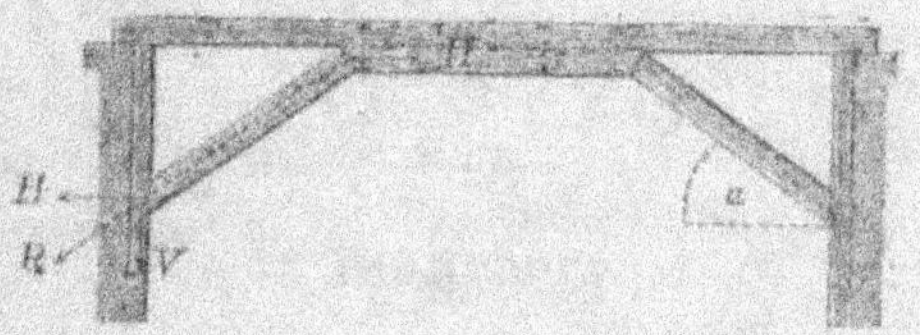

directement la composante horizontale de l'effort qui agit dans ces pièces. La sous-poutre soutient la poutre dans sa partie centrale et si sa longueur est égale au tiers de la portée totale, on peut considérer la poutre comme une poutre continue à 3 travées égales. [1] Dans ces conditions

$$Q = \frac{11}{30} P$$

mais si les travées étaient dans le rapport des chiffres $1 : 2 : 1$, on aurait

$$Q = \frac{13}{32} P$$

aux appuis sur les contre-fiches, et

$$Q = \frac{3}{32} P$$

aux appuis sur la muraille.

L'effort de compression dans les contre-fiches est

$$R = \frac{Q}{\sin \alpha}$$

---

[1] Cette hypothèse ne correspond pas à la réalité, mais elle est d'une approximation suffisante pour la pratique.

la poussée horizontale à l'appui sur le mur et sur la sous-poutre
est

$$H = \cot g\ \alpha$$

enfin la composante verticale à l'appui de la contre-fiche est

$$V = Q.$$

CHAPITRE II.

Planchers.

Les édifices sont divisés en étages par des séparations horizontales que l'on appelle **planchers** et qui se composent, le plus souvent, d'une série de poutrelles supportant, d'une part, le parquet et de l'autre, le plafond.

La construction des planchers en bois varie beaucoup d'un pays à l'autre, suivant le prix et la nature des bois dont on dispose et suivant les ordonnances de police en vigueur dans la localité.

Nous indiquerons d'abord les dispositions les plus généralement employées, puis nous dirons quelques mots des modes de construction particuliers à l'Autriche.

Modes de construction usuels.

Au point de vue des précautions à prendre dans la construction, nous distinguerons :

(a) Planchers sur caves ;

(b) Planchers entre étages ;

(c) Planchers sous combles.

Les **planchers sur caves** remplacent les voûtes dans les constructions économiques ; ils s'emploient peu dans les grandes villes, surtout quand il s'agit d'un édifice de quelque importance. Lorsqu'on les adopte, on doit veiller à ce que le sol des caves soit aussi sec que possible, afin que l'humidité et les vapeurs qui s'en dégagent toujours, amènent pas une destruction trop rapide de l'empoutrement. A cet égard, les terrains sablonneux sont les meilleurs.

Quant à la construction proprement dite du plancher, elle ne diffère guère de celle des planchers des étages, dont nous allons faire l'étude en détail.

Les différentes pièces de bois composant le plancher d'un étage reçoivent des noms différents suivant la place qu'elles occupent et le rôle qu'elles jouent dans l'ensemble de 'empoutrement. Ainsi dans la fig. 103, nous avons en [1])

Fig. 103.

(a) Des solives ordinaires ou de remplissage.

(b) Demi-solives, formées de deux parties reliées par des ferrures comme dans les fig. 2 et 3.

(c) Solives sur cloison. Elles sont placées sur un mur ou une cloison s'arrêtant à hauteur du plancher, comme il arrive, par exemple pour le palier supérieur d'un escalier, au droit du mur de cage.

---

[1]) Les dénominations et distinctions qui suivent ne correspondent pas à celles adoptées en France; nous indiquerons celles-ci un peu plus loin.

(d) Solives de pourtour. — Elles sont contiguës à la

Fig. 104.   Fig. 105.

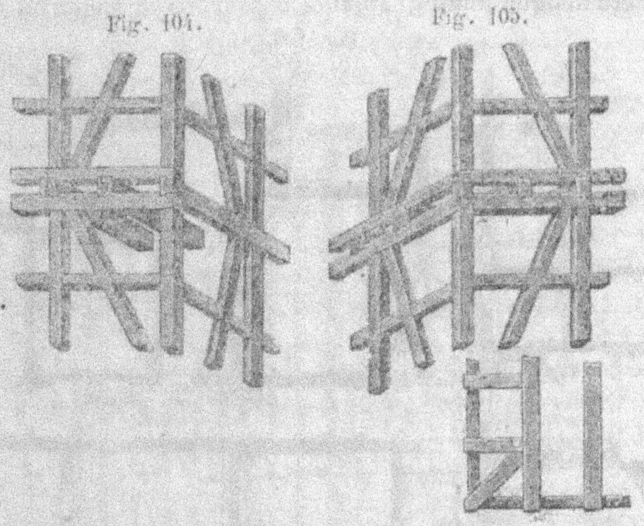

muraille et servent à maintenir le bord du parquet et du plafond ; comme elles ne supportent que la moitié de la charge
des solives ordinaires leur équarrissage est habituellement
moitié moins grand. Lorsque la cloison est formée d'un pan de
bois, cette solive se confond avec la sablière de ce dernier fig. 104,
et comme elle s'assemble alors avec les poteaux, guettes, etc.
du pan de bois, sa largeur doit être de 0,10 m supérieure à
celle du pan de bois, afin qu'il reste au moins 0,05 m de bois
sur chacune des faces, fig. 110.

(e) Solive de pignon. — Elle est adossée au mur
de pignon et se compose, dans les constructions en pierre
et en briques, d'une pièce moitié moins forte comme pour
les solives de contour. Quand le pignon est formé d'un pan de
bois, elle se confond avec l'une des pièces de sa charpente.

(f) Solives boiteuses. — Ce sont celles qui ne traversent
pas toute la largeur de la pièce, mais qui, à cause d'une cheminée, d'un jour d'escalier etc., sont arrêtées à l'une de leurs
extrémités ou même aux deux à une pièce transversale (g),

appelée chevêtre. L'assemblage de l'about se fait alors comme il a été indiqué à la fig. 18.

Fig. 106.

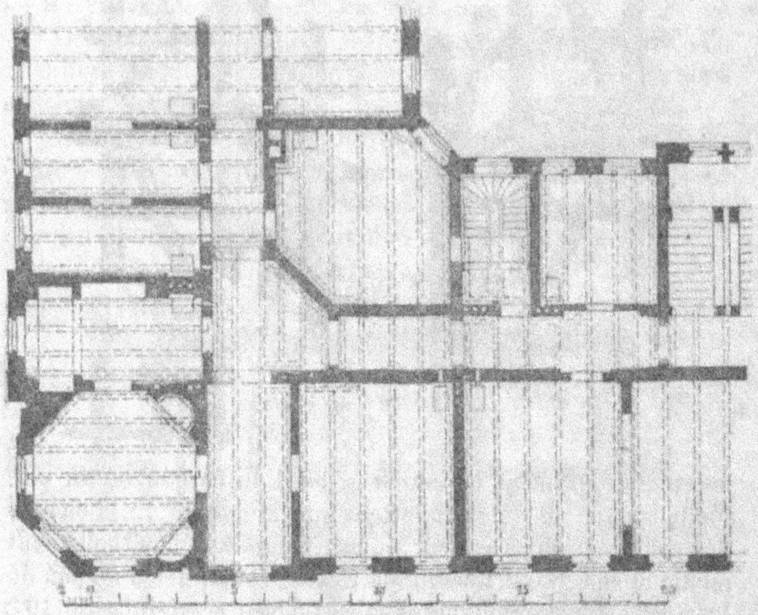

(g) Chevêtre. — Cette pièce vient d'être définie tout à l'heure.

(h) Solives entaillées. — Elles ne se rencontrent que dans le voisinage d'une cheminée et cela quand il suffit d'entailler la solive de 3 à 8 cm pour l'écarter de la quantité prescrite par ordonnance de police du tuyau de cheminée. [1])

---

[1]) En France les différentes pièces de bois d'un plancher simple portent les désignations suivantes : solives ordinaires ou de remplissage celles qui vont d'un mur d'appui à l'autre ; elles n'ont jamais qu'une travée. Solives d'enchevêtrure celles qui servent au soutènement des chevêtres. Solives boiteuses celles qui sont engagées d'un côté dans un chevêtre ou un linçoir et qui reposent de l'autre côté sur un mur. Soliveaux, les solives boiteuses ou autres de très petite portée.

Les chevêtres sont des pièces transversales servant à supporter l'about des solives boiteuses aux endroits où il faut interrompre le solivage pour ménager un

Lorsque les murs de séparation sont formés de pans de bois, on supprime souvent la solive de contour et on la rem-

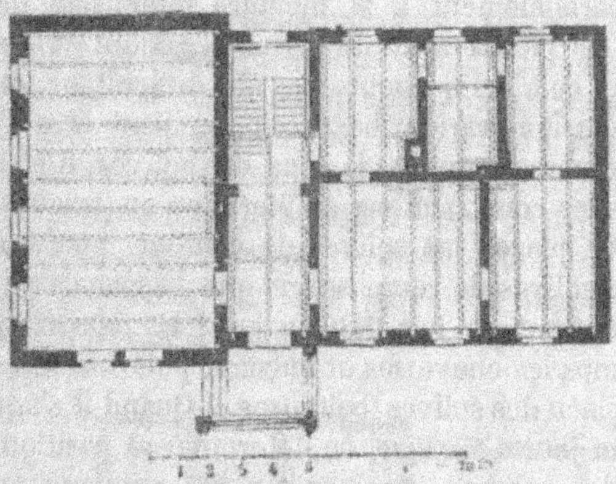

Fig. 107.

place par une série de soliveaux, fig. 105, dirigés normalement aux solives et assemblés à tenon et mortaise sur la première.

Pour établir un plancher, il faut étudier successivement :

La disposition des solives ;

Leur écartement ;

L'appui de leurs extrémités, et l'ancrage de l'ensemble de l'empoutrement.

En ce qui concerne la première question, on doit, en principe,

vide dans l'empoutrement (âtre de cheminée ou jour d'escalier). Les linçoirs servent à soutenir l'extrémité des solives aux points où elles ne peuvent reposer sur les murs, comme par exemple, au-dessus de baies ou au droit du passage des cheminées. Le linçoir joue le même rôle que le chevêtre, mais il en diffère en ce qu'il est toujours très rapproché de la muraille.

Les lambourdes sont des pièces transversales, encastrées dans le mur pour recevoir, par assemblage, l'about des solives.

Enfin les étrésillons et tierces, servant à maintenir l'écartement des solives, les premières sous forme de petites pièces de bois, entrées de force entre les solives, et les secondes sous forme de pièces entaillées venant les recouvrir.

1° Donner aux solives une portée aussi petite que possible, fig. 103.

2° Les disposer normalement au mur de façade.

Pour remplir la première condition il suffit de diriger les solives parallèlement à la moindre dimension de la pièce. Lorsque les pièces sont de forme régulière et de grandeur uniforme, cela ne présente pas de difficultés; mais quand leurs dimensions varient beaucoup, on peut être obligé d'alterner à diverses reprises le sens des solives, fig. 106 et 107

Dans les constructions en pierre ou en briques, on commence par placer les solives de contour, puis on interpose autant de solives de remplissage que l'espace entre les premières contient de fois 0,80 m ou 1,10 m. On dispose en même temps les chevêtres et linçoirs, puis on termine par la mise en place des solives boiteuses.[1] Quand il s'agit du chevêtre d'un jour d'escalier, on détermine sa position d'après le nombre de marches, ainsi qu'il a été expliqué au chapitre traitant de la construction des escaliers dans le premier volume.[2]

Les linçoirs au passage des tuyaux de cheminée doivent se trouver au moins à 0,16 m de distance du parement extérieur du tuyau de cheminée.

Les fig. 106 et 107 nous montrent l'ensemble de la charpente des planchers de tout un étage. Près des angles on place, autant que possible, des solives reliant les murs extérieurs entre eux, afin qu'elles leur servent d'ancrages. On évite de faire porter des charges sur les murs intérieurs, de façon à pouvoir réduire l'épaisseur d'un certain nombre d'entre eux.

---

[1] Dans un plancher disposé à la française, on commence par mettre en place les lambourdes, solives d'enchevêtrure, linçoirs et chevêtres. Les solives s'assemblent ordinairement à tenon plat dans les linçoirs et chevêtres; cependant, pour plus de solidité, il est préférable de faire l'assemblage en coupe biaisée ou bien de le consolider par un étrier en fer.

[2] La position des chevêtres qui limitent l'âtre d'une cheminée est déterminée par ordonnance de police. A Paris, la trémie de la cheminée, c'est-à-dire le vide laissé entre le fond de la cheminée et le chevêtre doit avoir au moins 1 m de profondeur.

Dans les constructions mixtes, en bois et briques ou plâtre, ainsi qu'au droit des cloisons, les solives de contour sont supprimées, l'une des sablières du pan de bois en tenant lieu, soit la sablière de chambrée de la partie supérieure, soit la sablière haute de la partie inférieure. Quant à la disposition d'ensemble du solivage, elle ne change pas, que les murs soient en pierre ou de construction mixte. Mais dans le second cas, la sablière remplaçant la solive de contour doit faire saillie de 0,05 m de chaque côté du parement du pan de bois, pour y pouvoir fixer le bout des frises du parquet. Il est clair que pour les murs de cage, cette condition n'existe plus et que la sablière peut affleurer le parement du pan de bois.

La fig. 111 donne la disposition des planchers dans une

Fig. 110.   Fig. 111.

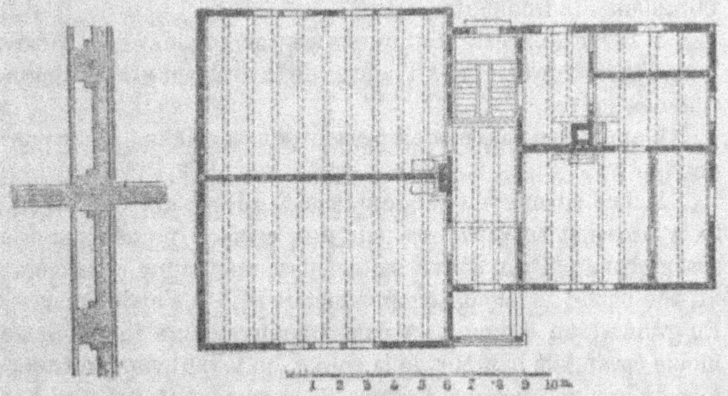

construction avec murs en bois et briques (L'étude des pans de bois forme le sujet d'un chapitre spécial).

En Allemagne, l'écartement des solives ne dépasse guère 1 m ou 1,10 m d'axe en d'axe et cet écartement conduit déjà, dans le cas de grandes portées, c'est-à-dire dans le cas de portées atteignant jusqu'à 6 et 7 m, à des bois de 26 à 30 cm de hauteur sur 21 à 25 cm de largeur. [1] Avec des portées

---

[1] L'écartement habituellement adopté en France, est de 0,33 m d'axe en axe, et l'on dépasse peu cette dimension. Il en résulte pour l'entrevous un mode de construction différent; nous reviendrons du reste sur cette question.

moindres et de faibles charges, on pourrait aller jusqu'à 1,25 m;
il est cependant préférable de conserver des écartements
voisins de 1 m; l'augmentation du nombre de solives présente
d'ailleurs l'avantage de mieux relier les maçonneries et de
reporter les chocs et les ébranlements plus également sur les
murs; il ramène aussi l'équarrissage des solives à des dimensions plus courantes.

C'est pour ces raisons qu'en Amérique, en France et en
Angleterre, on donne aux solives des écartements beaucoup
moins grands.

Lorsqu'il s'agit du plancher d'un magasin ou d'une salle
de réunion, on se tiendra en-dessous des chiffres indiqués,
non seulement parce que la charge est alors considérable,
mais aussi parce que le plancher est exposé, en pareil cas, à des
ébranlements fréquents.

Il faudra, du reste, toujours s'assurer par le calcul, comme
nous l'indiquerons tout-à-l'heure, de la suffisance de la dimension des solives.

L'appui des solives doit présenter assez de longueur pour
que :

1° Les abouts ne tendent pas à glisser de leur appui;
2° la pression se répartisse sur une surface de maçonnerie
assez grande; 3° la solive soit encore maintenue, lors même
qu'une partie de l'about commencerait déjà à s'endommager.
En général, on donne à la partie appuyée une longueur au
moins égale à la hauteur de la solive, en tenant compte toutefois de la dimension des briques, si le mur est en briques. Les
solives de petite portée et peu chargées peuvent ne pénétrer
dans le mur que de la largeur d'une brique; mais le plus souvent les solives seront engagées d'une longueur de brique
toute entière. Une plus grande longueur d'appui n'est nécessaire que pour les maîtresses-poutres.

Afin de répartir la charge aussi uniformément que possible sur la maçonnerie, on fait reposer les solives sur des pièces
de bois séparées, appelées coussinets, ou sur une pièce continue, appelée lambourde. Bien que la dernière disposition

présente l'avantage de relier toutes les solives comme par un
ancrage, il faut donner la préférence aux coussinets lorsque,
comme dans la fig. 112, l'épaisseur du mur reste invariable
sur toute sa hauteur. Si l'on adoptait, en ce cas, une semelle
continue, fig. 113, la partie supérieure de la maçonnerie repo-
serait en partie sur du bois, ce qu'il faut éviter. Lorsqu'au

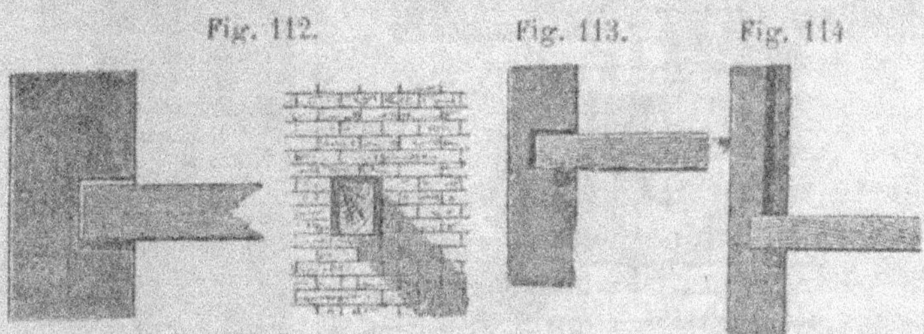

Fig. 112. Fig. 113. Fig. 114

contraire l'épaisseur du mur subit une diminution au droit
de l'étage, de manière à y former un ressaut, les semelles
continues conviennent bien et s'appuient alors sur la saillie
du mur, fig. 114.

Il va sans dire que le parement inférieur de ces pièces
d'appui doit toujours se trouver à quelque distance du linteau
ou de l'arc de couronnement d'une baie et qu'elles doivent
être posées parfaitement de niveau. Les coussinets sous les
solives se font en bois de chêne et on leur donne 15 à 20 cm
de largeur de plus qu'à la solive. Dans un mur en briques leur
épaisseur est égale à l'épaisseur d'une brique plus deux fois
celle des joints, soit donc $0,065 + 2 \times 0,010$ ou $0,065 + 2 \times 0,013$.

Les lambourdes se font le plus souvent en bois de sapin;
elles ont environ 25 mm de plus que les coussinets, à l'effet de
permettre aux solives de s'engager d'une certaine quantité
dans la lambourde; leur hauteur est d'environ 11 cm, dimension qu'on leur donne également en largeur. [1] Quelques

---

[1] Dans les planchers français la lambourde a un plus fort équarrissage parce
que les solives, au lieu de s'appuyer simplement sur la lambourde, s'assemblent
avec elle; on lui donne ordinairement une hauteur égale à 1,5 fois celle de la
solive et une largeur égale à cette dernière dimension.

constructeurs se contentent de relier les solives à la lambourde par des chevilles, fig. 115. C'est la disposition qui fut adoptée

Fig. 115.

à l'École Polytechnique d'Aix-la-Chapelle. Les murs de ce bâtiment sont faits avec des briques cuites au tas, de forme assez irrégulière, posées avec du mortier de qualité inférieur. Dans ces conditions, il était à prévoir qu'il se produirait de grands tassements, et l'on s'arrangea de manière à pouvoir ramener les solives à leur niveau primitif, une fois ces tassements terminés.

A cet effet, on interposa des cales en bois entre la semelle (c) et les solives (b) et l'on réunit ces pièces par des chevilles. L'utilité de ces précautions se fit bientôt voir. Bien que les poutres intermédiaires supportant l'autre extrémité des solives fussent placées, à l'origine, de 25 mm en contrebas de l'appui sur la muraille, les tassements de la maçonnerie furent tels, qu'il fallut encore, en fin de compte, relever un peu cet appui.

En faisant la pose des solives, il faut avoir soin d'isoler le bois de la maçonnerie nouvellement exécutée, car l'humidité renfermée dans celle-ci se transmettrait au bois. C'est pour cette raison que le mode d'appui de la fig. 116 A—C est souvent adopté. La solive repose dans une petite cavité recouverte de deux briques inclinées (b) et entourée sur les côtés de briques (c), posées à sec. Elle repose, à sa partie inférieure,

sur une semelle en bois, en sorte qu'elle est complètement
isolée de la maçonnerie.

Fig. 116 A—C.

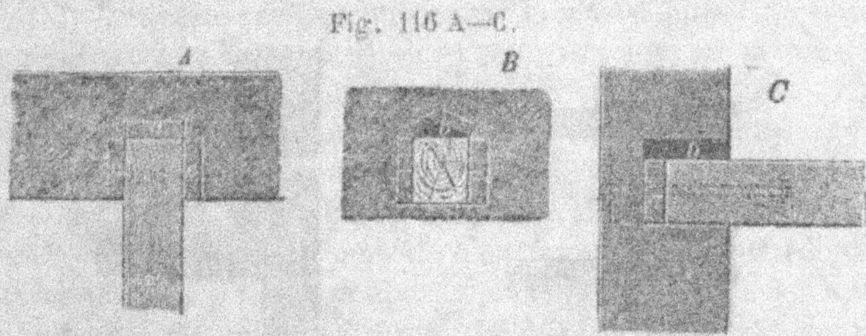

On emploie encore d'autres dispositions pour garantir
l'about des solives, mais la plupart doivent être rejetées ; telle,
par exemple, celle qui consiste à entourer la partie engagée
dans la maçonnerie de carton goudronné. Cette enveloppe ne
sert qu'à ralentir l'évaporation de l'excès d'eau contenue dans
le bois et par suite à hâter la destruction de l'about de la solive.

Un point très important dans l'étude d'un plancher, c'est
l'ancrage des solives. Cet ancrage a pour but de relier entre
eux les murs extérieurs opposés, pour en empêcher le déversement. En général, l'ancrage ne s'établit que de trois en
trois ou de quatre en quatre solives et se fait avec des fers
plats de 0,05 m de largeur et 0,01 m d'épaisseur. On les
cloue aux solives, soit en-dessus, fig. 117, soit de côté, fig.
118 et ils se terminent par un harpon que l'on scelle dans la
maçonnerie fig. 119. Quand on veut rattacher deux solives
contiguës par un seul ancrage, on les relie par un linçoir et
l'on fixe l'ancrage sur ce dernier.

Il faut relier les murs transversaux tout comme les murs
longitudinaux ; les ferrements vont alors d'un mur à l'autre
en passant par dessus les solives.

Les planchers des constructions mixtes n'ont point
d'ancrages.

Planchers des combles.

Dans ces planchers un certain nombre de solives se confondent avec les entraits des fermes de la charpente. Aussi la

Fig. 117.   Fig. 118.

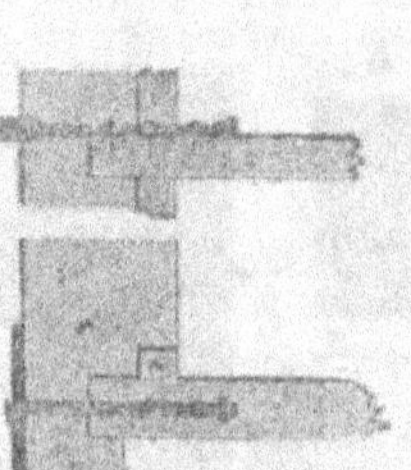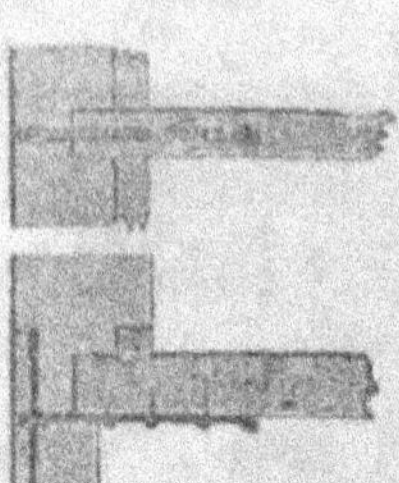

Fig. 119.

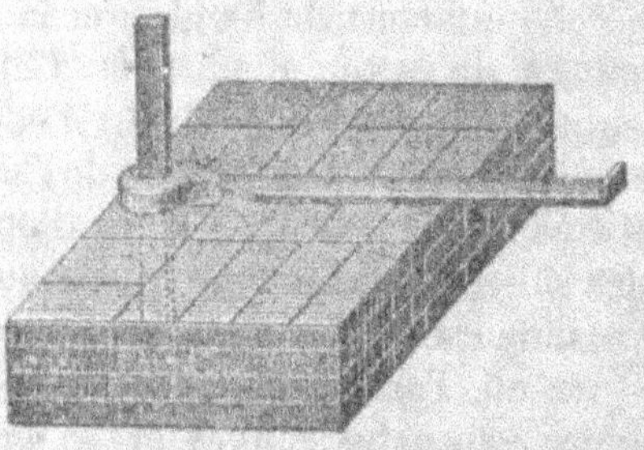

disposition des solives dépend-elle de celle des formes et non
de celle des murs. Les exemples de planchers de cette espèce
seront donc plus à leur place, quand nous traiterons des combles en bois; nous nous contenterons de donner ici les principes généraux de leur mode de construction.

(a) Les solives de pourtour sont presque toujours inutiles
vu que les murs de séparation traversent rarement le plancher des combles; cela n'a lieu qu'au droit des cages d'escalier et dans les combles mansardés.

(b) On place une solive à l'aplomb de chaque mur, afin
de fixer contre sa face inférieure le lattis du plafond des pièces
sous-jacentes.

(c) On en dispose également le long des murs de pignon,
et alors elles reposent le plus souvent sur une retraite de la

maçonnerie et forment entrait ; leur équarrissage est celui des solives principales.

(d) Toutes les solives qui jouent le rôle d'entrait doivent être faites d'une seule pièce, ou se composer tout au moins de parties assemblées, consolidées par des ferrures (fig. 3). Le joint se place alors autant que possible au-dessus d'un mur. L'écartement des solives de cette espèce est naturellement celui des fermes de la charpente ; il est donc compris entre 3 et 5 m. Il faut avoir soin de bien faire reposer ces solives sur les murs et de leur donner la plus grande longueur d'appui possible. Quand on le pourra, on les placera au-dessus des murs transversaux.

Les solives formant entrait ne doivent jamais être entaillées ; il faut donc, en étudiant le plan de la construction, éviter

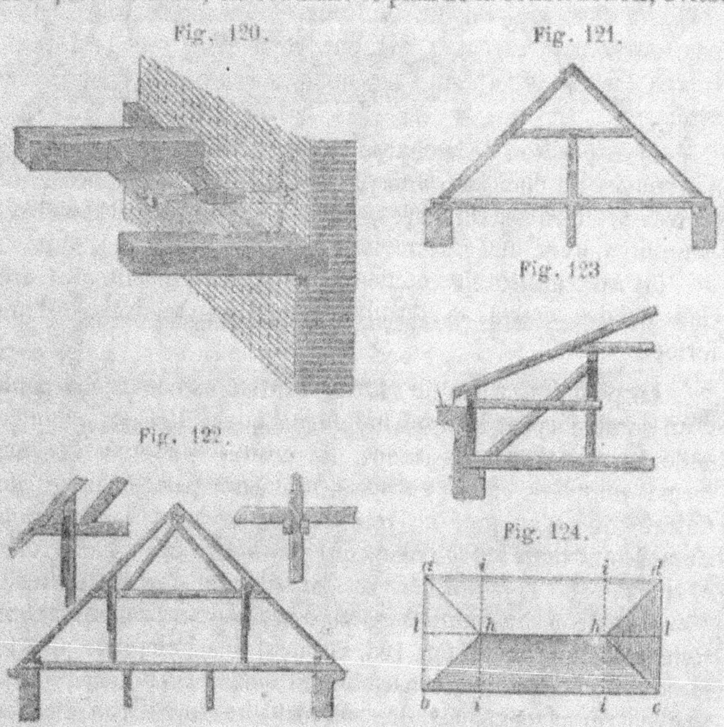

Fig. 120.

Fig. 121.

Fig. 123

Fig. 122.

Fig. 124.

de faire passer des tuyaux de cheminée près de ces solives.

(e) Lorsque les chevrons de la charpente s'appuient directement sur les solives du plancher des combles, fig. 121, il faut faire correspondre une solive à chaque chevron, mais il est préférable de faire reposer les chevrons sur une panne d'égout et d'assembler celle-ci par tenon et mortaise avec les solives, afin de n'avoir de solives-entraits qu'au droit des fermes et de rendre l'écartement des solives courantes indépendant de celui des chevrons.

La disposition de la fig. 123 présente les mêmes avantages. Il n'y a de solives-entraits qu'au droit des fermes, les autres solives étant de moindre équarrissage.

(f) L'un des parements de la solive-entrait se place dans le plan des autres pièces de la ferme et présente une surface parfaitement dressée. C'est sur cette face que l'on porte toutes les mesures pour l'assemblage des contre-fiches, chevrons, etc.

La disposition de la charpente du comble détermine celle des solives du plancher, puisque les entraits font fonction de solives principales. On dispose ensuite entre celles-ci les solives courantes, avec un écartement variant de 0,90 m à 1,25 m.

(h) Aux angles des édifices, la toiture présente des arêtiers ou des noues se terminant toujours au-dessus d'une ferme.

Le plan donné à la fig. 125 présente d'un côté la charpente d'un comble ayant la forme indiquée à la fig. 124, et de l'autre, celle du plancher sous-jacent. La croupe s'appuie sur une ferme complète et les solives continuent parallèlement aux entraits jusqu'au mur en retour. En ce point, les chevrons s'emboîtent dans les soliveaux qui viennent s'assembler à tenon et mortaise dans la dernière ou dans l'avant-dernière solive, à 1 m. environ du mur. Dans ce dernier cas la solive de pourtour est supprimée, fig. 126. On peut aussi changer plus tôt la direction des solives et assembler les soliveaux ou chevêtres, qui les remplacent, sur des solives d'enchevêtrure dirigées suivant la diagonale, fig. 127 et 128. Le dernier exemple est intéressant à cet égard.

Fig. 125.

Dans un plancher de combles, l'écartement des solives peut être un peu plus grand que dans les planchers des étages infé-

Fig. 126.

rieurs, parce que les charges y sont moins grandes. Quand on a déterminé la position des solives-entraits, on divise l'espace intermédiaire par 1 m ou 1,20 m, pour avoir la position des solives de remplissage.

Fig. 127.

(k) Il est bon que les solives des planchers de combles reposent sur sablière, afin que leurs extrémités soient parfaitement maintenues.

(l) Chacune des solives-entraits doit être tenue par un ancrage.

Dispositions particulières.

Un mode de construction très employé en Amérique, en Angleterre et à Berlin,

Fig. 128.

consiste à étrésillonner solidement les solives de distance en distance, de façon à pouvoir leur donner une section plus allongée et, par conséquent, plus favorable à la résistance.

Voici, d'après Rinecker, le mode de construction américain, fig. 129, A—D. Les solives sont formées de madriers de

Fig. 129. A—B

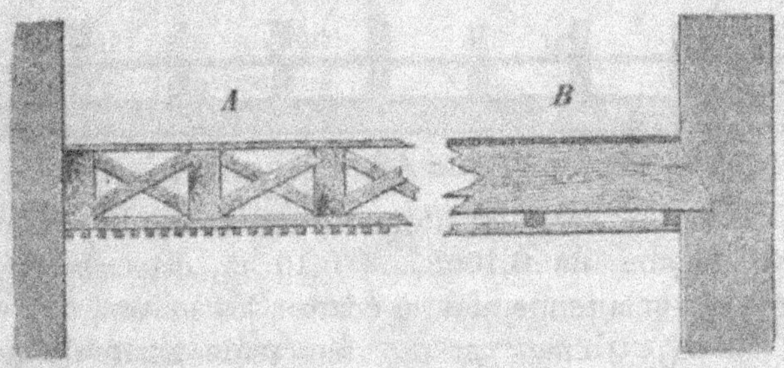

0,08 à 0,10 m d'épaisseur et de 0,25 à 0,30 m de hauteur et sont écartées de 0,30 à 0,40 m d'axe en axe. Pour empêcher leur déversement, on les étrésillonne tous les 3 mètres avec des pièces de bois de $0,05 \times 0,10$ m d'équarrissage, disposées en croix. L'extrémité du madrier est taillée obliquement, comme le montre la fig. B, pour que les solives ne tendent pas à écarter les murs lors du fléchissement. L'aire du plancher se compose de planches de 0,08 à 0,14 m de largeur, réunies à rainure et languette et clouées sur les solives. Le plafond est fait sur lattis jointif et au mortier, la dernière couche, c'est-à-dire la troisième, recevant seule une certaine proportion de plâtre [1]. On procède quelquefois d'une manière différente, afin que l'enduit soit moins exposé à se fendiller. On commence par clouer sous les solives de fortes lattes à 0,30 m l'une de l'autre, puis sur celles-ci le lattis qui reçoit l'enduit, fig. 129, B.

À Berlin, on applique la précédente disposition aux planchers de grande portée dans le cas où les solives sont d'équar-

---

[1] Pour la construction des plafonds, se reporter au second volume de cet ouvrage, p. 221 et suivantes.

rissage ordinaire. La fig. 130, A, en donne un exemple. Les
solives ont une section de grandeur moyenne et sont écartées

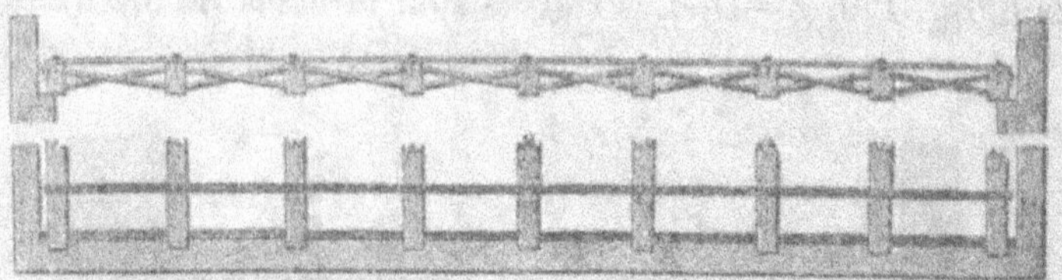

Fig. 130 A.

de 0,90 m ; elles sont maintenues, tous les 2 m environ, par
des étrésillons de 0,10 m, $\times$ 0,10 m, disposés en croix.
Comme ces bois tenderaient à écarter les solives, on relie les
deux solives extrêmes par des fers plats allant d'un mur à
l'autre. De cette manière toutes les solives, et en particulier
les deux dernières touchant au mur, sont rattachées en-

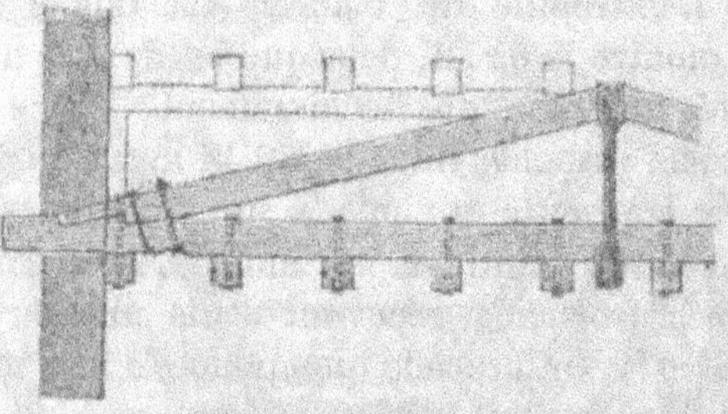

Fig. 130 B

semble. Ce moyen permet d'adopter des équarrissages ordinaires de 0,21 m, $\times$ 0,24 m avec un écartement de 1 m, tant
que la portée ne dépasse pas 7,50 m. Quand elle est supérieure
à ce chiffre, on établit le plancher sur des maîtresses-poutres,
placées à environ 2 m l'une de l'autre et supportant transversalement les solives de remplissage ; il est indispensable d'an-
crer ces poutres principales.

Entrevous et plafonds.

Pour compléter le plancher d'une habitation, il faut, une fois le poutrage en place :

1° Recouvrir les solives d'une aire en planches, le parquet ou le plancher ;

2° Garnir l'intervalle entre les solives d'un remplissage ;

3° Recouvrir la surface inférieure d'un lattis et d'un enduit.

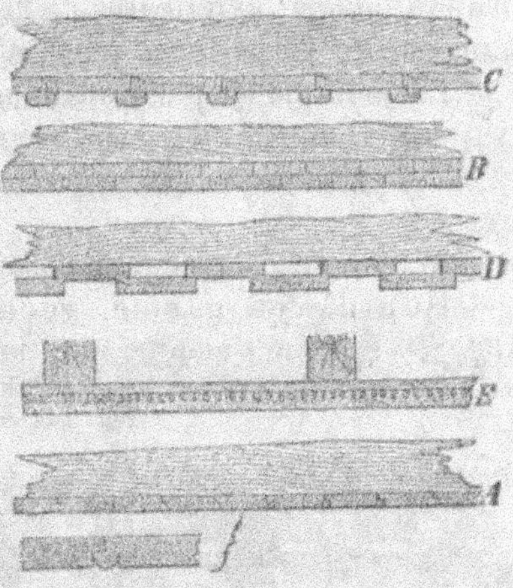

La construction des parquets et planchers à l'anglaise a été donnée dans le premier volume de cet ouvrage, à la page 407.

Le plafond s'établit le plus souvent comme indiqué à la fig. 131, E. On cloue sous les solives, des planches brutes de 0,02 m d'épaisseur et de 0,08 m à 0,10 m de largeur et l'on fixe sur elles, avec du fil de fer, un revêtement en roseaux sur lequel s'applique l'enduit du plafond. [1]

Fig. 131.

Dans les constructions d'ordre inférieur, telles que cités ouvrières, bâtiments agricoles, etc., on se contente souvent de recouvrir les solives d'un simple voligeage. Celui-ci est formé

---

[1] En France, on recouvre les solives, le plus souvent, de lattes en chêne ayant de 0,03 m à 0,015 m de largeur et de 0,006 m à 0,010 d'épaisseur. Ces lattes se clouent sous les solives avec un écartement variable suivant la nature de l'ouvrage qu'il s'agit d'enduire. Ainsi pour les plafonds, on leur donne 0,08 m de vide ou seulement quelques millimètres; en ce cas, on dit que le lattis est jointif.

Quand les bois ont reçu leur lattis, le maçon les recouvre d'un gobetage avant d'appliquer le crépi et l'enduit. On nomme ainsi le plâtre au panier gâché extrêmement clair, projeté sur la surface du lattis au moyen d'un balai de bouleau. Le plâtre se dépose en gouttelettes qui facilitent l'adhérence du crépi.

de planches jointives, réunies par l'un des modes indiqués aux
fig. 131, A—D, et fixées à l'aide de clous. L'épaisseur des
voliges est de 0,03 m environ.

Le hourdis a pour but, d'une part d'étouffer le son d'un
étage à l'autre et, d'autre part, d'intercepter le passage de
l'humidité, s'il venait à passer un peu d'eau par les joints des
frises du parquet. Dans un plancher de combles, le hourdis a
encore un troisième but ; celui de garantir l'étage supérieur
des variations extérieures de la température, lesquelles se
font encore sentir d'une manière sensible sous les combles.

Les hourdis les plus répandus en Allemagne sont :

1° Le hourdis en glaise, recouvrant les solives ;

2° Le hourdis en glaise avec solives partiellement engagées ;

3° Le hourdis avec remplissage en paille et glaise.

Hourdis en glaise, recouvrant les solives, fig.
132, A—B. Il ne s'adopte que dans les constructions de rang

Fig. 132 A—B.

inférieur. Ce hourdis est formé d'une aire en planches brutes
de 0,03 m d'épaisseur et de 0,20 m à 0,23 m de largeur, reposant sur les solives et se recouvrant l'une l'autre, comme le
montre la fig. 132. Au-dessus de cette aire est étendue une
couche de glaise de 0,05 m à 0,08 m d'épaisseur. Pour que
celle-ci s'attache mieux au bois, on cloue quelquefois des lattes
de section trapézoïdales (a) sur les planchers. Ce hourdis ne con-

Fig. 133 A—B.

vient guère qu'aux constructions agricoles ; nous en rencontrerons du reste des exemples, en faisant l'étude des charpentes de comble.

Le hourdis avec solives partiellement engagées est celui qu'on emploie le plus, fig. 133, A—B. On commence par clouer de chaque côté des solives des tasseaux (d) pour servir d'appui aux planches d'entrevous. Sur ces planches on étend d'abord une faible couche d'argile, puis une couche de sable sec. Lorsque l'aire du plancher est formée d'un carrelage, comme, par exemple, le plus souvent en Autriche, le remplissage dépasse les solives d'environ 0,05 m. Dans le cas contraire, on le fait affleurer avec celles-ci, afin que les frises du parquet puissent reposer directement sur elles, fig. 133, A—B.[1]

Fig. 134 A—B.

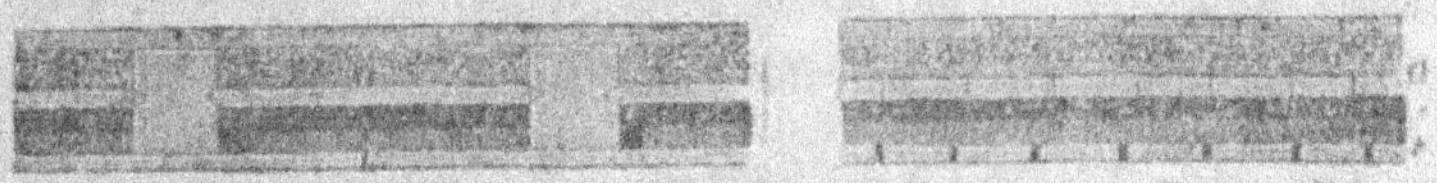

Dans la figure, (f) représente le lattis ou le voligeage formant le plafond.

Dans quelques contrées, on pratique des rainures triangulaires sur les côtés des solives et l'on y engage les planches d'entrevous dont les bords sont alors taillés en sifflet, fig. 134, A—B ; mais cette disposition ne vaut pas la précédente, tout en étant moins simple qu'elle, fig. 134, A—B.

Le hourdis en paille et glaise s'emploie peu. Il est composé de rouleaux formés de brins de bois rond, enroulés de cordes de paille et fixés sur les côtés des solives, à mi-hauteur ou vers la partie inférieure ; le hourdis est complété par un remplissage en glaise.

Les fig. 135, A—B et 136 représentent ce mode de construction. L'arasement de la surface inférieure se fait aussi

[1] En France, les frises d'un parquet reposent presque toujours sur des pièces intermédiaires, appelées lambourdes, posées transversalement aux solives et s'appuyant sur elles.

à l'aide d'une couche de glaise (d). Quand le plafond est formé

Fig. 135 A — B.

Fig. 136 A — B.

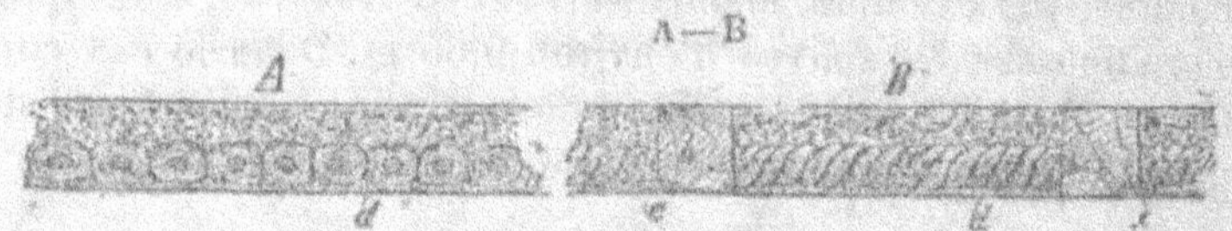

d'un voligeage, on supprime cette dernière. Les bois de brin
pénètrent dans des rainures pratiquées sur les côtés des solives,
ou bien s'appuient sur des tasseaux (e) cloués à hauteur
convenable. L'appui à mi-hauteur a l'avantage de diminuer le
poids du hourdis.

Lorsque les solives restent apparentes, leurs arêtes sont
moulurées et le plafond est alors composé d'une aire en planches rabotées.

Un exemple de cette nature est donné dans la fig. 137.

Fig. 137.

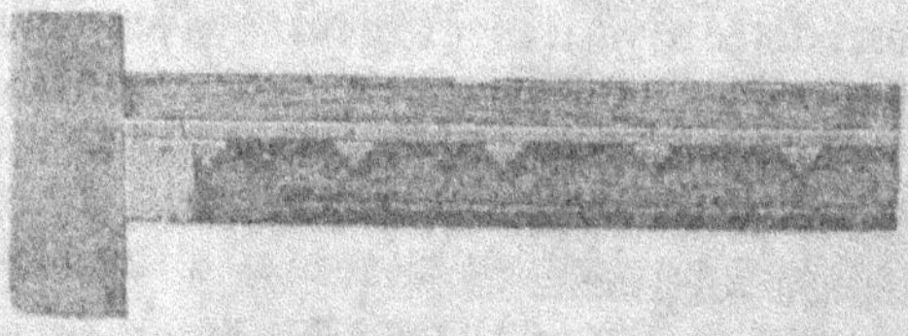

Le plafonnage se compose d'une aire en planches, lesquelles
se raccordent à plat-joint et s'engagent dans des rainures
pratiquées sur les côtés des solives, le joint étant recouvert
par des couvre-joints moulurés.

Dans la fig. 138, les joints sont dissimulés par une moulure tirée sur l'une des rives de ces planches ; celles-ci se recou-

Fig. 138.

vrent alors l'une l'autre et portent, en outre, des couvre-joints par en-dessus.

Enfin, dans une une troisième disposition l'entrevous est formé de planches disposées dans deux plans différents et chevauchant les unes sur les autres. Ces planches reposent sur des tasseaux cloués sur les solives. Du côté inférieur, ces dernières sont recouvertes d'une aire en planches parfaitetement dressées, que des moulures subdivisent en panneaux quadrangulaires.

La construction des plafonds avec caissons à été indiquée dans le second volume de cet ouvrage.

Soutènement du solivage.

Lorsque la portée des solives est grande et que les charges à supporter sont fortes, on est obligé, pour réduire la section des solives, de leur fournir un appui intermédiaire. Cet appui, formé toujours d'une poutre transversale, c'est-à-dire de direction perpendiculaire à celle des solives, peut se placer soit en-dessus, fig. 140, soit en-dessous du solivage.

Le soutènement par en-dessus ne s'applique guère qu'aux planchers des combles et la poutre transversale forme alors généralement partie de la charpente des fermes, fig. 141,

Fig. 140.

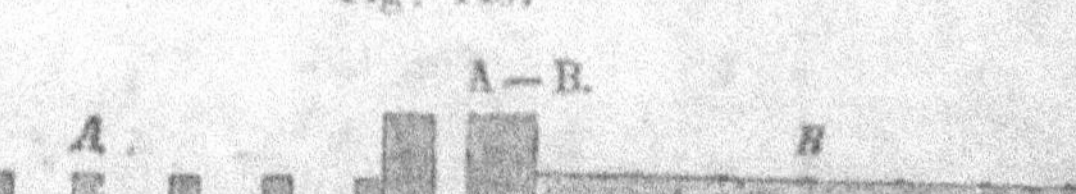

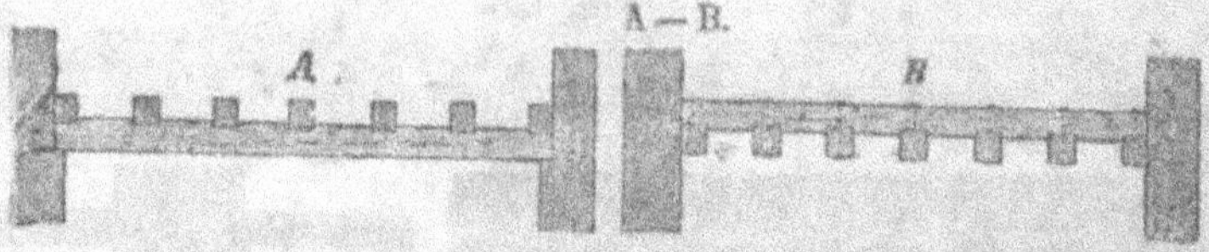

comme nous en avons déjà vu des exemples dans le premier
chapitre de ce volume.

Fig. 141.

Le but de l'appui intermédiaire est de réduire le cube des
bois du poutrage, et pour éviter d'être conduit à de trop
grosses sections pour la maîtresse-
poutre, on supporte celle-ci,
quand cela est possible, en des
points intermédiaires par des poteaux ou des jambes de force.

Les fig. 143, A—C représentent en plans et coupes une
étable à brebis. Les solives du grenier à fourrages reposent
sur deux poutres qui s'appuient à leur tour sur des poteaux,
posant sur des socles en granit.

Un autre exemple du même genre est donné à la fig. 144,
A—B; il s'agit ici d'une étable à bestiaux. Au droit des man-
geoires se trouvent des sablières (a) sur lesquelles reposent,
de distance en distance, des poteaux soutenant les poutres
d'appui (tt) des planchers au moyen de jambes de force et
de sous-poutres (ss).

Lorsqu'on est obligé de renoncer aux soutiens intermédiaires, on adopte le plus souvent pour la poutre transversale un des types de poutres armées.

Le mode de construction de la fig. 143 peut s'appliquer
aussi à un bâtiment de plusieurs étages. Les poteaux des
étages supérieurs reposent alors sur les maîtresses-poutres

inférieures, fig. 145, ou se continuent d'un étage à l'autre, ce
qui donne un ensemble plus résistant. En général, les poteaux

Fig. 143 A.

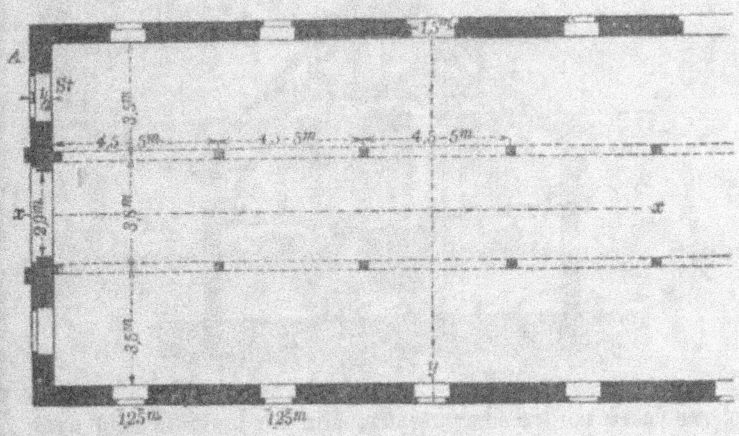

Fig. 143 B.

supérieurs et inférieurs embrassent la poutre et sont serrés par des boulons. On s'arrange de façon à ce que l'une des

Fig. 143 C.

solives passe contre les poteaux, afin de la boulonner avec eux.

Fig. 144 A.

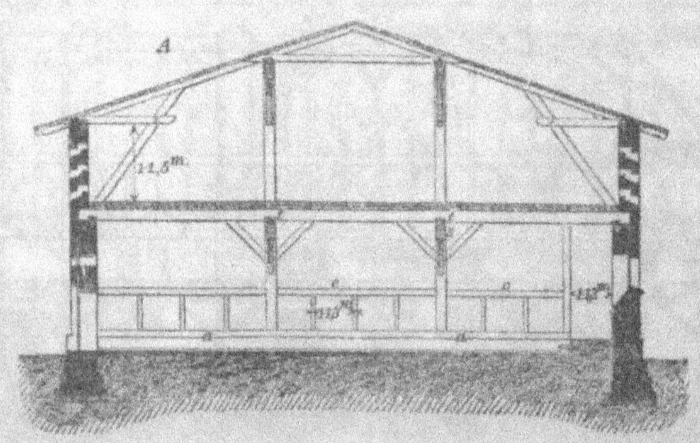

L'assemblage des poteaux se fait le plus souvent par entailles en crémaillère avec serrage par clefs, fig. 147. Deux autres dispositions sont données dans les fig. 148 et 149.

Fig. 144 B.

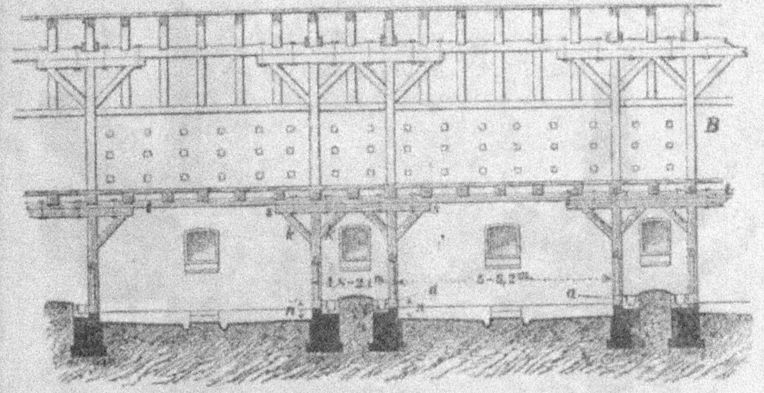

Fig. 145.

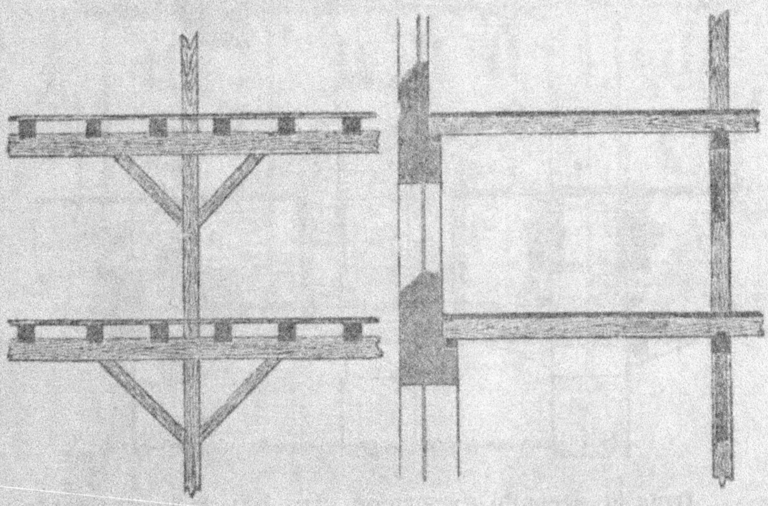

Dans la première, le poteau est formé d'une seule pièce et
est compris entre deux poutres qui reposent sur des équerres
et sont en outre boulonnées avec lui. Une solive passe près

de ce dernier et s'assemble par entaille avec lui et les poutres.

Fig. 147.   Fig. 148.

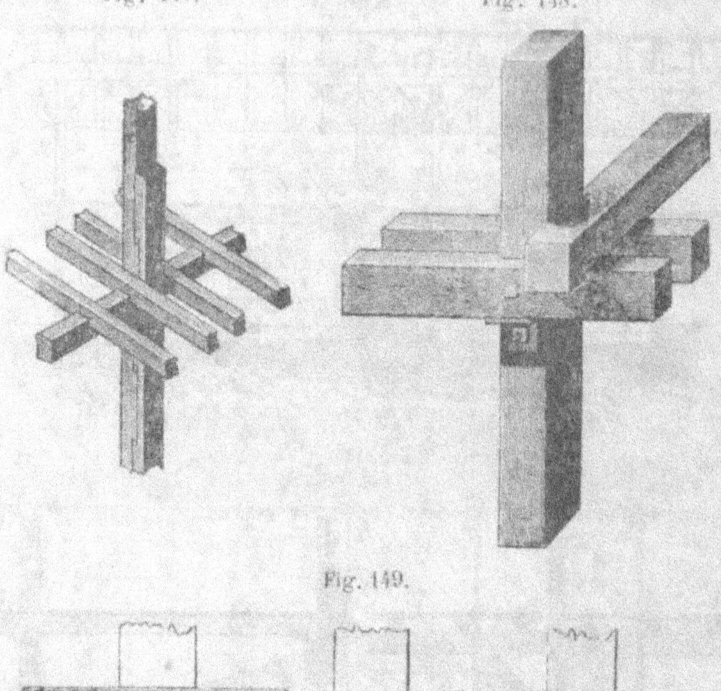

Fig. 149.

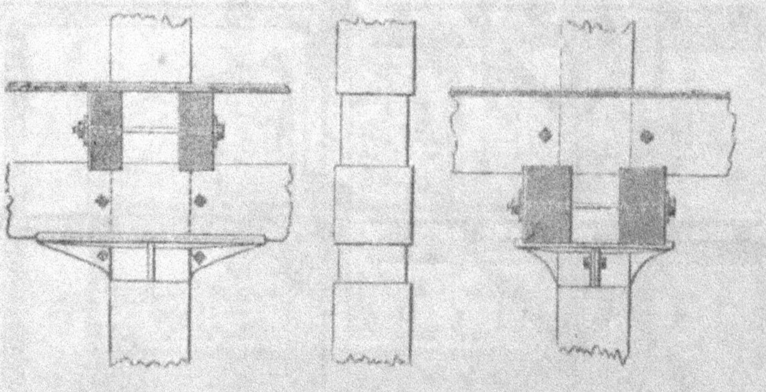

Dans la seconde disposition, fig. 149, la poutre transversale est encore double et embrasse comme précédemment
le poteau ; seulement l'appui est formé d'une console en fonte
se composant de deux moitiés réunies par des boulons, et enga-

gées d'une certaine quantité dans l'épaisseur du bois. Ce mode de construction se recommande par sa grande solidité ; il convient aux soutiens des planchers de magasins ou d'entrepôts.

Le détail ci-dessus est tiré d'une halle à marchandises, établie à Zurich, et représentée en plan et élévation aux fig. 150, A—B.

Fig. 150 A.

Renforcement des poutres.

Les poutres de forte section se procurent difficilement et coûtent fort cher, c'est pourquoi on a coutume de les remplacer par une combinaison de pièces de charpente de moindre section. Ces systèmes composés sont cependant coûteux,

Fig. 150 B.

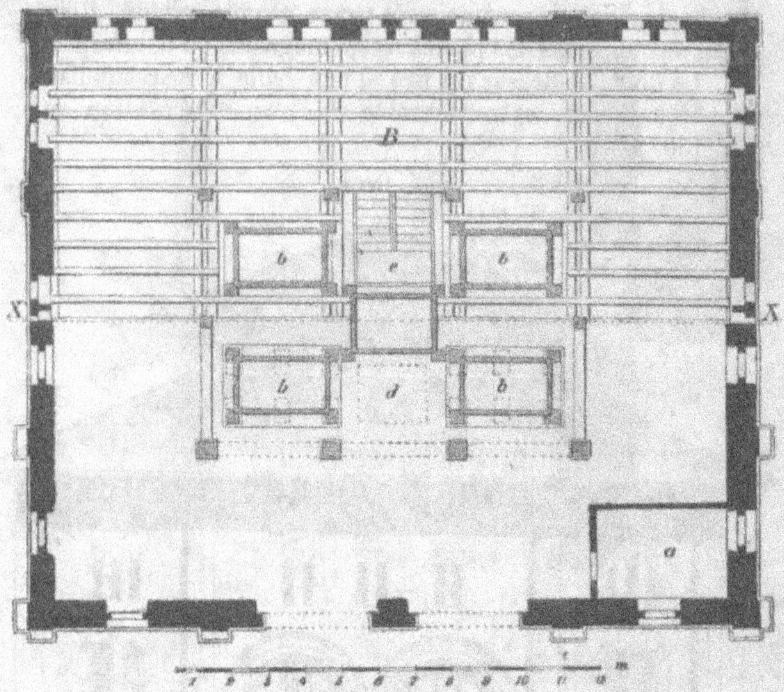

Fig. 150 B.

puisqu'ils donnent lieu à un surcroît de main-d'œuvre, aussi ne s'en sert-on que pour les maîtresses-poutres.

Le renforcement peut s'obtenir :

Par la juxtaposition de pièces assemblées par entaille, avec ou sans clef;

Par l'adjonction de pièces latérales entaillées et boulonnées sur la poutre;

Au moyen d'une armature;

En donnant une forme lenticulaire au système de pièces combinées.

La première de ces dispositions a été étudiée au chapitre premier sous la dénomination de pièces jumellées. Nous citerons comme application les ateliers de construction de maté-

riel de chemin de fer de Plug, à Berlin, dont les coupes transversales et longitudinales sont représentées dans les fig. 151,

Fig. 151 A.

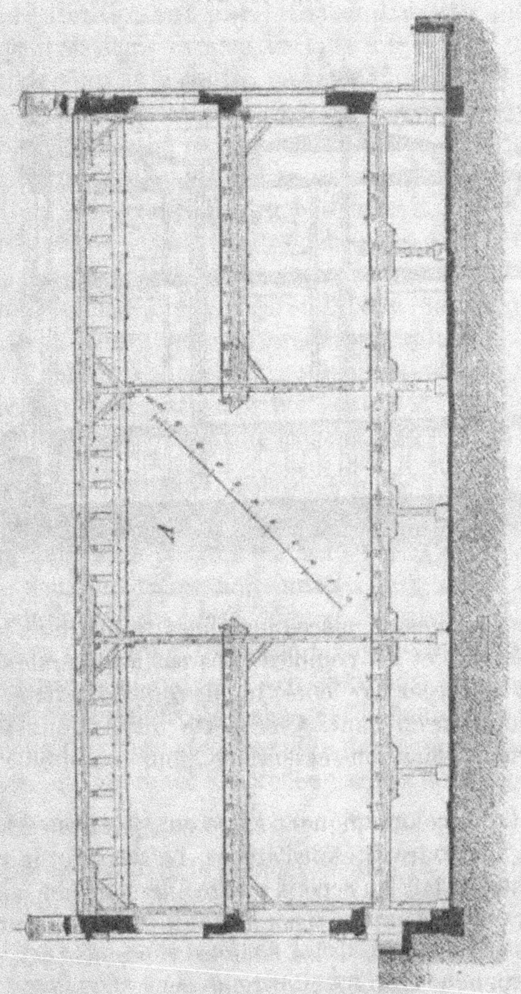

A et B. La surface converte mesure 141 m de longueur sur
31,25 m de largeur. On a installé dans les caves une scierie

mécanique pour le sciage des grosses pièces de bois. Transversalement, le bâtiment est divisé en trois parties égales par

Fig. 151 B.

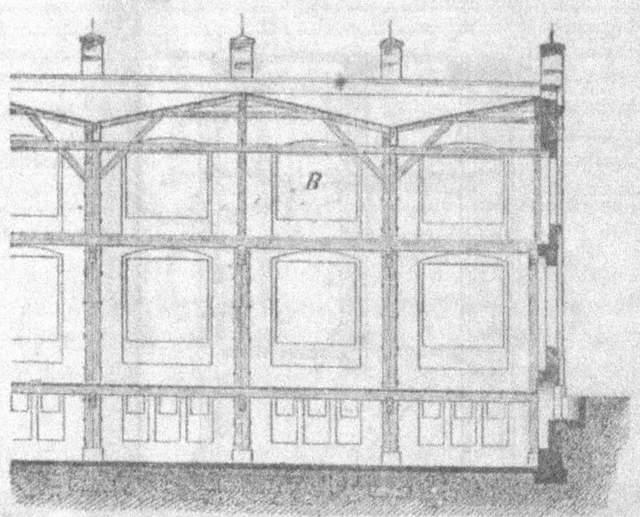

des poteaux formés de pièces jumellées, supportant les planchers supérieurs et les combles. Les parties latérales du bâtiment sont éclairées par côté, tandis que la partie centrale reçoit le jour par en haut. Avec cette disposition l'éclairage est uniforme, condition essentielle pour un atelier de ce genre.

Les étages communiquent entre eux par des escaliers en fer, placés aux extrémités de l'atelier. Le sciage et le rabotage des planches se fait au second étage; le plancher a donc à supporter, outre les approvisionnements de bois, tout un matériel fort pesant; aussi les solives reposent-elles sur des poutres jumellées de 0,62 m de hauteur.

Si l'on avait adopté une toiture à deux versants, la largeur du bâtiment eût conduit à des pans d'une étendue consi-

dérable, c'est pourquoi on l'a remplacée par une série de toits
à deux pans, disposés transversalement et séparés par des che-
neaux intermédiaires.

Le renforcement par l'adjonction de pièces latérales peut se faire comme indiqué sur la fig. 152. Contre
chacun des côtés de la poutre, on vient appliquer deux madriers
inclinés en sens contraire et entaillés sur la poutre, le tout
étant solidement relié par des boulons pour empêcher le glissement des diverses parties. Les extrémités des pièces latérales butent l'une contre l'autre, à la façon d'un arc-boutant, ce
qui augmente de beaucoup la roideur de la poutre. Cependant,
pour ne pas s'exposer à transmettre des poussées aux appuis,
on arrête les madriers à environ 0,20 m de ces derniers. La
section de la poutre varie naturellement suivant la portée et
suivant la charge à supporter ; ordinairement on n'applique ce
mode de renforcement qu'à des poutres ayant de 0,20 m $\times$
0,25 m à 0,25 m $\times$ 0,30 m d'équarrissage.

Une autre disposition, reposant sur le même principe, est
donnée à la fig. 153, A—C; (ff) et (gg) sont des poteaux soutenant les maîtresses-poutres du plancher. Celles-ci sont formées de deux madriers horizontaux (dd), entre lesquels on
dispose deux demi-poutres, légèrement inclinées, s'arc-boutant à l'une de leurs extrémités, tandis qu'à l'autre, elles s'assemblent par entaille avec l'extrémité des poutres (bb). Cet
assemblage est renforcé de clefs et de boulons et repose sur
les poteaux (ff). Les madriers (dd) sont appliqués contre les
pièces (cc) et sont reliés avec elles par des boulons et par des
clefs (kk).

Lorsqu'on adopte le premier mode de construction, les
poutres (bb) se continuent sur plusieurs travées.

L'armature rentre dans la catégorie des poutres composées à poinçons ou à contre-fiches, fig. 153, D. La poutre
(ab) repose en son milieu sur une contre-fiche, dont le pied
s'appuie sur une plaque de fer reliée par deux tirants aux

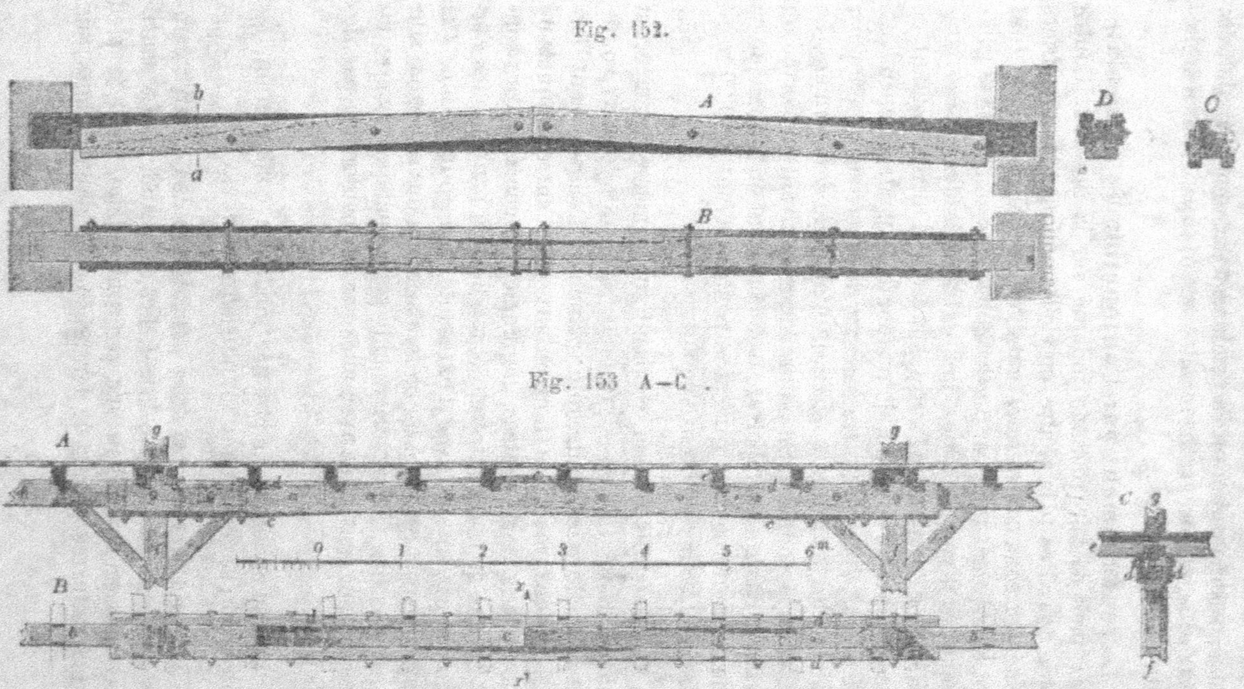

Fig. 152.

Fig. 153 A—C.

extrémités de la poutre. Les tirants se terminent par une par-

Fig. 153 D.

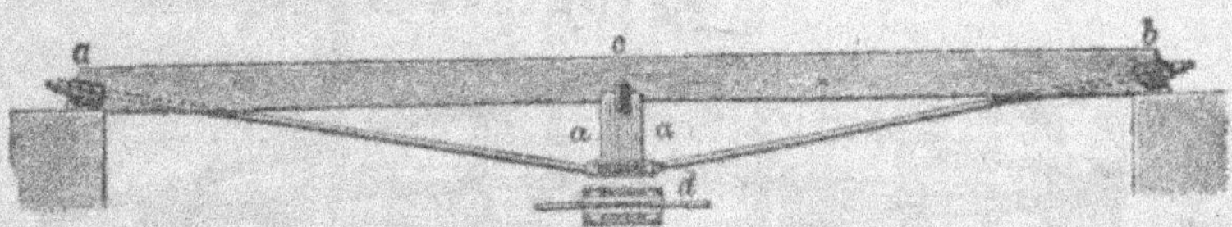

tie taraudée, un écrou permettant d'en effectuer le serrage.

Si l'on désigne par (l) la portée (ab), par (p) la charge uniformément répartie sur la poutre, par mètre de longueur, par z
l'angle des tirants avec la verticale, on peut admettre approximativement que l'effort dans la contre-fiche (cd) est égal
à $\frac{5}{8}$ pl, et que la tension dans les tirants (ad) est

$$\frac{5}{16}\frac{pl}{\cos z}$$

Les poutres composées de forme lenticulaire
s'emploient très peu dans les bâtiments à cause de l'incom-
modité de leur forme.

Lawes fut le premier qui adopta cette disposition. Il se
bornait, à l'origine, à faire scier une poutre suivant sa longueur,
et à intercaler entre les deux moitiés des montants allant en
augmentant de grandeur vers le centre. Aujourd'hui on forme
ces poutres de deux pièces séparées, dont on réunit les extrémités par des boulons, mais qui sont tenues à distance dans la
partie intermédiaire par des montants, formés d'une seule
pièce ou de deux pièces moisées.

Ces poutres ont ordinairement, au milieu de leur longueur,
une hauteur égale à $\frac{1}{25}$ de la portée.

La fig. 154 fournit un exemple de l'application de ce genre
de poutre au soutènement d'une charpente de comble. Les
pièces longitudinales ont 0,145 m de hauteur et 0,29 m de
largeur, la section extrême de la poutre formant donc un carré
de 0,29 m de côté. Pour rendre les deux parties parfaitement

solidaires, on les assemble avec un serrage par clefs et boulons. La hauteur au milieu de la poutre est de 0,62 m ; la por-

Fig. 154.

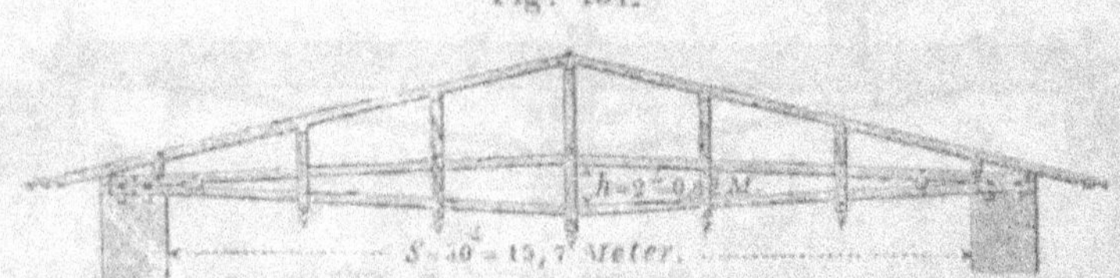

tée étant de 15,70 m, le rapport entre ces deux dimensions est bien de $\frac{1}{25}$. Les moises verticales, qui maintiennent l'écartement des plates-bandes, se prolongent de la quantité nécessaire pour soutenir les pannes du comble.

De pareilles charpentes conviennent surtout aux toitures de faible inclinaison et de grande portée, comme, par exemple, au-dessus d'un gymnase, d'une salle de réunion, etc.

Lorsqu'il s'agit d'établir un plafond sous la charpente, on peut suspendre les pièces de plafond à des poutres transversales, l'armature étant dissimulée dans les combles, comme le montre la fig. 155. L'attache de ces pièces se fait par de simples boulons.

Fig. 155.

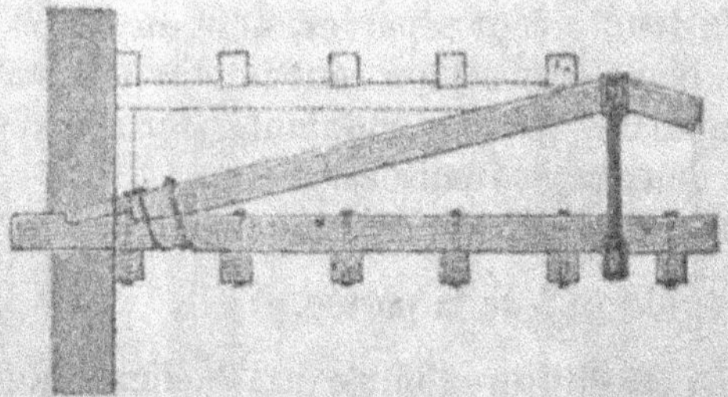

Le même genre de poutre peut servir aussi à supporter les solives d'un plancher, à condition que celles-ci soient placées au-dessus de la poutre. La fig. 156, A—B nous en donne un exemple. Elle représente le plancher des combles recou-

vrant la salle Maeder à Berlin. L'écartement entre le plancher
et le plafond sous-jacent est de 3,80 m. Cet écartement con-

Fig. 156 A—B.

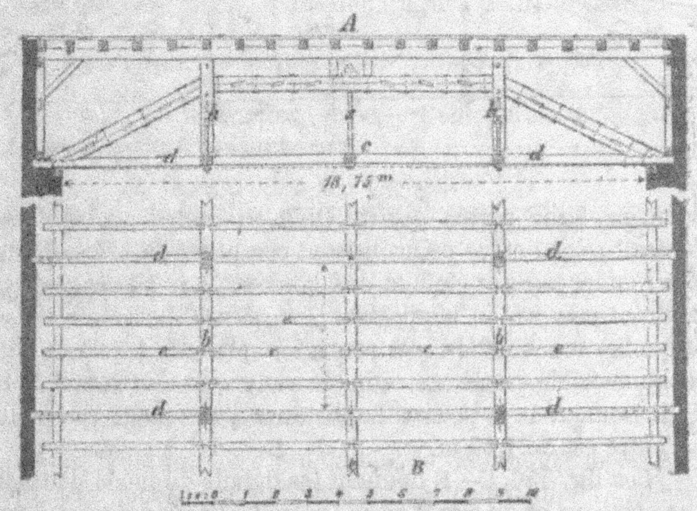

sidérable est motivé par la forme des maîtresses-poutres supportant le plancher. Ces poutres portent une armature à deux

Fig. 156 C—E.

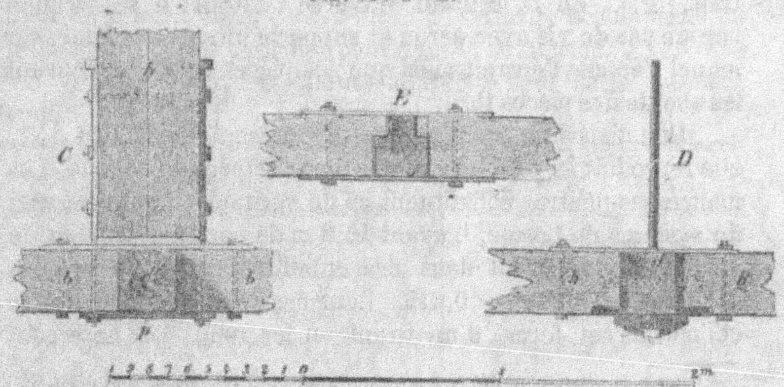

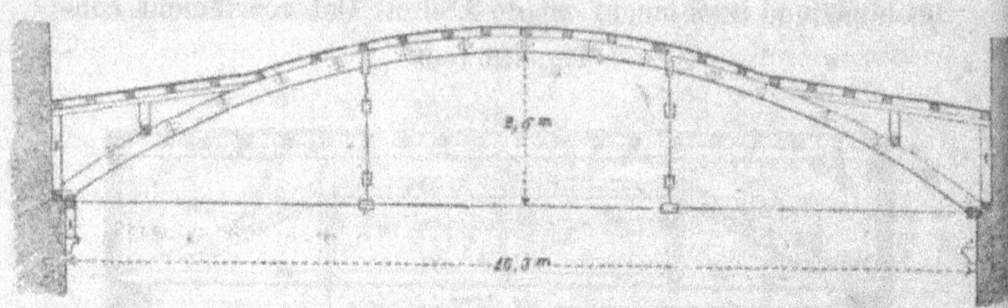

Fig. 157.

poinçons. Leur portée est de 18,75 m et les contre-fiches,
l'entrait relevé et les poinçons sont composés de pièces jumellées réunies par des clefs et des boulons. Les poinçons (h) et
le tirant-poinçon (s) supportent les pièces horizontales sur
lesquelles reposent les bois portant le plafond. L'entrait (d) a
reçu une faible cambrure, afin de redevenir horizontal après
fléchissement de la poutre. La distance d'une maîtresse-poutre
à l'autre est de 4,60 m.

Les fig. 156, C—E donnent les détails du mode d'attache
des poinçons et du tirant avec l'entrait. Le pied des poinçons
est réuni avec l'entrait par deux fers plats, se terminant à la
partie inférieure par une tige taraudée, sur laquelle un écrou
vient serrer une plaque de fer contre la face inférieure de l'entrait, fig. C. En D, le tirant traverse l'entrait; il se termine
par un pas de vis avec écrou et supporte un sabot en fonte, sur
lequel s'appuie l'entrait ainsi que les pièces de fonte recevant
les abouts des pièces (b).

Une disposition tout autre est représentée à la fig. 157;
elle reproduit le plafond d'une salle de l'Opéra de Vienne. Les
maîtresses-poutres constituent ici de véritables fermes en arc,
du système de Lorme, [1] ayant 16,3 m de portée et 2,60 m de
flèche. Elles reposent dans des entailles pratiquées sur des
sablières de 0,26 m $\times$ 0,315. Leur écartement est de 4,29 m
et l'entrait est formé d'un tirant en fer rond. Les arcs sont

---

[1] Dans le système de de Lorme, proprement dit, les fermes sont demi-cir-
culaires et n'ont pas d'entrait.

composés de trois files de madriers ayant 0,051 m d'épaisseur et
boulonnés ensemble à joints croisés. Jusqu'à mi-hauteur des
reins environ, le plafond est soutenu par des solives s'appuyant sur l'arc même et sur deux lignes de montants.

Dimensions des solives et des maîtresses-poutres.

Dans les cas ordinaires, on se sert souvent simplement de
la règle empirique suivante :

$$h = 16 \times 2 \, l \text{ centimètres}$$

la hauteur (h) de la solive étant exprimée en centimètres et la
portée (l) en mètres.

L'écartement des solives est supposé d'un mètre environ
et leur largeur est prise de 5 cm moins grande que la hauteur. [1] Ainsi pour une portée de 5 m par exemple, on aurait

$$h = (16 + 2 \times 5) = 26 \text{ cm}$$
$$\text{et} \qquad b = 26 - 5 = 21 \text{ cm}$$

Mais il est toujours préférable de déterminer les dimensions des pièces du plancher par le calcul direct, surtout
lorsqu'il s'agit de charges assez fortes, comme dans le cas d'un
magasin, par exemple.

A cet effet, on commence par calculer approximativement le poids propre du plancher, puis on détermine la grandeur de la surcharge, c'est-à-dire de la charge accidentelle ou
temporaire, que le plancher peut avoir à supporter.

Ordinairement les valeurs adoptées pour cette dernière
sont :

Charge accidentelle	En kgm par m q
Pièces d'habitation	150 kgm
Salons de danse	250 ,,
Magasins à fourrages	400 ,,
Greniers à fruits	450 ,,
Entrepôts de marchandises	700 ,,

[1] La formule empirique ci-dessus n'est pas applicable en France, parce que
l'écartement des solives est toujours bien inférieur à 1 m.

Charge accidentelle résultant d'une agglomération de personnes	En kgm par m q
Valeur admise en Amérique	150 kgm
,, ,, France	200 ,,
,, ,, Allemagne	280 ,,
,, maximum	560 ,,

Le poids propre du plancher dépendra de la portée et du mode de construction adopté. Pour les dispositions précédemment décrites, on peut prendre dans un premier calcul les poids suivants :

Nature du plancher	N° de la figure	Écartement des solives d'axe en axe				Poids moyen par m q en kgm
		0,90 m		1,20 m		
		Équarrissage des solives				
		20/25	25/30	20/25	25/30	
1. Plancher formé d'une aire en planches sur solives, les entrevous restant vides.	—	61	81	56	66	66
2. Disposition de la fig.	132	131	151	126	136	136
3. ,,	133	195	240	205	220	207
4. ,,	135	254	305	279	345	269
5. ,,	136	355	406	380	447	397
6. Plancher avec caissons sur voligeage.	—	122	142	112	132	125

La formule générale servant au calcul de la section d'une poutre uniformément chargée, reposant librement à ses extrémités sur des appuis de niveau, est

$$P = \frac{8 k w}{l}$$

P, désignant la totalité de la charge uniformément répartie, en kilogrammes; l, la portée de la poutre, en centimètres ; k, le coefficient de résistance du corps dont est fait la poutre, exprimé par centimètre carré de section.

W, le moment de résistance, c'est-à-dire le moment d'inertie de la section divisé par la distance de la fibre la plus fatiguée à l'axe neutre.

Comme il ne s'agit ici que de poutres en bois, la section est presque toujours rectangulaire. On aura alors

$$W = \frac{1}{6} b h^2 \text{ et pour du sapin } k = 70 \text{ kg.}$$

Dans ces conditions, la formule devient

$$P = 8 \times 70 \times \frac{1}{6} \frac{b h^2}{l}$$

toutes les dimensions devant y être exprimées en centimètres.

Si l'on exprime la portée en mètres, il faut diviser par 100 le second membre de l'équation. Alors

$$P = \frac{8 \times 70 \times 1}{100} \frac{1}{6} \times \frac{b h^2}{l}$$

$$= 0{,}933 \frac{b h^2}{l} \qquad (1)$$

Appelons
(q), le poids propre ;   ⎫ par m q de plancher
(p), la charge accidentelle :   ⎬   en kg
(a), l'écartement des solives d'axe en axe ;
(l), leur portée, en mètres ;
(h), la hauteur des solives;   ⎫ en centimètres.
(b), la largeur   „   ⎭
Alors

$$P = a\, l\, (p + q) = 0{,}933 \frac{b h^2}{l} \qquad (2)$$

ou bien

$$b h^2 = \frac{a\, l^2\, (p + q)}{0{,}933} = \frac{P\, l}{0{,}933} = 1{,}072\, P\, l \qquad (3)$$

Dans le cas de solives de section carrée, on a

$$h \quad \sqrt{\frac{a\, l^2\, (p + q)}{0{,}933}} \text{ ou} = \sqrt{1{,}072\, P\, l} \qquad (4)$$

ou bien

$$= \sqrt{1,1\, P\, l}\ \text{approximativement.}$$

Mais la section rectangulaire est plus avantageuse ; le rapport qui convient le mieux pour les dimensions transversales est $h : b = 7 : 5$.

Si l'on fait $b = \dfrac{5}{7}\, h$ dans l'équation (3), on a

$$h = \sqrt{\frac{a\, l^2\, (p+q)}{0,666}}\ \text{ou} = \sqrt{1,5\, P\, l} \qquad (5)$$

ou bien encore

$$l = \sqrt{\frac{0,666\, h^3}{a(p+q)}}\ \text{ou} = \frac{0,666\, h^3}{P} \qquad (6)$$

Exemple. — Quelle charge pourra-t-on disposer par m q sur un plancher construit comme indiqué dans la fig. 136, en supposant que ses solives soient écartées de 1,10 m, d'axe en axe, et qu'elles aient 5,60 m de portée, leur équarrissage étant de 23×30 cm.

D'après l'équation (2)

$$a\, l\, (p+q) = 0,933\ \frac{b\, h^2}{l}$$

on a

$$p+q = \frac{0,933 \times b\, h^2}{a\, l^2} = \frac{0,933 \times 23 \times 30^2}{1,1 \times 5,6^2}$$
$$= 560\ \text{kgm.}$$

Dans la section ci-dessus, les côtés ne sont pas tout à fait dans le rapport indiqué de $\dfrac{7}{5}$; le résultat obtenu avec le coefficient numérique précédent est donc seulement approximatif. Si l'on voulait déterminer exactement la section qui remplit cette condition, tout en correspondant à la charge de 560 kg par m q, on n'aurait qu'à appliquer l'équation (5)

$$h = \sqrt{\frac{a\, l^2\, (p+q)}{0,666}}$$

En remplaçant les lettres par leur valeur numérique

$$h = \sqrt{\frac{1,1 \times 5,6^2 \times 560}{0,666}} = 0,31 \text{ m}$$

et puisque h : b = 7 : 5

$$b = \frac{5}{7} \times 0,31 \text{ m} = 0,22 \text{ m}.$$

Le tableau suivant indique l'équarrissage qu'il convient de donner aux solives des planchers ordinaires dans les maisons d'habitation, l'écartement de ses solives étant supposé de 1 mètre. [1]

Portée en mètres	4,4	4,75	5,0	5,3	5,6	5,8	6,0	6,2	6,5	6,75	6,9	7,2
Section en centimètres	$\frac{18}{24}$	$\frac{21}{24}$	$\frac{18}{26}$	$\frac{21}{26}$	$\frac{24}{26}$	$\frac{21}{28}$	$\frac{24}{29}$	$\frac{25}{29}$	$\frac{26}{29}$	$\frac{24}{32}$	$\frac{26}{32}$	$\frac{29}{32}$

Calcul des maîtresses-poutres.

Les données dans ce calcul sont la portée, le poids de la poutre, et le poids du plancher qu'elle doit supporter.

Le mode de répartition de ce poids dépend de la manière dont le plancher est construit.

Si la poutre repose sur plusieurs appuis, on la calculera comme une poutre continue.

Soient P le poids uniformément réparti sur toute la longueur de la poutre, L cette longueur, D, D′, D″… les réactions des appuis; enfin, soit (v) le rapport entre la longueur d'une travée et celle de la poutre entière. Alors

1° Dans le cas de trois appuis de niveau, formant deux

---

[1] Nous rappelons qu'en France, l'écartement des solives d'un plancher en bois ne dépasse guère 0,40 m d'axe en axe ; les équarrissages ci-dessus ne sont donc pas applicables au mode de construction français.

travées égales, fig. 158, on a pour valeur de la réaction aux appuis extrêmes

$$D' = D'' = \frac{3}{16} P.$$

et à l'appui intermédiaire

$$D = \frac{5}{8} P.$$

2° Dans le cas de quatre appuis de niveau formant trois travées égales, fig. 159

$$D' = \frac{2}{15} P \text{ et } D'' = \frac{11}{30} P.$$

3° Dans le cas de trois travées inégales, mais symétriques par rapport à l'axe, fig. 160, on a pour les appuis extrêmes

$$D' = P \frac{-1 + 6v - 6v^2 - v^3}{4v(3 - 4v)}$$

et pour les appuis intermédiaires

$$D'' = P \frac{(1 - v)(1 + v - v^2)}{4v(3 - 4v)} \qquad [1])$$

4° Dans le cas de deux travées inégales, avec appuis de niveau, fig. 161

$$D' = \frac{1}{8} P \frac{v^2 + 3v - 1}{v}$$

$$D'' = \frac{1}{8} P \frac{+ v^2 - 5v + 3}{1 - v}$$

$$D''' = \frac{1}{8} P \frac{v^2 + v + 1}{v(1 - v)}$$

5° Dans le cas de quatre travées égales, avec appuis de niveau, fig. 162

---

[1]) (v) étant le rapport entre la longueur des travées extrêmes et celle de la poutre. Les longueurs des trois travées sont donc

$$vL, \ (1 - 2v)L \text{ et } vL.$$

$$D' = \frac{11}{112} P$$

$$D'' = \frac{32}{112} P$$

$$D = \frac{26}{112} P.$$

Mais ce dernier cas se présente rarement parce qu'il conduit à des poutres très longues qui reviennent cher, et que l'on remplace, en pratique, par deux poutres se touchant au-dessus de l'appui du milieu. On est donc ramené au cas de la fig. 158.

Si la poutre est de section rectangulaire et que ses côtés soient dans le rapport de 7 : 5, on pourra, dans tous les cas précités, employer par approximation la formule (5) pour déterminer ses dimensions. On aurait donc

$$h = \sqrt{\frac{pl}{0,666}}$$

(p) désignant ici la charge sur chacune des travées.

Fig. 158.   Fig. 159.

Souvent les poutres qui reposent sur plusieurs appuis sont encastrées à leurs extrémités ce qui contribue à augmenter leur résistance. D'autres fois l'appui est formé d'une sous-

Fig. 160.   Fig. 161.

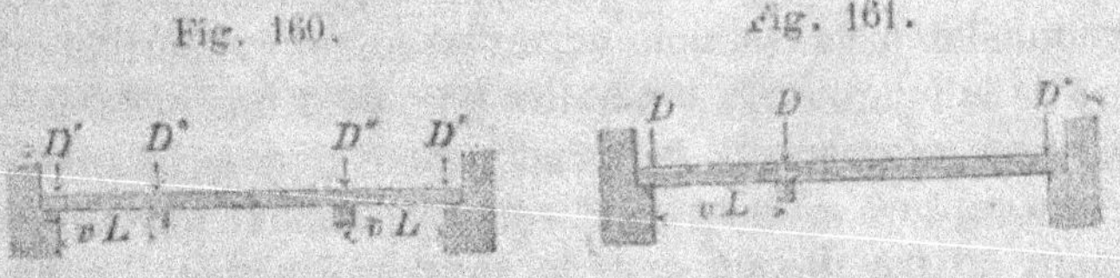

poutre présentant une certaine longueur et soutenue elle-même par des jambes de force. Il en résulte que la portée de la maîtresse-poutre est réduite dans une certaine mesure. Toutes ces dispositions particulières ne font qu'ajouter à la résistance de la poutre et donnent un surcroît de sécurité.

Fig. 162.

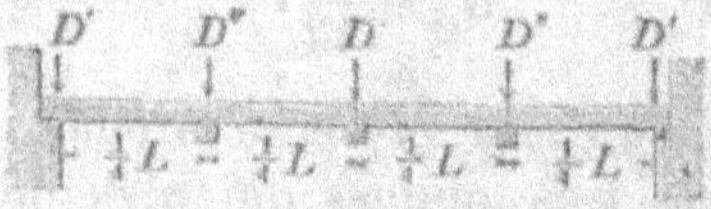

Quand les extrémités de la poutre à une seule travée peuvent être considérées comme encastrées, la résistance est augmentée dans le rapport de $2:3$. Ainsi, en pareil cas, on aurait

$$P = \frac{12 \times 70}{100} \times \frac{1}{6} \frac{b h^2}{l} = 1,4 \frac{b h^2}{l}$$

et si

$$b = \frac{5}{7} h$$

$$h = \sqrt{P l}$$

Il faut également calculer la section des poteaux servant de soutiens aux maîtresses-poutres, car ils ont ordinairement à supporter une charge considérable et l'on ne doit point se contenter, à leur égard, de simples données pratiques.

Comme nous venons de le voir plus haut, la charge transmise aux poteaux intermédiaires est fort variable. La première chose à faire est donc de déterminer la valeur P du poids agissant sur chacun de ces poteaux. Leur résistance est proportionnelle à la section et inversement proportionnelle au carré de la longueur, c'est-à-dire que, pour une même charge, la section augmentera très rapidement avec la longueur.

La rupture d'un support vertical peut avoir lieu par écrasement ou par flexion dans le sens transversal. Le premier mode de destruction n'est à craindre que lorsque la longueur du soutien est moindre que 5 ou 6 fois sa plus petite dimension transversale ; il ne se présente donc jamais pour les soutiens en bois.

La résistance dépend non seulement des dimensions et de la forme de la pièce, mais aussi de l'espèce de bois employé et du mode d'appui ou d'attache des extrémités.

Le bois de chêne présentant moins de flexibilité que le sapin, convient mieux que celui-ci pour les soutiens verticaux. L'expérience a donné pour valeur du module d'élasticité (E).

Bois de chêne E = 122.500 kg rapporté au cm q.

Bois de sapin E = 105000 kg rapporté au cm q.

Les extrémités du support peuvent être maintenues de quatre manières différentes :

1° L'extrémité inférieure est articulée, tandis que l'extrémité supérieure est libre;

2° Les deux extrémités sont assujetties à rester sur un même axe vertical;

3° L'extrémité inférieure est encastrée, tandis que l'extrémité supérieure est assujettie à rester sur la verticale passant par l'axe de l'extrémité inférieure;

4° Les deux extrémités sont encastrées et leurs axes sont verticaux.

La charge maximum qui amènerait la rupture dans chacun de ces cas se déduit de l'équation fondamentale

$$\max. P = 2 \frac{J E}{l^2}$$

$$\left(\text{D'après Navier : } \max P = \frac{\pi^2 E J}{4} \frac{1}{l^2} = 2,77 E \frac{J}{l^2} \right)$$

l'une des extrémités étant simplement appuyée et l'autre étant assujettie à rester sur son axe vertical.

(l) est la hauteur du soutien et J est le moment d'inertie de sa section transversale, pris par rapport à un axe passant par son centre de gravité et perpendiculaire au plan de flexion.

Mais comme on admet ordinairement un coefficient de

sécurité de $\frac{1}{10}$ pour le bois, la charge admissible sera donnée par

$$P = \frac{1}{10} \times 2 \, \frac{JE}{l^2}$$

soit en remplaçant E par sa valeur et en exprimant (l) en mètres et les dimensions de la section en centimètres,

$$\text{Bois de sapin } P = \frac{1}{10} \times 2 \times \frac{105000}{100 \times 100} \frac{J}{l^2} = 2,1 \, \frac{J}{l^2}$$

$$\text{Bois de chêne } P = \frac{1}{10} \times 2 \times \frac{122500}{100 \times 100} \frac{J}{l^2} = 2,45 \, \frac{J}{l^2}$$

Si la section est rectangulaire, nous avons $J = \frac{1}{12} b h^3$ et si elle est carrée, $J = \frac{1}{12} h^4$. Mais dans le cas particulier (h) désigne le petit côté et (b) le grand côté de la section.

On a pour le **premier cas**

$$P = \frac{1}{10} \times 2 \frac{EJ}{l^2}$$

donc

$$\text{Pour le sapin} \quad \begin{cases} \text{Section rectang. } P = 0,175 \, \dfrac{b h^3}{l^2} \\[2ex] \text{,, \quad carrée \quad } P = 0,175 \, \dfrac{h^4}{l^2} \end{cases}$$

$$\text{Pour le chêne} \quad \begin{cases} \text{Section rectang. } P = 0,2 \, \dfrac{b h^3}{l^2} \\[2ex] \text{,, \quad carrée \quad } P = 0,2 \, \dfrac{h^4}{l^2} \end{cases}$$

Second cas. — $P = 4 \times \dfrac{1}{10} \times 2 \dfrac{EJ}{l^2}$

$$\text{Pour le sapin} \quad \begin{cases} \text{Section rectang. } P = 0,7 \, \dfrac{b h^3}{l^2} \\[2ex] \text{,, \quad carrée \quad } P = 0,7 \, \dfrac{h^4}{l^2} \end{cases}$$

$$\text{Pour le chêne} \begin{cases} \text{Section rectang.} \quad P = 0,8 \ \dfrac{b\,h^3}{l^2} \\[2em] \text{,,} \qquad \text{carrée} \qquad P = 0,8 \ \dfrac{h^4}{l^2} \end{cases}$$

Troisième cas. — $P = 8 \times \dfrac{l}{10} \times 2 \ \dfrac{EJ}{l^2}$

$$\text{Pour le sapin} \begin{cases} \text{Section rectang.} \quad P = 1,4 \ \dfrac{b\,h^3}{l^2} \\[2em] \text{,,} \qquad \text{carrée} \qquad P = 1,4 \ \dfrac{h^4}{l^2} \end{cases}$$

$$\text{Pour le chêne} \begin{cases} \text{Section rectang.} \quad P = 1,6 \ \dfrac{b\,h^3}{l^2} \\[2em] \text{,,} \qquad \text{carrée} \qquad P = 1,6 \ \dfrac{h^4}{l^2} \end{cases}$$

Quatrième cas. — $P = 16 \times \dfrac{l}{10} \times 2 \ \dfrac{EJ}{l^2}$

$$\text{Pour le sapin} \begin{cases} \text{Section rectang.} \quad P = 2,8 \ \dfrac{b\,h^3}{l^2} \\[2em] \text{,,} \qquad \text{carrée} \qquad P = 2,8 \ \dfrac{h^4}{l^2} \end{cases}$$

$$\text{Pour le chêne} \begin{cases} \text{Section rectang.} \quad P = 3,2 \ \dfrac{b\,h^3}{l^2} \\[2em] \text{,,} \qquad \text{carrée} \qquad P = 3,2 \ \dfrac{h^4}{l^2} \end{cases}$$

Le premier cas ne se présente jamais dans la pratique, car les poteaux en bois reposent ordinairement sur une semelle, avec laquelle ils sont assemblés par tenon et mortaise. Le troisième cas n'est admissible que lorsqu'il s'agit d'un support en fer ou en fonte, dont on peut solidement maintenir les extrémités. Quant au quatrième cas, il vaut mieux l'écarter tout à fait, vu qu'il est très difficile de fixer l'extrémité supérieure d'un support d'une manière parfaitement invariable.

Ainsi donc, dans les applications aux poteaux en bois, nous n'admettrons que le second cas.

Il faut avoir soin de donner un bon appui au pied du poteau. A cet effet, on peut loger son extrémité inférieure dans un sabot en fonte, muni d'une large et épaisse plaque d'appui. Cette plaque répartit la pression uniformément sur le socle en pierre ou sur la base en maçonnerie.

Pour éviter l'écrasement des fibres de l'about du poteau, on interpose une feuille de plomb entre le bois et la fonte. Les dimensions de la plaque dépendant de la charge et de la résistance du dé ou de la base d'appui.

Le coefficient de résistance des pierres de construction a été donné dans le vol. II, p. p. 198-200; nous rappellerons ici seulement ceux dont on se sert le plus souvent dans la construction des socles.

Maçonnerie de bonne brique ordinaire.	6 kg p. cm q
„ en pierre tendre	16 „ „
Socle en pierre dure	40 „ „
Maçonnerie de granit au mortier de ciment.	30 „ „
Granit en un seul bloc.	45 „ „

Ainsi un poteau chargé de 18000 kg et reposant sur une base en maçonnerie de briques, devra avoir une surface d'appui d'au moins $\dfrac{18000}{6} = 3000$ cm q et pour que la charge se répartisse uniformément sur la maçonnerie, on donnera à la plaque de fondation une surface égale à celle calculée pour la maçonnerie.

Quant à la surface d'appui du dé sur le sol, elle devra être telle que le terrain ne supporte au maximum que 25000 kg par m q, en supposant qu'il soit de nature cohérente. La base aura donc l'empattement ou le nombre de gradins nécessaires, pour maintenir la pression au-dessous de cette limite.

Les planchers en bois en Autriche.

Les principaux modes de construction que l'on rencontre en Autriche sont :

(a) Les planchers en madriers bruts, jointifs.

(b) Planchers avec hourdis sur aire en planches, établie sur les solives.

(c) Les mêmes avec plafonnage en voliges.

(d) Planchers avec entrevous demi-plein et solivage simple.

(e) Planchers avec entrevous demi-plein et solivage double.

Les planchers en madriers bruts jointifs sont une des formes anciennes de planchers, mais ne se rencontrent plus aujourd'hui que dans les pays où le bois est encore très abondant. Ces planchers se composent de pièces de bois jointives, pièces que l'on obtient en divisant par un simple trait de scie des troncs d'arbre sur les côtés desquels on a enlevé une dosse, fig. 164. Ces sortes de madriers pénètrent d'environ 0,14 m dans l'épaisseur du mur. Il en résulte donc que si celui-ci est d'épaisseur uniforme, il se trouve considérablement affaibli par l'encastrement des madriers, fig. 165, A. Mais même quand le mur présente un retrait de $\frac{1}{4}$ de brique au droit du

Fig. 164.   Fig. 165.

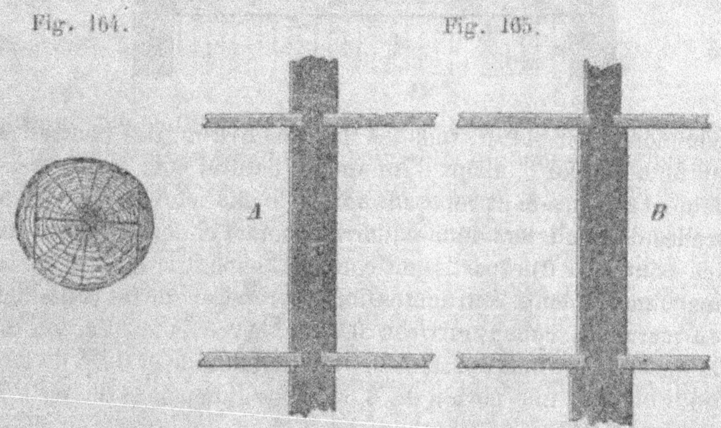

plancher, sa section transversale est sensiblement réduite par les bois du plancher, fig. 165, B. Ces planchers ne devraient s'employer pour cette raison qu'au dernier étage d'une construction, ou seulement dans le cas où le mur subit une réduction d'épaisseur d'une demi-brique.

Afin d'éviter cet affaiblissement des murs, on a introduit récemment, à Vienne, la construction mixte suivante : On

Fig. 166.

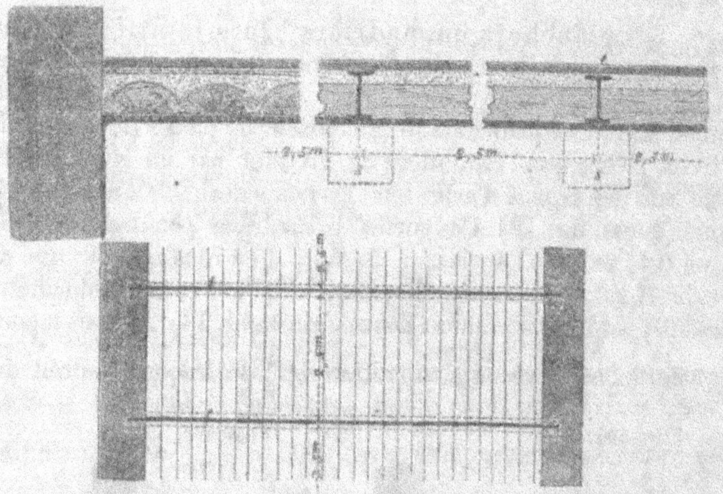

commence par placer, tous les 2,50 m environ, des poutrelles en fer à double T, allant d'un mur à l'autre, puis transversalement à celles-ci et reposant sur l'aile inférieure de ces poutrelles, des madriers demi-équarris, comme ci-dessus. Pour que les poutrelles (t) répartissent convenablement la charge sur la maçonnerie, leurs extrémités doivent reposer sur un coussinet en pierre (s), cubant environ 0,3 mc. Avec la disposition de la fig. 166, les bois auraient 0,18 m de hauteur et 0,38 de largeur et, pour une portée de 6,50 m les dimensions du fer à T seraient 0,245 m de hauteur sur 0,12 m de largeur d'ailes. Dans ces conditions l'épaisseur totale du plancher serait de 0,33 m, en comptant 0,02 m pour l'enduit du plafond et 0,06 m

à 0,65 m pour la couche de sable et le carrelage formant l'aire
du plancher.

Pour solidariser tous les madriers entre eux et former
comme un pan de bois de l'ensemble de ces pièces, on les relie

Fig. 167 A.

sur les côtés, tous les 2 m environ, par des chevilles en bois. La liaison serait encore meilleure, si l'on plaçait aussi quelques chevilles
à la partie supérieure, fig. 167. Dans les travées extrêmes, les
madriers ne reposent pas directement sur la maçonnerie, mais

Fig. 167 B.

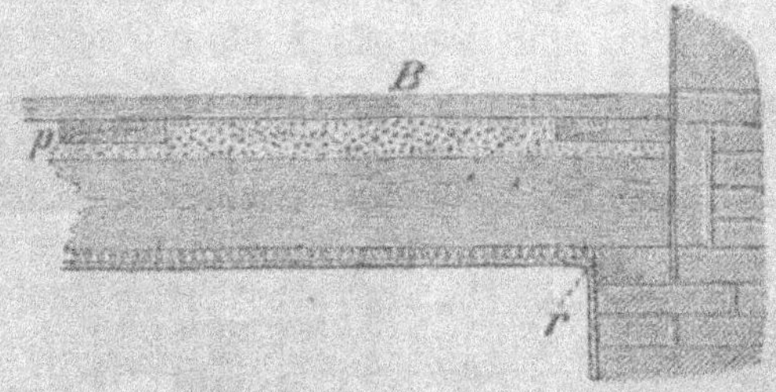

sur une lambourde que l'on fait ordinairement en bois de sapin
ou de mélèze. Les abouts des bois sont entourés de briques de
champ, posées à sec, à moins que cela ne donne lieu à un
trop grand affaiblissement de la maçonnerie.

Les madriers des planchers sont mis en place dès que les
murs sont arrivés à hauteur, car ils peuvent ensuite servir
d'échafaudage pour la continuation des maçonneries.

Les détails d'un plancher en madriers jointifs sont donnés
dans la fig. 167, (A) représentant la coupe transversale et (B) la
coupe longitudinale. Sur les bois, on étend une aire en glaise,
sable, etc., de 0,08 m d'épaisseur ; elle reçoit, tous les mètres
environ, des lambourdes, ayant de 0,10 m à 0,15 m sur 0,05 m

à 0,07, sur lesquelles reposent les frises du plancher de pied. Les madriers sont reliés à la maçonnerie, de mètre en mètre, par des ancrages

Les dimensions des madriers varient de 0,26 m à 0,40 m de largeur sur 0,16 m à 0,29 m de hauteur. Lorsque la portée n'est que de 2,50 m, des bois de 0,18 m de hauteur supportent facilement, en plus de la couche de sable de 0,07 m et du carrelage les surcharges ordinaires. Quand la portée atteint de 5,50 m à 6 m, il faut donner aux bois de 0,23 m à 0,24 m de hauteur. Pour avoir l'épaisseur totale du plancher en ce cas, il y a à ajouter 0,08 m ou 0,09 m pour la couche de sable; 0,015 m pour le carrelage et 0,02 m pour le plafond.

Ce mode de construction a l'avantage de donner un plancher très solide, mauvais conducteur de la chaleur et facile

Fig. 168 A—C.

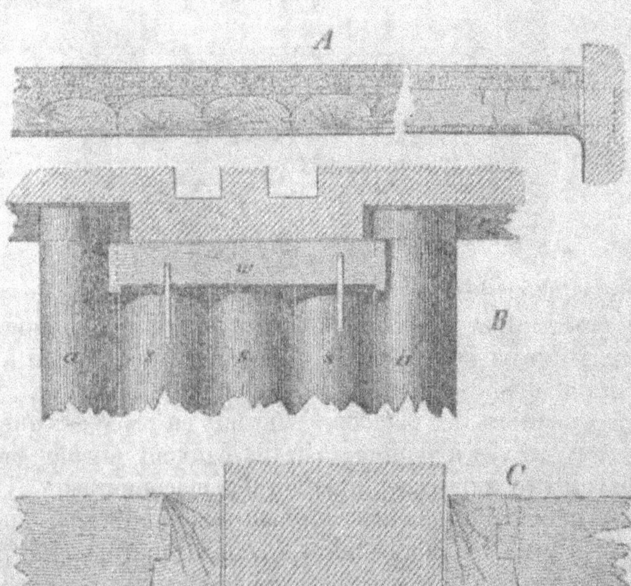

d'exécution. On ne peut guère lui reprocher que la dépense

considérable en bois, inconvénient qui est cependant assez
sérieux pour qu'il soit proscrit de beaucoup de pays.

Dans la fig. 168, A—C, est représenté le mode d'appui
des madriers aux points où le mur livre passage à des tuyaux
de cheminée. Les madriers (a, a) s'appuient sur des lambourdes
et reçoivent les abouts du linçoir (w), assemblé avec eux à
tenon et mortaise. Les madriers boiteux (ss) s'assemblent sur
le linçoir (w) et sont de plus rattachés avec lui par des crampons en fer. La fig. C donne une coupe verticale, à plus grande
échelle.

Le plancher avec hourdis sur aire en planches
établie sur les solives a déjà été décrit plus haut (v. fig. 132,
A—D). Les planches composant l'aire chevauchent l'une sur
l'autre et supportent une couche de glaise sur laquelle repose
soit un plancher, soit un carrelage. Le plancher ci-dessus se fait
aussi avec plafonnage; ce dernier se compose alors de voliges
jointives, comme il a été également déjà indiqué, fig. 131,
A—E.

Les planchers avec entrevous demi-pleins ont
aussi été cités précédemment (v. fig. 133, A—B). Nous en
avons un autre exemple, à plus grande échelle, dans la fig. 169,
A—B. Les planches d'entrevous s'appuient sur des tasseaux
cloués de chaque côté des solives. Le hourdis est formé de
gravois ou de glaise; il s'élève d'environ 0,08 m au-dessus des
solives et reçoit des lambourdes de 0,08 m $\times$ 0,08 m, posées
bien de niveau, sur lesquelles sont clouées les planches du
plancher de pied.

On peut aussi soutenir les planches d'entrevous en les faisant pénétrer dans des rainures pratiquées sur les côtés des
solives, fig. 170. Pour diminuer l'épaisseur totale du plancher,
on peut disposer les lambourdes parallèlement aux solives;
l'épaisseur de la couche de matériaux de remplissage peut
alors être réduite d'environ 0,04 m.

Les planchers avec double solivage se composent
de deux groupes de solives, complètement indépendant l'un
de l'autre. Le premier supporte le hourdis et l'aire du plancher;

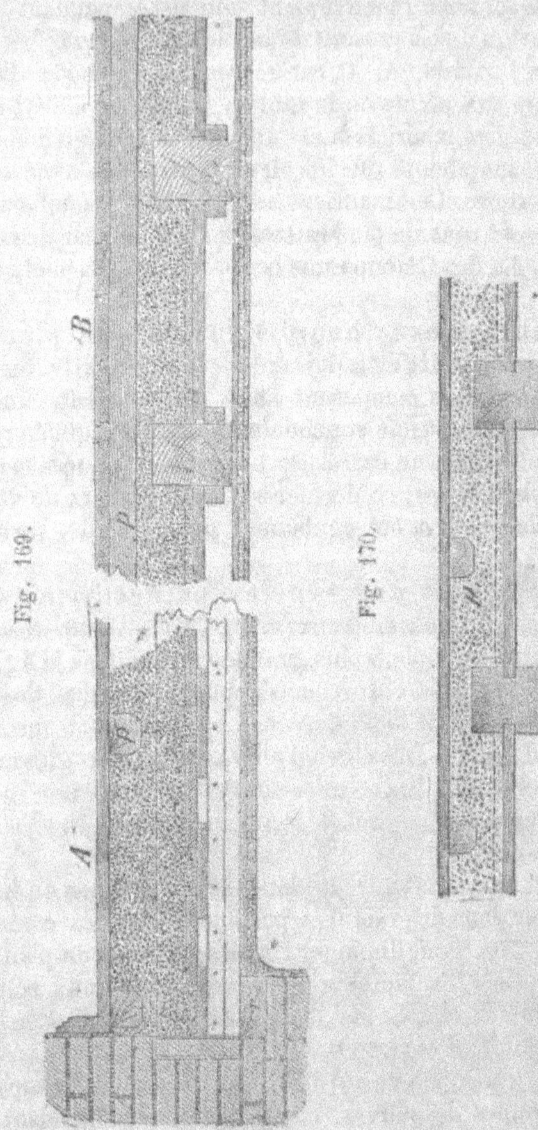

B
P
A
Fig. 169.
Fig. 170.

le second porte le plafond, fig. 171. Les solives principales sont écartées de 0,90 m à 1 m et le hourdis est établi, comme précédemment sur aire en planches. Afin de ne pas donner une trop grande épaisseur à ce dernier, on cloue les tasseaux à la partie supérieure des solives, fig. 171. Les solives secondaires (f) portent le plafond et doivent se trouver au moins à 0,06 m de distance des planches d'entrevous, pour que pendant la flexion, elles ne soient pas exposées à se toucher. Quant aux solives principales (s), leur parement inférieur se trouve ordinairement d'une épaisseur de brique au-dessus de celui des solives secondaires (f).

Lorsque le mur ne présente pas de retraite à hauteur du plancher, comme dans la fig. 171, on se contente de faire reposer les solives sur des coussinets en bois de chêne. Quand le mur forme retraite, il vaut mieux disposer des lambourdes sur la maçonnerie. Les solives inférieures s'appuient directement sur elles et les solives supérieures par l'intermédiaire de coussinets, formés de bouts de madriers de l'épaisseur d'une brique.

Souvent on ne donne que 0,04 m de différence de hauteur entre les faces inférieures des deux groupes de solives et l'on entaille alors la lambourde de la quantité nécessaire pour que les solives principales reposent directement sur elle, tandis que les solives secondaires sont logées dans ces entailles, fig. 172. Cette disposition offre plus de solidité que la précédente et conduit, en outre, à une moins grande épaisseur de plancher

Les deux groupes de solives sont reliés alternativement à la maçonnerie par des ancrages.

Pour une portée de 6,50 m et un écartement d'axe en axe de 1 m, les dimensions des solives principales seraient de 0,26 m $\times$ 0,24 m et celles des solives secondaires de 0,16 m $\times$ 0,11 m. Si nous supposons que la différence de hauteur n'est que de 0,04 m, comme dans la fig. 172, et que les planches d'entrevous (b) reposent sur des tasseaux, que l'épaisseur du plafond, y compris le lattis, soit de 0,04 m, que celle des lam-

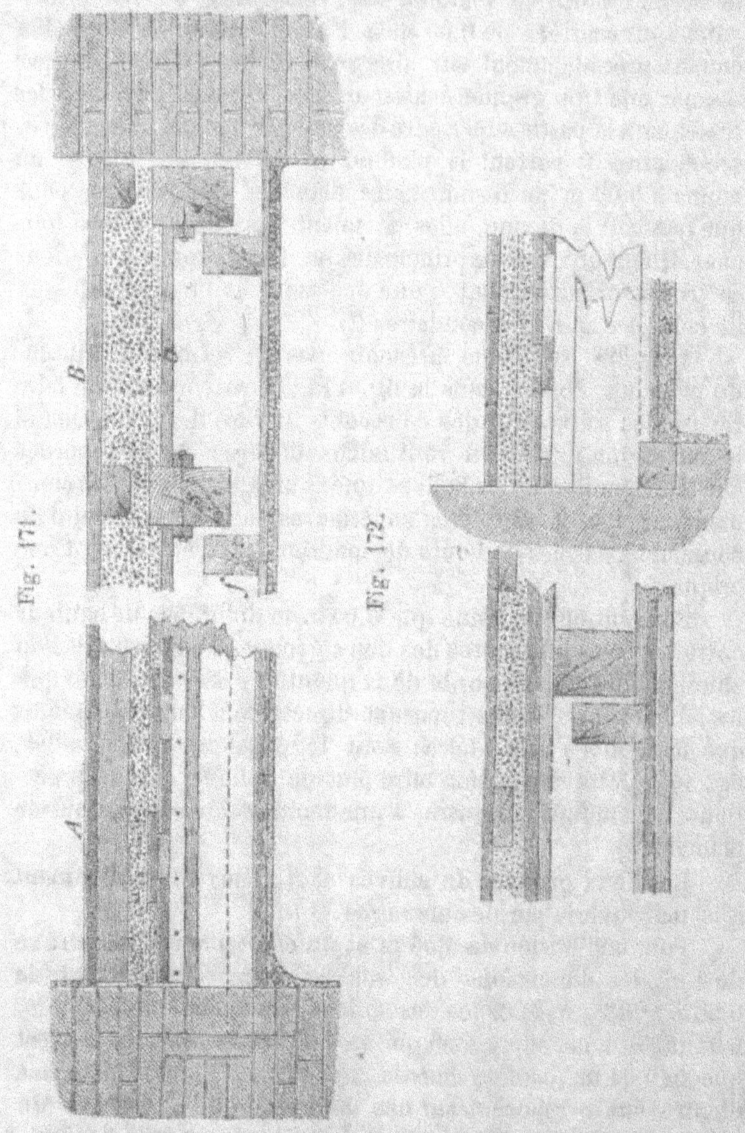
B
Fig. 171.
A
Fig. 172.

bourdes soit de 0,07 m et que l'écartement entre celles-ci et les solives soit de 0,04 m ; enfin, que l'épaisseur des planches du plancher soit de 0,04 m, l'épaisseur totale minima du plancher sera de

$$4 + 26 + 4 + 7 + 4 = 45 \text{ cm}.$$

Pour des portées moindres, on peut admettre une épaisseur totale de 0,40 m.

Les planchers avec double solivage reviennent cher, à cause de l'augmentation du cube de bois et de la disposition moins simple du solivage. Ils présentent en outre plus d'épaisseur que les planchers à solives simples, parce que les solives secondaires ne se peuvent entièrement loger dans les vides entre les solives principales. Ils sont néanmoins très employés en Autriche, et pour deux raisons. D'abord, parce qu'en cas d'incendie, le feu gagne moins rapidement les solives principales portant le plancher, et en second lieu, parce que le plafond n'est pas sujet à se crevasser sous l'effet de l'action des charges du plancher. Cette disposition est donc à conseiller quand le plafond doit être décoré d'ornements rapportés ou de fresques.

La construction des enchevêtrures demande des précautions toutes particulières ; nous en avons un exemple dans la fig. 173, A—C. Comme le montre le plan (B), les solives d'enchevêtrure (t,t) portent le linçoir (w), qui s'assemble avec elles à tenon et mortaise et reçoit les solives boiteuses (s) du solivage supérieur. Le mode d'assemblage est indiqué en pointillé dans la fig. (c). Les solives secondaires (f,f) sont également réunies par tenon et mortaise avec le chevêtre. Pour que les solives d'enchevêtrure ne puissent s'écarter, on les relie par un fort tirant près de leur jonction avec le linçoir.

Tous les divers systèmes de plancher que nous venons de décrire, peuvent, dans le cas de grandes portées, être employés avec soutènement par maîtresses-poutres. Quand le plancher est composé d'un double solivage, on fait reposer les solives inférieures directement sur la poutre et les solives

principales sur des cales de bois de hauteur convenable. Si
la différence de niveau entre les faces inférieures des deux
systèmes de solives est petite, 0,04 m par exemple, on appuie
les solives supérieures directement sur la poutre, et l'on en-

Fig. 173 A—C.

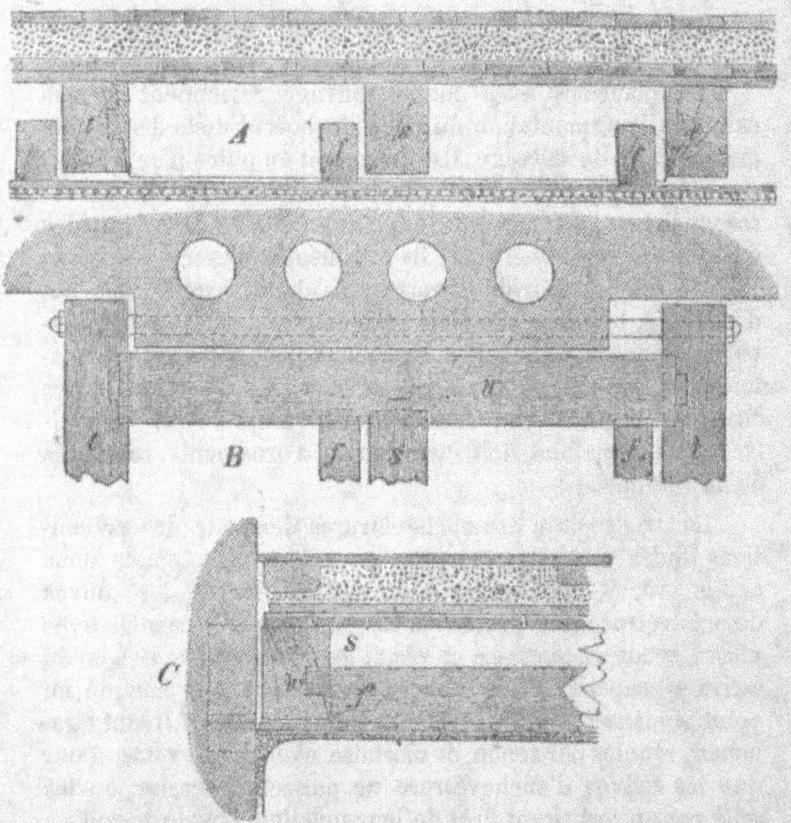

taille cette dernière de la quantité nécessaire pour loger les
solives inférieures. Quelquefois même les deux groupes de
solives sont entaillés sur la poutre. [1]

[1] Ces dispositions sont à éviter, car les entailles ont pour effet d'affaiblir
dans une certaine mesure la maîtresse-poutre et par conséquent d'obliger à prendre pour celle-ci une section plus forte, que celle fournie par les calculs de résistance.

Bien que le plus souvent on se serve de données pratiques pour déterminer les dimensions de la poutre, il sera toujours préférable d'avoir recours au calcul direct, en appliquant les formules précédemment développées. Voici la valeur de quelques-uns des éléments servant à déterminer le poids mort :

Poids du mètre cube de glaise, gravois, etc.   1800 kg.
"   "   "   "   de bois, en moyenne.   700   "
"   "   "   "   carré de plafonnage, lattis
                         compris 50 à   60   "
"   "   "   "   de carrelage   100   "
"   "   "   "   de plancher en ma-
                         driers de 0,04 m.   30   "

Pour faire le calcul du poids mort, on commence par se donner approximativement les dimensions des pièces de bois pour pouvoir déterminer leur poids. On vérifie ensuite les sections adoptées au moyen de la formule

$$h = \sqrt[3]{\frac{Pl}{0666}} = \sqrt[3]{1,5\,Pl}$$

(l), étant la portée des solives, en mètres, et (P), la charge uniformément répartie en kilogrammes.

(h), la hauteur de la solive, en centimètres, la largeur (b) ayant été supposée égale à $\frac{5}{7}$ (h).

CHAPITRE III

Pans de bois.

Dans les pays où le bois est abondant, il est assez commun de faire les constructions agricoles et les habitations économiques tout en bois. Ce mode de construction est souvent même commandé par sa légèreté, soit qu'il s'agisse de l'étage supérieur d'une construction légère, soit parce que le bâtiment repose sur un terrain compressible.

Les pans de bois présentent des dispositions variées. Ils peuvent être faits entièrement en bois, avec pièces jointives ; se composer d'une charpente en bois, garnie d'un remplissage en briques cuites ou crues, en pisé, en plâtre, etc. ; ou être formés d'une charpente recouverte d'un simple revêtement en planches. Leur usage est très commun, même dans les maisons en pierre, où ils servent à la construction des cloisons.

D'après ce qui précède, nous diviserons les pans de bois en trois classes:

1. — Pans de bois formés de pièces jointives.

2. — Pans de bois formés d'une charpente hourdée, se subdivisant eux-mêmes en

        (a) Pans de bois extérieurs

        (b)   „   „   intérieurs

3. — Murs de séparation en madriers et planches, dans lesquels nous distinguerons aussi

        (a) Séparations extérieures

        (b)   „   intérieures

Pans de bois en piéces jointives.

Cette espèce de pan de bois ne se rencontre que dans les pays très boisés, comme la Suisse, le Tyrol, toute la région de la Forêt Noire, le Harz ; enfin la Russie, la Suède et la Norwège, où les ressources en bois sont pour ainsi dire inépuisables.

Au milieu de la montagne, le mode de construction est

Fig. 174.

ordinairement des plus simples. On se contente de superposer les troncs d'arbre, coupés de longueur et entaillés aux extrémités pour s'entrecroiser ; de dresser à peu près les parties où se fait le contact et de les réunir par des chevilles en bois.

Dans les constructions plus soignées, on emploie des bois

en grume dont on a aplani la face de contact et qui s'entre-croisent aux extrémités par assemblage à entaille. Pareille disposition est représentée dans la fig. 174. La charpente repose sur un soubassement en maçonnerie, et aux angles, les pièces de bois projettent d'une certaine quantité au-delà du point de croisement. Pour compléter l'encadrement des portes et fenêtres, on ajoute des montants (a,a) et (d,d) ; ces montants s'assemblent à tenon et mortaise sur la pièce d'appui (b) et sur le couronnement (c). Les séparations extérieures s'exécutent d'une manière analogue. Quant aux cheminées, elles se font en briques ; leurs parois ont une brique d'épaisseur et sont rendues indépendantes des pans de bois.

Dans les constructions tout à fait soignées, les bois sont complètement équarris.

La dessication des bois se continuant d'année en année, la hauteur des pans de bois en pièces jointives diminue avec le temps, et cette réduction, dans une construction de 2 ou 3 étages, peut atteindre jusqu'à 0,15 m. Il est donc nécessaire de donner aux montants des portes et des fenêtres, une longueur un peu moindre que la hauteur de la baie, soit environ 5 cm pour les premiers et de 2 à 2,5 cm pour les seconds.

Les cloisons ne se composent quelquefois que d'une double paroi en planches ; mais ordinairement elles sont formées d'une charpente légère, hourdée à la glaise [1] (v. fig. 225) et les parements sont garnis d'un lattis recouvert d'un enduit.

La fig. 176 représente l'élévation extérieure d'un pan de bois en pièces équarries. Pour protéger leurs extrémités, on applique contre les bouts une planche que l'on fixe au moyen de quelques clous.

Pans de bois formés d'une charpente hourdée.

Ces pans de bois peuvent s'employer aussi bien à l'inté-

---

[1] En France, le hourdis se fait habituellement au plâtre.

rieur qu'à l'extérieur des maisons, le mode de construction restant le même dans les deux cas. On peut les diviser en :

Fig. 175.   Fig. 176.

Pans de bois avec poteaux de la hauteur d'un étage ; et
Pans de bois avec poteaux de la hauteur de plusieurs étages.

Pans de bois avec poteaux de petite longueur.

Ils se composent de sablières basses ; de sablières hautes et de chambrée ; de poteaux corniers ou d'huisserie ; de potelets et de décharges, lesquels peuvent être simples ou doubles, formant en ce cas, la croix de Saint-André.

Au rez-de-chaussée, le pan de bois doit toujours reposer sur un soubassement en pierre, d'au moins 0,60 m de hauteur, afin de garantir les pièces basses contre la pluie que renvoie le sol. Ce soubassement peut se faire en pierre de taille, en moëllons ou en briques ; dans les deux derniers cas, on termine par une assise de boutisses sur champ, et sous cette assise, on étend une couche imperméable pour empêcher le passage de l'humidité du sol. Le couronnement en briques de champ est formé soit de briques de modèle ordinaire, et celles-ci affleurent alors avec la face antérieure de la sablière, soit de briques spéciales, de profil chanfriné, et la sablière se trouve alors d'une petite quantité en retraite. La fig. 177, A—B

Fig. 177 A—B.

donne un exemple des ces deux dispositions ; la ligne (i) représente la couche imperméable.

L'efficacité de cette dernière est plus ou moins grande. On peut obtenir l'imperméabilité avec différentes sortes de corps isolants. Les uns comprennent les substances bitumeuses, telles que l'asphalte naturel, le carton goudronné ; les autres, les substances de texture serrée, telles que le verre, les briques dures surcuites.

L'asphalte est un des meilleurs corps isolants. On le répand en couche de 0,015 m d'épaisseur sur tous les murs du soubassement. Comme il coûte cher, on le remplace dans les constructions économiques par le carton bituminé.

Les briques dures ou les plaques de verre se posent sur un bon lit de ciment ; mais malgré cela, ces corps ne donnent pas une sécurité absolue.

Sur le couronnement du soubassement repose la sablière qui répartit uniformément la pression du pan de bois sur la maçonnerie et forme en même temps l'appui sur lequel les poteaux viennent reposer, fig. 177 et 183.

Les sablières des pans extérieurs se font en bois de chêne parce qu'elles sont exposées à l'action des agents atmosphériques. A l'intérieur le bois de sapin convient tout aussi bien et même mieux, en ce sens qu'il est plus économique.

Quand la sablière est trop longue pour être faite d'une seule pièce, on réunit les parties qui la composent par des joints en trait de Jupiter oblique, avec serrage par clefs (v. fig. 7). Aux angles, on emploie l'assemblage en fausse coupe ou l'assemblage à mi-bois, avec embrèvement (v. fig. 27 et 28).

L'épaisseur de la sablière dépend du nombre d'étages et de la grandeur des planchers que le pan de bois supporte. En général, elle varie de 0,14 m à 0,18 m.

Quant à sa largeur, elle dépend de l'équarrissage des poteaux ; on lui donne 0,04 m de plus qu'à ces derniers, afin que les planches du plancher puissent encore s'appuyer sur la sablière. Ainsi dans un pan de bois de 0,12 m à 0,14 m d'épaisseur, la sablière aurait de 0,16 m à 0,18 m de largeur.

Voici, du reste, les dimensions que l'on donne habituellement aux sablières basses.

Nature de la construction	Hauteur	Largeur
Constructions légères	0,13 m	0,15 m — 0,17 m
Maisons d'habitation, ...	0,18 m	0,16 m — 0,18 m
Magasins et greniers recevant des grandes charges.	0,20 m	0,20 m — 0,24 m

Il ne faut jamais leur donner moins de 0,13 m de hauteur.

Les sablières hautes (w) et (w'), fig. 183, reçoivent le tenon de tête des poteaux et terminent le pan de bois à la partie supérieure. Elles portent dans des entailles les solives du plancher (v. les fig. 31 et 32, B). Ces sablières étant toujours bien maintenues, n'ont besoin que de 0,16 m de hauteur. Leur largeur est égale à celle des poteaux qui, dans le cas d'un hourdis en briques, ont les dimensions de ces dernières.

Les poteaux prennent le nom de poteaux corniers lorsqu'ils sont placés aux angles des pans de bois et de poteaux d'huisserie, lorsqu'ils forment les côtés des baies de portes ou de fenêtres (e) et (f), fig. 183.

Il faut donner aux poteaux corniers un équarrissage plus fort qu'aux poteaux intermédiaires, parce qu'ils supportent souvent plus de charge et qu'ils se trouvent en outre plus exposés à l'action destructive des agents atmosphériques. C'est aussi pourquoi dans les constructions soignées, on les fait toujours en chêne. Pour qu'il n'y ait pas d'arête saillante à l'intérieur, quand la section du poteau cornier est plus grande que celle des poteaux intermédiaires, on pratique une feuillure dans cet angle, mais souvent on ne donne pas de surépaisseur au poteau, afin d'éviter ce travail supplémentaire, fig. 178, B.

Fig. 178.

Le montage des divers poteaux se fait dans l'ordre suivant. Prenons, par exemple, la construction de la fig. 179, A — B, représentant, en plan, une maison d'école à deux étages. Le corps de bâtiment principal renferme l'habitation du maître d'école et la partie adjacente les salles de classe. L'élévation de ce bâtiment se trouve un peu plus loin, fig. 184. On commence par mettre en place les poteaux corniers (e), puis on pose les poteaux de raccordement (b), placés à la rencontre des cloisons transversales avec les pans extérieurs. Il faut regarder comme une règle absolue, qu'il doit toujours se trouver un poteau à la rencontre de deux cloisons (v), (s) et (b). On procède ensuite à la pose des poteaux d'huisserie, dont la posi-

tion est déterminée par celle des baies de portes et de
fenêtres.

Le poteau d'angle, placé à la rencontre de deux pans

Fig. 179.

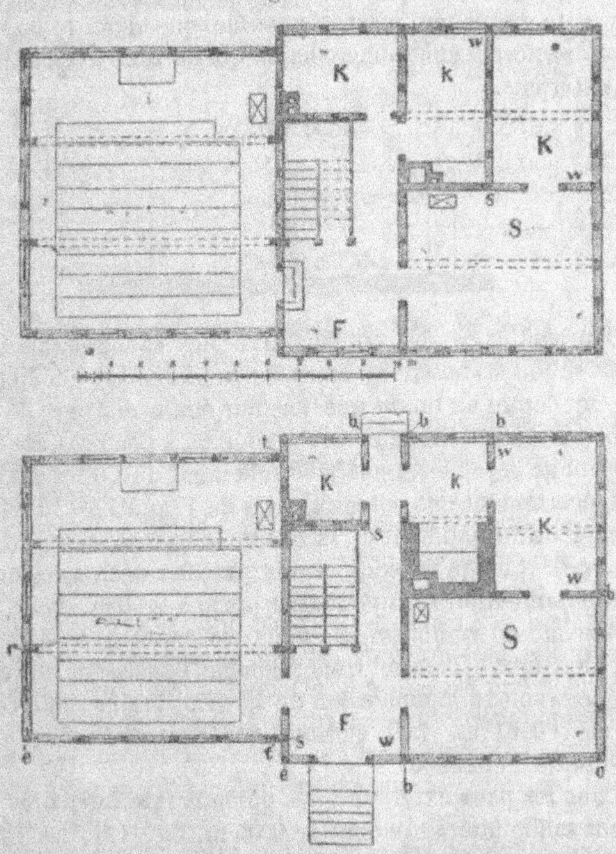

extérieurs, s'engage d'une certaine quantité dans l'un des
pans de bois. On le renforce souvent d'un second poteau (t)
que l'on réunit au premier (s) par des boulons. On fait toujours
en sorte d'avoir un poteau (r), au droit des solives d'enchevêtrure ou des maîtresses-poutres.

Lorsque les pièces de charpente restent apparentes, on évite quelquefois d'engager le poteau formant l'extrémité des cloisons transversales dans l'épaisseur des pans de bois, pour ne pas interrompre la régularité des panneaux. Le poteau se trouve alors simplement adossé au pan extérieur, fig. 180, mais cette disposition n'est admissible que dans le cas où la cloison renferme une sablière haute qui la relie avec le pan de bois extérieur.

Fig. 180.

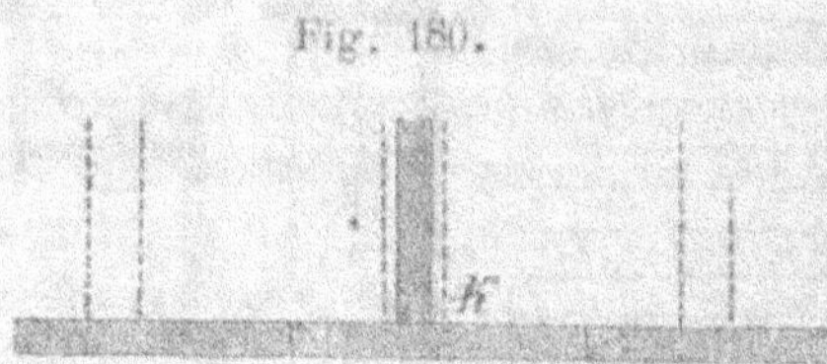

L'assemblage des poteaux avec les sablières hautes et basses se fait à tenon et mortaise, renforcé de chevilles en bois. On donne au tenon une largeur égale au tiers de celle du poteau et une longueur correspondant, à peu près, à la demi-épaisseur de la sablière, soit habituellement de 0,06 m à 0,07 m.

L'écartement des poteaux varie de 1 m à 1,90 m suivant la grandeur du bâtiment et la nature des matériaux de remplissage [1]. Lorsqu'ils sont réunis par des décharges ou des croix de Saint-André, on peut aller jusqu'à 2,50 m. Leur grosseur dépend du remplissage; nous reviendrons en détail sur ce dernier tout à l'heure. Généralement l'épaisseur du pan de bois correspond à la dimension de la demi-brique; elle est de 0,12 m à 0,14 m. Les cloisons n'ont jamais plus d'une demi-brique d'épaisseur.

Dans les pans extérieurs, les poteaux intermédiaires font souvent saillie intérieurement de 0,05 m, fig. 181, les tenons des sablières des cloisons réduisant leur section dans une certaine mesure.

---

[1] En France, on intercale dans l'espace compris entre deux poteaux un certain nombre de pièces verticales, appelées tournisses, s'assemblant sur les sablières hautes et basses et sur les décharges.

Les traverses (pièces d'appui et linteaux, (b. r et t, fig. 183)
servent à relier les poteaux et subdivisent les panneaux en
cases de moindre grandeur ; elles sont assemblées à tenon et
mortaise avec les poteaux, le joint des linteaux portant en
outre un embrèvement, fig. 182.

Fig. 181.   Fig. 182.

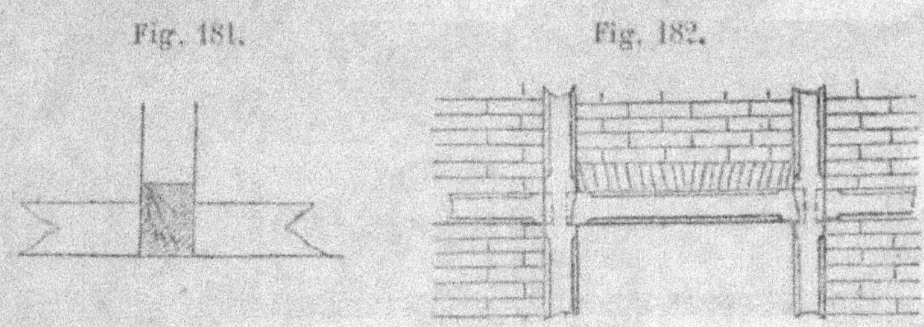

La largeur des traverses résulte, comme celle des poteaux,
de l'épaisseur du remplissage ; en général, elle est égale à
celle des poteaux intermédiaires.

Le nombre de liens transversaux entre deux poteaux
consécutifs dépend de la hauteur de l'étage. Ordinairement
leur nombre est de

2 pour une hauteur d'étage de 2 m [1]) à 2,75 m.
3   ,,   ,,   3 m à 3,50 m.
4   ,,   ,,   4 m à 5. m.

Les décharges ont pour but d'empêcher la déformation de la charpente dans le sens longitudinal ; elle ne doivent donc jamais faire défaut. On les dispose principalement
près des angles du pan de bois, et dans les baies contiguës à
celles des portes et des fenêtres, en les assemblant à tenon et
mortaise, avec ou sans embrèvement, sur les sablières hautes
et basses (s, fig. 183.

L'angle compris entre la décharge et l'horizontale ne doit
pas dépasser 60°. Quand les décharges sont doubles, elles
forment ce qu'on nomme des croix de Saint-André, (k)
fig. 183.

---

[1]) A Paris, 2,60 m est considéré comme le minimum de la hauteur des étages.

Fig. 183.

Nous allons donner maintenant quelques exemples de pans de bois.

La fig. 183 représente une disposition de charpente applicable à un bâtiment de plusieurs étages. Sur le soubassement en pierre reposent les sablières (a), s'assemblant à mi-bois aux angles du bâtiment et recevant les poteaux corniers (e), les poteaux d'huisserie (f), les poteaux intermédiaires (z), les décharges (s) et les croix de Saint-André (k). Ces pièces montantes sont reliées par les traverses d'appui (b), les linteaux et les traverses secondaires (r) et sont maintenues à la partie supérieure par la sablière (w, w). Cette dernière supporte les solives du premier étage comme indiqué dans la fig. 31. La solive d'angle (O,O) se confond avec la sablière du pan en retour. Dans un bâtiment à un seul étage, la charpente s'arrête à ces solives, mais dans une construction de plusieurs étages, elle se continue par une sablière (a'), nommée sablière

Fig. 184.

de chambrée, laquelle forme la semelle des poteaux (e', f', z') et des décharges (s'), le tout étant recouvert d'une nouvelle sablière (w'). Les potelets et décharges des pignons reposent sur la solive formant sablière.

Une disposition peu différente de la précédente est donnée dans la fig. 184, qui représente en élévation la maison d'école déjà donnée en plan à la fig. 179. La hauteur des pièces d'habitation étant différente de celle des salles de classe, le pan de bois est formé de deux parties de hauteur différente. Dans les détails cette charpente ne diffère pas de la précédente. Le soubassement est fait en moellons piqués et la construction repose entièrement sur caves.

Quelquefois tout l'étage inférieur est en maçonnerie, tandis que la partie supérieure est faite avec des pans de bois hourdés. Les constructions de ce genre rentrent dans les précédentes, car on peut alors considérer l'étage inférieur comme un soubassement de grande hauteur. La fig. 185 reproduit une disposition simple applicable à des communs.

Fig. 185.

La partie inférieure du bâtiment serait occupée par une remise et des écuries et le premier étage renfermerait le logement du cocher et les greniers. L'étage est surmonté d'un entablement sur lequel repose la charpente des combles. La disposition des pans de bois ressort de la figure et se comprend sans autre explication.

La construction représentée à la fig. 186, de même destination que la précédente, se compose également d'une partie inférieure en maçonnerie et d'une partie supérieure en bois et briques, mais est différemment disposée à l'intérieur. Le logement du cocher se trouve ici au rez-de-chaussée, à côté des écuries, et l'étage supérieur est occupé par un logement de jardinier et par les greniers à fourrages.

Fig. 186.

Pour donner meilleure apparence à la construction, le premier étage est garni d'un balcon et d'une galerie latérale avec balustrade en bois découpé et les panneaux de la charpente sont formés d'un remplissage en briques de différentes couleurs.

Les pièces de charpente sont chanfrinées sur leurs arêtes et sont recouvertes de plusieurs couches de peinture. Le pignon est partiellement garni d'un revêtement en bois découpé, afin de rehausser l'apparence de la façade.

Pans de bois en porte-à-faux.

Déjà dans l'exemple précédent, on a pu remarquer que les pans de bois extérieurs ne se trouvent pas toujours dans le plan de la maçonnerie inférieure, mais qu'ils surplombent cette dernière d'une certaine quantité. Ce mode de construction en porte-à-faux était très employé au moyen âge, et l'on en rencontre encore aujourd'hui de nombreux exemples dans beaucoup de villes de France et d'Allemagne.

Bien que, parmi ces exemples, les mieux conservés soient presque tous en bois de chêne et qu'on puisse donc attribuer à la nature du bois la longue durée de la construction, il est certain que l'avancement de la partie supérieure de la charpente, n'a pas peu contribué à assurer la conservation des bois. Aussi l'adopte-t-on souvent encore de nos jours dans les constructions mixtes, le pan de bois de l'étage supérieur avançant de 0,15 m à 0,20 m sur la maçonnerie ou sur le pan de bois de l'étage inférieur, fig. 187, A et B.

Fig. 187 A.

En comparant les derniers exemples à celui de la fig. 188, on reconnaît immédiatement les avantages du premier mode de construction. Tandis que dans le second l'eau de pluie tombant sur les parements s'écoule en suivant toute la hauteur du pan de bois et en tendant, par conséquent, à pénétrer

Fig. 187 B

dans les joints et dans les fentes qu'elle rencontre sur son passage, dans le premier, elle s'égoutte dès qu'elle arrive au bas du pan supérieur.

Remplissage des panneaux.

Quand le hourdis se fait en briques, il a ordinairement l'épaisseur d'une demi-brique. L'appareil ne se compose alors que de briques panneresses, c'est-à-dire qu'on ne voit en élévation que des briques en longueur, si ce n'est cependant sur les bords des panneaux, où l'on est obligé de faire usage de parties de briques.

Pour donner un aspect plus satisfaisant à la construction, on peut faire les panneaux en briques de diverses couleurs, formant des motifs ou des encadrements avec des briques jaunes, rouges ou noires, comme l'indiquent les fig. 186 et 187.

Les parements intérieurs des pièces de charpente devant recevoir un garnissage en roseaux pour mieux retenir l'enduit,

Fig. 188.

il faut, si le parement extérieur affleure avec le hourdis, que l'épaisseur des bois soit d'environ 0,005 m inférieure à une demi-brique, fig. 189. Mais si l'on chanfrine les arêtes extérieures des bois, ceux-ci peuvent faire saillie de 0,01 m, et

Fig. 189.   Fig. 190.   Fig. 191.

ainsi laisser la place nécessaire pour loger les roseaux, fig. 190. [1)]

[1)] Comme nous l'avons dit plus haut, le vide laissé entre les pièces de bois est ordinairement beaucoup moindre en France, par suite de l'intercalation de tournisses entre les poteaux. Le remplissage se fait alors soit avec des plâtras ou du plâtre, soit avec du pisé ou de la glaise et chacun des parements se recouvre entièrement d'un enduit. Dans ces conditions, on est forcé de clouer sur les bois un lattis qui couvre toute la surface du pan de bois.

Afin de mieux relier la maçonnerie aux pièces de bois de la charpente, quelques constructeurs pratiquent des rainures triangulaires sur les côtés des pièces de bois; ces rainures sont destinées à être remplies de mortier pendant l'exécution du remplissage, fig. 191. Cet artifice nous paraît inutile, car il est rare que les maçons aient soin de bien remplir ces rainures.

Dans les pays où le bois est abondant, on donne souvent aux pans de bois extérieurs, une épaisseur correspondant aux trois quarts de la longueur d'une brique, fig. 192. Les deux

Fig. 192.

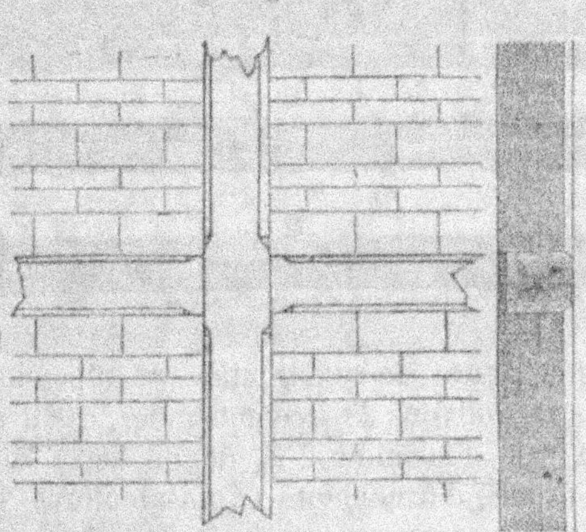

briques panneresses sont alors accompagnées d'une brique posée de champ et la maçonnerie est faite avec un bon mortier hydraulique.

Afin de rendre les pans de bois hourdés aussi étanches et peu conducteurs de la chaleur que possible, on les garnit quelquefois, intérieurement ou extérieurement, d'un revêtement en briques creuses.

La seconde solution, représentée en détail dans la fig. 193, n'est pas à recommander. Les pièces de bois sont alors entourées de maçonnerie sur trois de leurs faces et ne restent exposées librement à l'air que d'un seul côté. Le revêtement

n'a, le plus souvent, qu'une brique d'épaisseur. A Berlin ce
mode de construction est employé pour les murettes des
combles. Les montants verticaux des fermes de la charpente
servent en même temps de potelets au pan de bois et sont
engagés dans le hourdis de la murette, fig. 194.

Fig. 193.

Bien que ce genre de construction se répande de plus
en plus, nous ne pouvons le recommander, car il augmente
le danger en cas d'incendie, et donne lieu à une décoration factice, formée d'ornements et de moulures rapportés,
tout à fait contraire aux vrais principes de l'art.

On cherche quelquefois à réduire le cube de maçonnerie,
en diminuant l'épaisseur de la partie centrale du hourdis et en
entourant seulement les bois d'un cadre présentant l'épaisseur entière, fig. 195. En ce cas il ne faut pas manquer d'établir
une bonne liaison entre les parties contiguës, ce que l'on fait
au moyen de ferrures de la forme indiquée dans la fig. 196.

L'addition d'un revêtement intérieur est à conseiller dans
le cas où le pan de bois doit s'opposer au passage de la
chaleur. Il est ordinairement tout à fait indépendant du hourdis, et est fait en matériaux mauvais conducteurs de la chaleur; les briques creuses conviennent très bien pour cet usage.

Nous avons un exemple de revêtement intérieur en briques creuses dans la fig. 197. On le relie à la charpente du pan

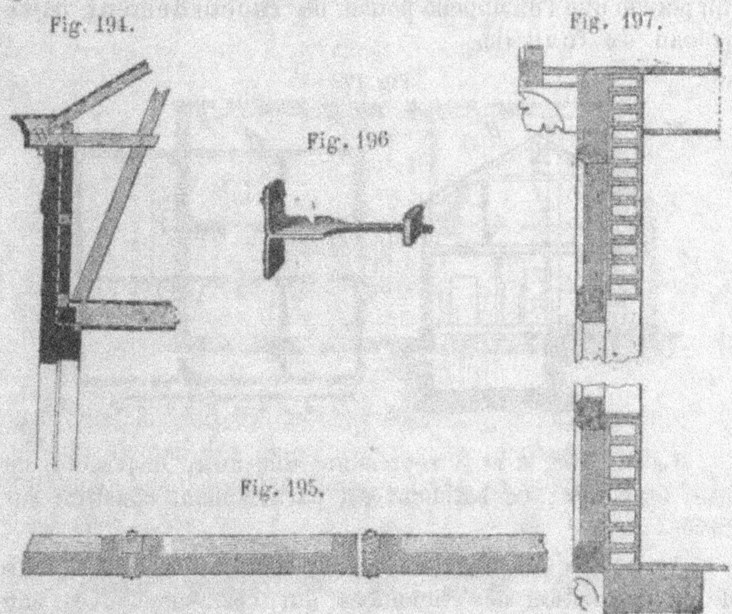

Fig. 194.

Fig. 196

Fig. 197.

Fig. 195.

de bois par des boulons ayant la forme indiquée dans la fig. 196. Cet exemple n'est autre qu'un détail d'une partie de la coupe représentée fig. 186.

Cloisons.

Les cloisons en charpente et maçonnerie s'emploient aussi bien dans les bâtiments en matériaux mixtes, que dans ceux où les séparations sont tout en maçonnerie. Ordinairement l'ossature de la cloison est formée d'une manière analogue à celle des pans de bois extérieurs; il faut seulement avoir soin de bien relier toutes les parties par des décharges et des croix de Saint-André. Dans le plan de la fig. 179, nous avons déjà eu des exemples de cloisons, et nous avons fait remarquer alors,

que partout où elles se croisent et aux points où elles se raccordent avec la paroi extérieure, il est nécessaire de placer
un poteau que l'on appelle poteau de raccordement (s) ou
poteau de fond (b).

Fig. 198

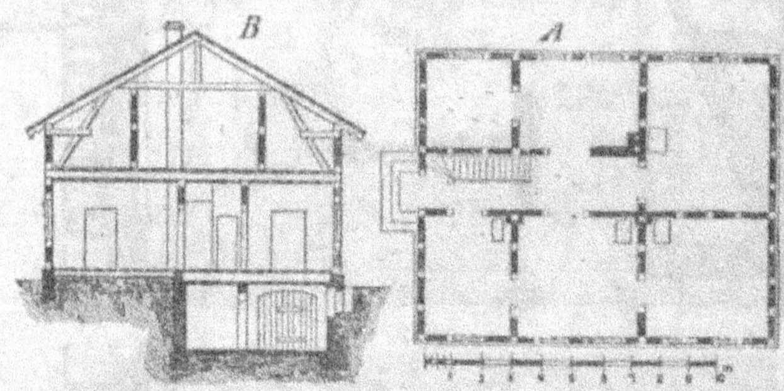

La fig. 198, A et B représente une autre disposition en
plan et coupe ; ce bâtiment est partiellement construit sur
caves.

Un point qui demande beaucoup d'attention, c'est l'étude
de la disposition des cheminées qui correspondent à une
cloison.

Les parois des cheminées ont toujours au moins une
demi-brique d'épaisseur et doivent être entièrement isolées de
toute pièce de bois. Dans les cas ordinaires, il suffit d'écarter
le bord de la cloison d'une brique ou d'une brique et demie ;
cependant, si l'on veut être tout à fait certain que le bois ne
sera pas exposé à souffrir de la chaleur, on éloigne le premier
poteau d'environ 1 m du tuyau de cheminée, fig. 198.

Les fourneaux de cuisine s'adossent toujours à un mur en
maçonnerie ayant au moins une brique d'épaisseur.

Les fig. 199 et 200 nous donnent des exemples de maisons en pierre dans lesquelles la subdivision des étages est
entièrement faite au moyen de cloisons. La première représente en plan un bâtiment scolaire de plusieurs étages, conte-
nant quatre salles d'étude par étage. La seconde donne le plan

d'une maison d'habitation de deux étages. La manière dont les poteaux sont disposés dans les diverses cloisons, est clairement indiquée sur les plans. Si le bâtiment de la fig. 200

Fig. 199.

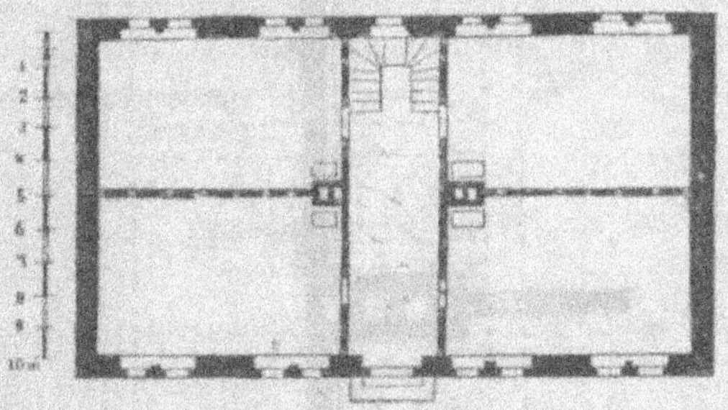

atteignait la hauteur de trois étages, il faudrait donner à la cloison d'appui des cheminées (a) plus d'épaisseur, soit une brique au lieu d'une demi-brique. Dans ce même exemple, il

Fig. 200.

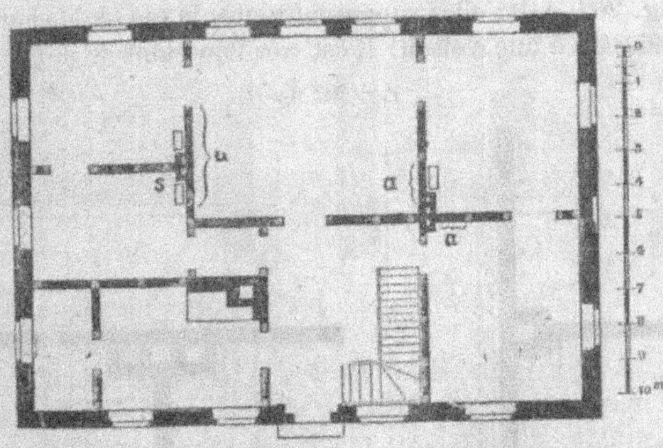

eut été préférable de disposer les tuyaux de cheminée comme dans la fig. 201, parce que l'on obtiendrait ainsi un ensemble plus résistant. Cette dernière figure montre également la disposition des solives et des chevêtres au droit du passage des cheminées.

D'autres dispositions d'enchevêtrures sont données dans

Fig. 201.

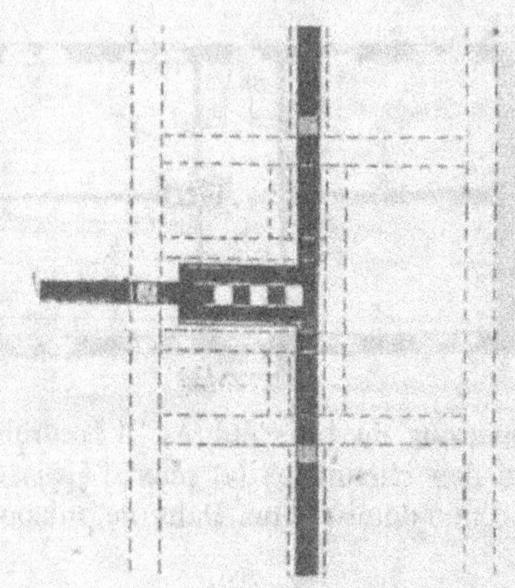

la fig. 202, A-B ; elles supposent toutes le cas où la cheminée est adossée à une cloison. Il est très important de donner une

Fig. 202 A—B.

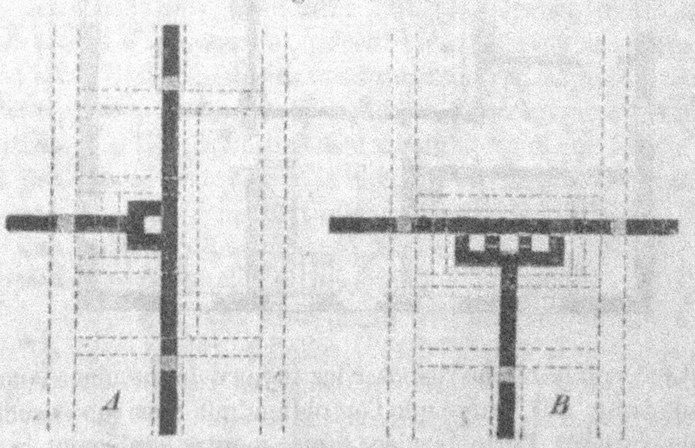

grande solidité à ces enchevêtrures et, par suite, de ne pas faire les chevêtres trop longs.

Il arrive quelquefois qu'on soit dans la nécessité de disposer deux ou trois petites pièces au-dessus d'une seule pièce de grande dimension, sans pouvoir placer de soutien isolé sous les cloisons qui forment la séparation. On est alors obligé d'avoir recours aux cloisons suspendues, dont nous allons maintenant nous occuper.

Cloisons suspendues.

La charpente de ces cloisons forme, en elle-même, une poutre armée ou ferme complète, capable de supporter tout le poids de la cloison. Les principes indiqués pour les pans de bois s'appliquent aussi au cas particulier.

Les formes usuelles de cloisons suspendues sont représentées dans la fig. 203, A—B. En A, la charpente est dite

Fig. 203 A—B.

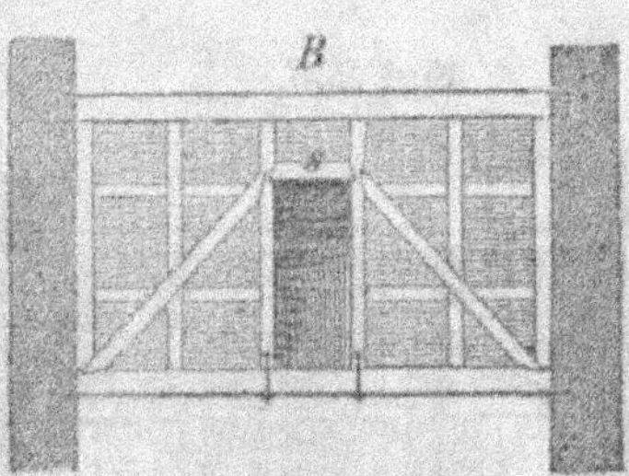

simple, tandis qu'en B, elle est dite double. La disposition A convient pour les petites portées de 3 à 4 m ; pour les portées de 4 à 8 m, on prendrait la seconde B. Avec la disposition A, on ne peut guère ménager de porte dans la cloison, aussi l'autre est-elle beaucoup plus souvent employée. Si la porte a de 1 m à 1,50 m de largeur, on peut très bien placer la baie dans l'axe de la cloison ; le linteau (s) forme alors en même temps l'entrait relevé de la ferme.

Quand la portée de la cloison est très grande ou bien quand celle-ci supporte les solives d'un plancher, on adopte une disposition du genre de celle représentée dans la fig. 204,

Fig. 204.

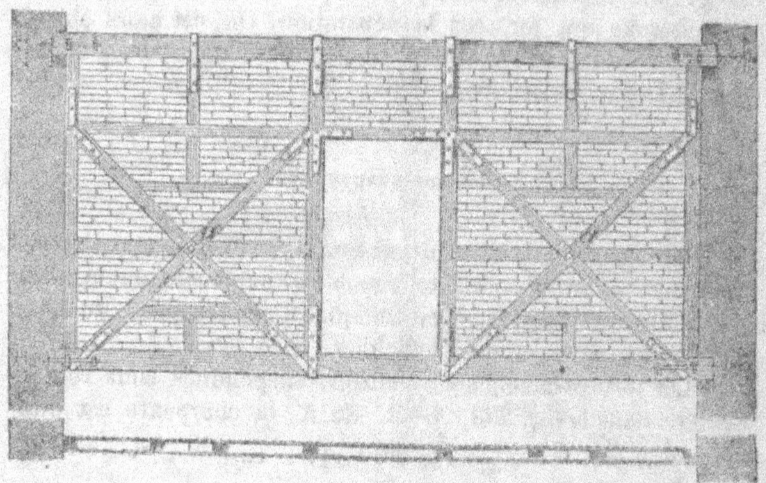

Fig. 205.　　　　　　　　　　　　　　　Fig. 206.

où les décharges simples sont remplacées par des croix de Saint-André. Ces dernières donnent beaucoup plus de rigidité à l'ensemble de la charpente, surtout quand les assemblages des pièces principales sont renforcés de ferrures.

La disposition des pièces de la charpente dépend aussi du nombre et de la position des baies dans la cloison.

Lorsqu'il faut ménager une porte à chacune des extrémités, les charpentes de la fig. 203 ne sont plus applicables, il faut alors avoir recours à l'une des dispositions des fig. 205 et 206, de préférence à cette dernière. Toutes deux reposent sur le même principe. La partie supérieure de la charpente forme à elle seule la poutre armée qui supporte l'ensemble du pan de bois. Il n'en est pas moins très important de bien appuyer les extrémités de la sablière inférieure.

On rencontre cependant des cloisons de cette espèce dans lesquelles l'un des bouts se trouve reposer sur un chevêtre fig. 207 ; mais ce mode de construction ne présente que peu de solidité et doit être évité.

En Autriche, les règlements de police n'admettent les cloisons en porte-à-faux que dans le cas où elles s'appuient sur une poutre métallique ou sur un arc en maçonnerie.

Nous donnons aux fig. 207 et 208 deux autres exemples

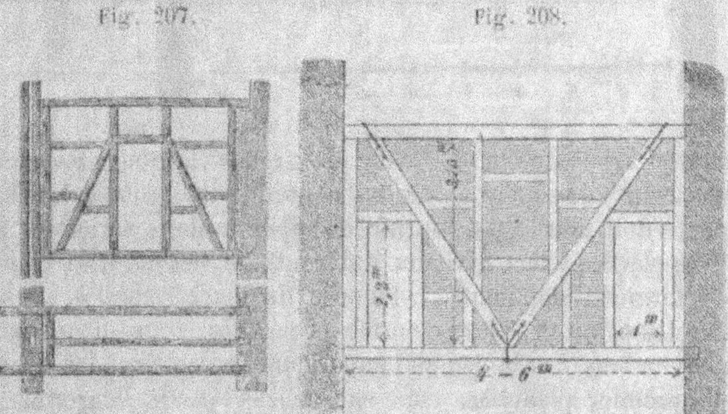

Fig. 207.   Fig. 208.

dans lesquels la charpente présente une disposition différente des précédentes. Le principe sur lequel repose le mode de construction de la fig. 208 a déjà été appliqué dans la fig. 204. Une partie de la charge supportée par la plate-bande infé-

rieure est reportée par les décharges aux appuis supérieurs ; les
baies de portes sont placées sur les côtés de la cloison et la
charpente est complétée, comme d'ordinaire, par des potelets,
des tournisses et des traverses.

La fig. 209 nous présente un cas particulier conduisant à
une disposition nouvelle. Celle-ci a pour but d'établir une

Fig. 209.

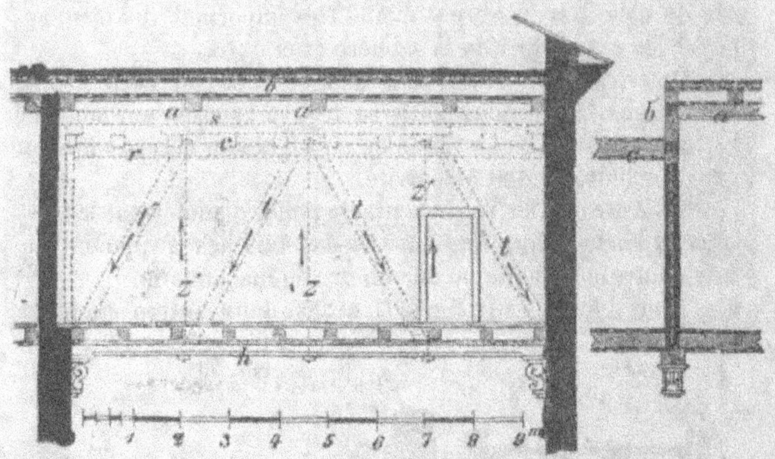

cloison au-dessus d'une salle de grande largeur, les deux
pièces qu'elle sépare ayant des hauteurs différentes. La charpente doit donc aussi fournir les appuis à deux séries de solives placées à des niveaux différents. A cet effet, la cloison
est formée d'une poutre composée de deux semelles, reliées
par des tirants verticaux en fer et par des contre-fiches inclinées en bois. Sur la semelle supérieure (r) reposent les solives
du premier plancher, puis sur celles-ci deux longerons (s)
rachetant la différence de hauteur avec la seconde série de
solives (a).

La coupe fig. 209, B, montre clairement la disposition.
Les solives du plancher s'appuient sur la semelle inférieure (h)
qui est reliée en son milieu par le tirant (z) à la semelle supé-

Fig. 210.
B
A

rieure. Du sommet de (z) partent deux contre-fiches (t), inclinées en sens contraire et transmettant l'effort jusqu'au pied
des tirants (z⁰), qui le reportent à leur tour aux contre-fiches (t).
Cette répartition des efforts est indiquée par des flèches dans
la figure.

Enfin dans la fig. 210 nous donnons un dernier exemple,
représentant l'ensemble d'une construction en charpente et
maçonnerie. Les pans de bois extérieurs sont dans un même
plan vertical. Les pièces ont diverses largeurs et les solives
reposent, soit sur les sablières, soit sur des poutres indépendantes, d'une seule travée, ou appuyées sur des supports
intermédiaires avec ou sans sous-poutres.

En A, les solives sont suspendues à la poutre transversale par des boulons ; en B, elles reposent librement sur celle-ci ;

Fig. 211 A   Fig. 212.

Fig. 211 B

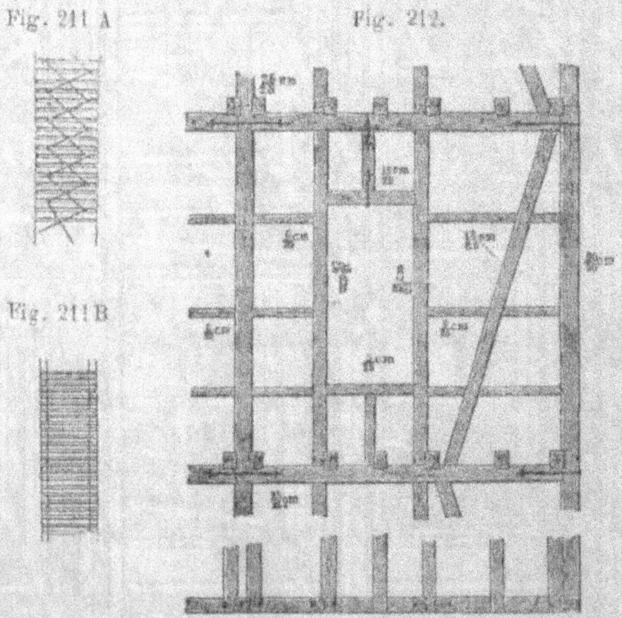

en C, l'appui est formé par la sablière inférieure de la cloison et enfin en D, la poutre repose sur un poteau lequel est muni de jambes de force.

Ainsi que nous l'avons déjà dit, quand les parements doivent recevoir un enduit, on garnit préalablement la surface des bois d'un revêtement en roseaux, fig. 211, A et B. Ce revêtement est retenu par des fils de fer, dirigés parallèlement, fig. B, ou en zigzag, fig. A.

Pans de bois avec poteaux de grande longueur.

Ces pans de bois ne s'emploient que pour les murs extérieurs des grandes enceintes, telles que salles de réunion, halles, petites églises, etc., dans lesquels les planchers intermédiaires se trouvent partiellement supprimés. En ce cas, les poteaux doivent être d'une seule pièce, surtout dans les angles, et leur écartement ne doit pas dépasser de 3 à 5 m.

La forme la plus simple de ce genre de construction est représentée en plan et en élévation dans la fig. 212. Les poteaux corniers et les poteaux de fond ont pour section $0{,}30$ m $\times$ $0{,}30$ m et $0{,}25$ m $\times$ $0{,}25$ m. Les solives reposent sur les sablières qui s'assemblent à tenon et mortaise sur les poteaux ; le joint est en outre renforcé d'équerres et de plates-bandes en fer. On dispose tous les 4 à 5 m une sablière, sur laquelle s'appuient directement les potelets et décharges supérieurs quand il n'y a point de solivure à supporter.

Les pièces de charpente de la fig. 212 ont de faibles équarrissages ; ce pan de bois ne conviendrait donc qu'à une construction légère. Pour obtenir une résistance plus grande, on forme les poteaux corniers de deux pièces de bois réunies par des boulons, embrassant entre elles la sablière. Cette disposition est représentée à la fig. 213. (a) est le poteau cornier ; (b) le poteau de fond. Tous deux reposent sur la sablière basse (c) et soutiennent la sablière haute qui relie toute les pièces dans le sens horizontal. Cette même charpente est d'ailleurs représentée plus en détail dans la fig. 214, A—C. La construc-

Fig. 213.

Fig. 214 A—C.

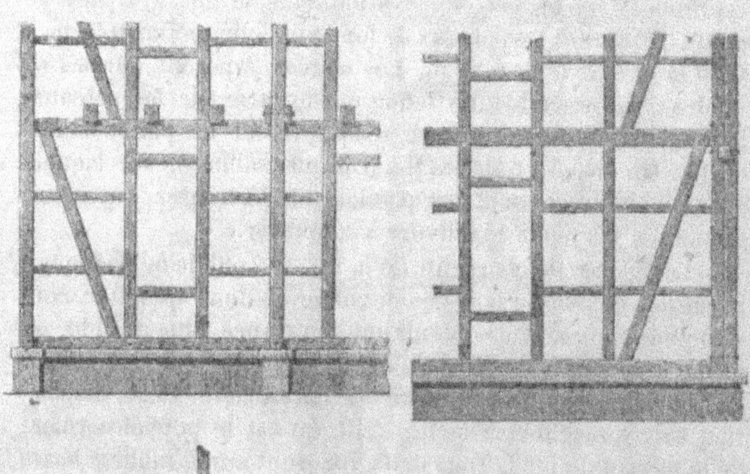

tion précédente conviendrait à des magasins de grande hauteur.

Comme second exemple d'un pan de bois avec poteaux continus, nous donnons le plan et l'élévation d'une chapelle de construction provisoire, telles qu'on en rencontre dans les paroisses pauvres et peu peuplées.

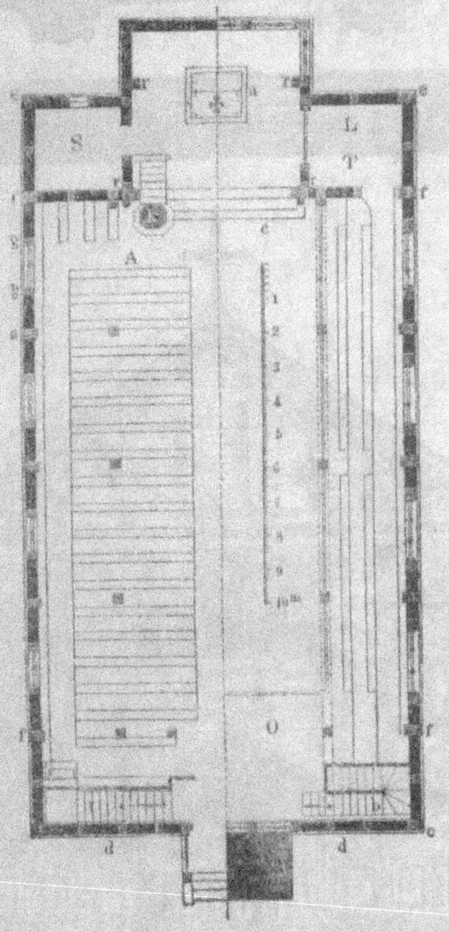

La chapelle couvre une surface d'environ 190 m q et est

disposée pour contenir 400 personnes, 270 à la partie inférieure et 130 sur les galeries latérales. Elle renferme dans le
bas deux files de bancs transversaux, séparés par un pas-

Fig. 216.

sage central et quelques bancs isolés, placés à l'extrémité de
la nef, puis dans le haut, sur chacune des galeries, trois files
de bancs, dirigées dans le sens de la longueur. La fig. 215
donne, à gauche, le plan à hauteur du sol et, à droite, le plan
au-dessus des galeries. Les escaliers (t) conduisent aux galeries et l'escalier (b) dans les combles. La façade de la chapelle
est décorée d'un petit porche avec ornements en bois découpé,
fig. 216.

La partie où se trouve l'autel (a) est surélevée de quelques marches. A côté de l'espace réservé à l'autel et au même
niveau sont placés, d'un côté, la sacristie (s) et, de l'autre, le
baptistère ; enfin à l'extrémité des galeries supérieures se
trouvent des chambres de débarras. La galerie (o) a 3,75 m de

Fig. 218.

largeur au-dessus de l'entrée, afin d'y pouvoir placer l'orgue ; sur les côtés sa largeur n'est que de 2,20 m.

Pour simplifier la construction, l'avant-corps de l'autel ne s'élève pas aussi haut que le reste de la chapelle et le clocheton repose sur les quatre poteaux, placés aux angles de la partie centrale de l'autel. Ces poteaux sont continus et doubles, comme le montre la fig. 215. Les poteaux corniers (c) et autres poteaux principaux de la nef sont également doubles et sont espacés de 4 m. à l'exception de ceux désignés par les lettres (f) et (e) dont l'écartement est donné par la largeur de la sacristie. Quant à la position des poteaux d'huisserie et des potelets, elle résulte de la disposition des baies. Les autres détails de la construction sont indiqués dans la coupe, fig. 217. Le plafond est plan et est appliqué contre un faux plancher supporté par des poutres-entraits qui s'appuient en deux points intermédiaires sur les poteaux des galeries. Cette disposition très simple, donne en même temps toute la solidité désirable. Il va sans dire que ces poteaux sont dans le même plan transversal que ceux des pans de bois extérieurs. Leurs fondations doivent être faites avec grand soin, car ils supportent non seulement une partie de la charge de la galerie, mais aussi la majeure partie du poids du comble. Une vue en perspective de l'ensemble de la construction est représentée dans la fig. 218 ; elle est prise du côté de l'autel et montre l'avant-corps de ce dernier et le clocheton qui le surmonte.

Le fronton de la façade est représenté dans la fig. 216 et un détail du toit, à plus grande échelle, est reproduit à la fig. 219.

Le fronton est en partie recouvert d'un revêtement en planches, avec corniche garnie de consoles. Le mode de construction des pans longitudinaux est indiqué dans la fig. 220, A. Les poteaux doubles embrassent et la sablière basse (s) et la sablière haute (t). La traverse d'appui (r) porte les poteaux d'huisserie (f) et repose sur les poteaux (q,q). D'autres traverses secondaires subdivisent ensuite les intervalles en cases de moindre grandeur.

Dans les baies des angles les fenêtres sont supprimées et sont remplacées par une série de croix de Saint-André (v. les fig. 216 et 218). L'élévation intérieure de l'une des baies latérales est représentée dans la fig. 220, B. Les poutres des galeries reposent sur des corbeaux fixés sur les poteaux et celles du

Fig. 218.

plafond, sur des sous-poutres (t) recouvrant ces derniers. Tous les parements intérieurs sont garnis d'un enduit.

Fig. 219.

Pans de bois, avec hourdis en pisé, à la tourbe, etc.

Les pans de bois de cette espèce ne s'emploient que dans les constructions agricoles provisoires. Ils sont formés d'une charpente simple, fig. 221, B ou d'une charpente double, fig. 221, A, les deux pans étant alors reliés, de distance en distance, par des pièces transversales. Les parements extérieurs sont recouverts d'un revêtement en planches. L'entretoisement des poteaux se fait avec des bois de faible équarrissage. Dans les encaissements ainsi formés, on introduit de la sciure de bois, de la mousse, de la tourbe, de l'argile, ou un mélange de sable et de chaux que l'on pilonne bien (une partie de chaux pour douze parties de sable).

Pour garantir le revêtement contre l'effet des agents

Fig. 220 A–B.

atmosphériques, on le recouvre de carton goudronné ou d'ardoises; ce dernier moyen est celui qu'on emploie habituellement en Westphalie.

Cloisons en madriers et en planches.

Ce mode de construction s'emploie presque exclusivement à l'intérieur des maisons; à l'extérieur, on ne le rencontre qu'exceptionnellement et cela dans les bâtisses de rang inférieur. Il sert aussi assez communément, à l'exécution des clôtures en planches.

La disposition indiquée à la fig. 222 est très répandue;

Fig. 221.

Fig. 223.

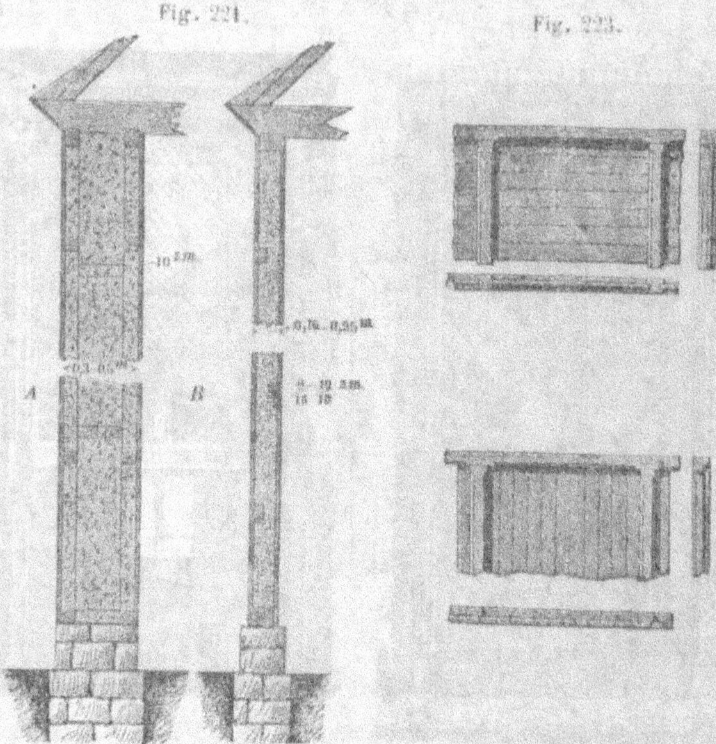

Fig. 222.

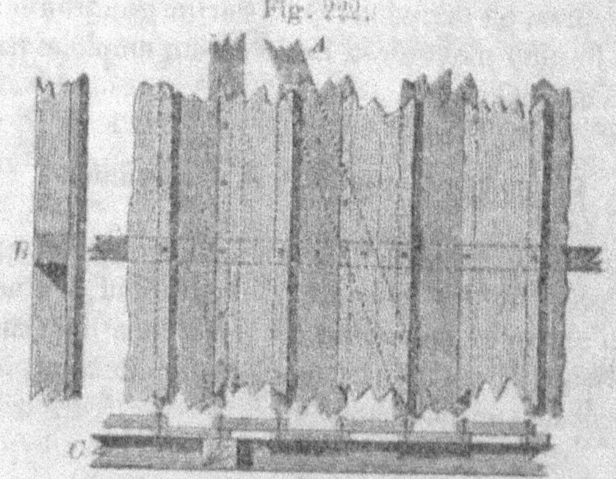

elle ne convient pourtant qu'aux clôtures de second ordre.
Dès qu'il s'agit d'un travail devant avoir de la durée, on adopte
une des dispositions représentées aux fig. 223, A—B, dans
lesquelles les poteaux sont rabotés et munis de rainures latérales pour recevoir les planches jointives du revêtement.
Les montants reposent sur une semelle, ou sont scellés dans
le sol et, en ce cas, on carbonise et goudronne la partie enterrée. La disposition avec planches horizontales est plus
économique que celle avec planches verticales, parce qu'elle
permet de supprimer la semelle ou la traverse inférieure, qui
sert à fixer l'extrémité des planches quand elles sont verticales. Ces planches de revêtement se touchent à plat-joint,
avec baguette de recouvrement, ou se rejoignent à rainure et languette, mais, dans le cas particulier, le second mode

Fig. 224.

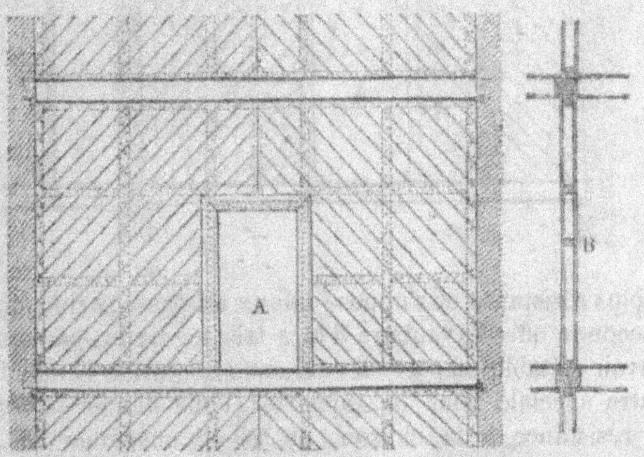

d'assemblage ne vaut pas le premier, parce qu'il est moins
durable dans les conditions où sont placées les clôtures. Pour
cette même raison la direction verticale doit être préférée à la
direction horizontale, car dans la seconde disposition l'eau de
pluie a tendance à séjourner dans les joints et par conséquent

à pénètrer dans les fentes et à pourrir le bois. Les montants et traverses de ces clôtures se font en chêne. Il est bon de recouvrir les bois de trois couches de peinture pour les garantir contre l'humidité.

Les cloisons en planches servent aussi, comme celles en matériaux mixtes, à la séparation des pièces. Elles sont formées soit d'une charpente ordinaire de pan de bois, en pièces de faible équarrissage, recouverte sur chacune de ses faces, d'un revêtement en planches et recevant un remplissage à l'intérieur, fig. 224 et 226 ; soit d'une simple paroi formée de deux épaisseurs de planches, fig. 226. La première disposition

Fig. 226 A—B.

est plus résistante et s'oppose mieux au passage du son, mais la seconde offre l'avantage d'être très légère et, par suite, de pouvoir s'établir en porte-à-faux, sans nécessiter l'emploi d'une poutre spéciale pour la supporter. Pour donner alors plus de résistance à la cloison, on cloue ensemble les deux épaisseurs de planches, en les inclinant à des angles différents ; si la première est dirigée verticalement, par exemple, la seconde sera inclinée à l'angle de 45°. L'attache des bords supérieurs et inférieurs de la cloison se fait sur des tasseaux vissés sur les solives. La surface des planches est ensuite recouverte d'un garnissage en roseaux et d'un enduit.

Les pans de bois, de quelque nature qu'ils soient, ont l'inconvénient d'occasionner avec le temps des fendillements dans l'enduit qui les recouvre, car la dessiccation progressive du bois finit toujours par provoquer des mouvements dans les pièces de la charpente ; aussi leur préfère-t-on d'ordinaire les cloisons en briques d'une demi-brique d'épaisseur, c'est-à-dire formées de briques panneresses.

CHAPITRE IV.

Charpentes de combles.

Un bâtiment est toujours abrité par un toit qui se compose de la couverture et de la charpente qui la supporte.

La forme de cette charpente dépend surtout de la nature de la couverture et du genre d'édifice qu'il s'agit de recouvrir. La première chose à faire dans l'étude d'une charpente, c'est d'arrêter la pente des versants, d'après la nature des matériaux de la couverture.

Pente des toits.

Cette pente est fort variable. Elle dépend et de la texture du corps formant la couverture, et de la grandeur des éléments constitutifs de cette dernière. Si ceux-ci sont petits, le nombre des joints et des interstices est très-grand et l'étanchéité ne s'obtient, que si l'on prend des précautions convenables. D'autre part, l'inclinaison limite n'est pas toujours la même pour une même nature de couverture, car elle dépend aussi de l'exposition du bâtiment. Dans une ville ou dans un îlot de maisons, celui-ci sera relativement abrité ; en plein champ ou dans une position élevée, il sera en but à tous les vents, et la pluie et la neige pourront alors plus facilement pénétrer dans les joints de la couverture. Enfin, l'inclinaison de la toiture dépend aussi, dans une certaine mesure, du degré de combustibilité de ses matériaux ; toutes les couvertures facilement combustibles reçoivent une pente plus forte que celles dites incombustibles, fig. 227.

Le tableau suivant indique les inclinaisons qu'il convient d'adopter pour les différentes espèces de couvertures.

Nature de la couverture		Rapport de la flèche à la portée	Angle avec l'horizontale
	Chaume	$\frac{3}{5}$ — $\frac{1}{2}$	50° — 45°
Tuiles plates [1]	à recouvrement simple.	$\frac{1}{2}$ — $\frac{1}{3}$	45° — 33°,40'
	à recouvrement double.	$\frac{3}{8}$ — $\frac{1}{3}$	46°,50' — 33°,40'
Ardoises	position abritée	$\frac{1}{4}$ — $\frac{1}{5}$	26°,30' — 22°
	position exposée	$\frac{1}{2}$ — $\frac{1}{3}$	45° — 33°,40'
Carton goudronné	position abritée	$\frac{1}{8}$ — $\frac{1}{10}$	14°,10 — 11°,20'
	position exposée [2]	$\frac{1}{6}$ — $\frac{1}{8}$	18°,30' — 14°,10'
Zinc et tôle galvanisée		$\frac{1}{12}$	9°,50'
Asphalte		$\frac{1}{24}$	4°,50'
Mastic goudronneux		$\frac{1}{16}$	7°,50'

Les toits à pente rapide ne s'emploient plus guère sur les maisons bourgeoises et édifices publics ; ils conduisent à une mauvaise utilisation de l'espace couvert [3]. Ces toitures ne sont

---

1) L'emploi des tuiles mécaniques a permis de réduire l'inclinaison d'une toiture en tuile jusqu'à 25° et même 21°.

2) Il est bon de ne pas descendre au-dessous de 18° dans les toitures de ce genre.

3) On évite les pentes fortes, parce qu'elles donnent lieu à une plus grande dépense de bois, et conduisent à une surface de couverture plus grande que les pentes moyennes.

justifiées que sur les églises et édifices de style gothique où le caractère architectural comporte de fortes inclinaisons.

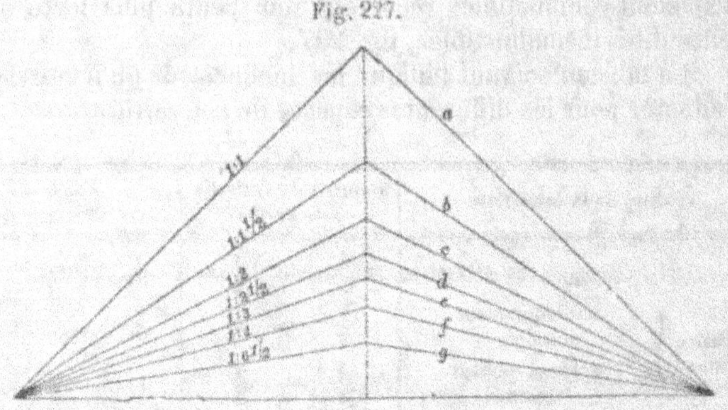

Fig. 227.

Il est facile de voir par la fig. 228, qu'au point de vue de l'utilisation de l'espace sous les combles, les toitures à faible inclinaison conduisent à une meilleure solution que celles à pente rapide. Ainsi, en supposant une inclinaison de 45° et une largeur de bâtiment de 18 m, la surface renfermée dans le profil

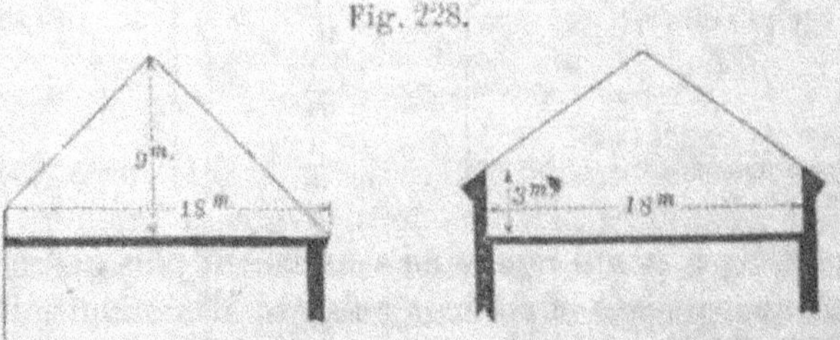

Fig. 228.

des deux longs pans est de $\dfrac{18 \times 9}{2} = 81$ m q. Or cette même surface peut s'obtenir avec une pente de 18°,30',lorsqu'on appuie la charpente sur des murs d'entablement de 3 m de hauteur, car on aurait alors

$$\frac{3 \times 18}{2} + 3 \times 18 = 81 \text{ m q.}$$

Cette différence se fait surtout sentir dans les constructions de grande largeur. Quand le bâtiment est étroit, il peut y avoir avantage à adopter une inclinaison un peu forte. Du reste, quand l'inclinaison n'est pas déterminée par des considérations spéciales, on choisira la solution qui donne le plus d'économie ; la réduction réalisée sur la toiture à faible pente est souvent plus que compensée par la dépense additionnelle de maçonnerie.

Pour pouvoir déterminer les dimensions des pièces de la charpente du comble, il faut connaître les charges qui agissent sur la toiture. Ces charges sont, d'une part, le poids propre de la couverture et de la charpente et, d'autre part, la pression exercée par le vent et la charge éventuelle d'une couche de neige.

Le poids propre des principales espèces de couvertures est donné dans le tableau ci-dessous :

NATURE DE LA COUVERTURE	Poids par mq et suivant la pente
Chaume sans glaise	60 kg
Tuiles plates { à recouvrement simple	100 »
Tuiles plates { à recouvrement double	127 à 140 kg
Ardoises (voligeage compris)	70 kg
Zinc (voligeage et tasseaux compris)	40 »
Tôle ondulée (sans voligeage)	24 »
Carton goudronné (voligeage compris)	30 »

La charge due à la neige peut s'estimer à 75 kg par mq de couverture, en admettant une épaisseur de neige de 0,60 m et une densité de 0,125 [1]).

Le tableau suivant donne les valeurs de la composante normale de la charge due à la neige pour différentes inclinaisons du toit.

---

[1]) Le chiffre de 75 kg s'applique à des pays plus froids que la France. On considère habituellement comme suffisant pour le Nord de la France, une surcharge de 25 kg par mq.

Le vent a évidemment beaucoup plus d'action sur une surface de pente forte que sur une surface de pente faible. On admet ordinairement que sa direction fait un angle de 10° avec l'horizontale. Il rencontre donc les pans du toit obliquement et on peut le décomposer en deux forces l'une horizontale (H) et l'autre verticale (V), la première étant celle qui a la valeur la plus importante.

Les valeurs numériques qui résultent d'après cela, dans chaque cas particulier, pour l'action de la neige et du vent sont réunies dans les tableaux suivants :

Pente du toit	Rapport de la flèche à la portée, comble à deux pans	Angle α avec l'horizontale	Charge due à la neige, en kg	Pression du vent	
				H	V
$\frac{1}{12}$	$\frac{1}{24}$	4°,50'	74,70	0,16	1,94
$\frac{1}{6}$	$\frac{1}{12}$	9°,30'	73,05	0,70	4,17
$\frac{1}{3}$	$\frac{1}{6}$	18°,30'	71,10	3,69	11,02
$\frac{1}{2}$	$\frac{1}{4}$	26°,30'	67,13	10,71	20,16
$\frac{1}{1,5}$	$\frac{1}{3}$	33°,40'	62,40	20,83	31,29
$\frac{1}{1,2}$	$\frac{5}{12}$	39°,50'	57,60	32,63	39,15
$\frac{1}{1}$	$\frac{1}{2}$	45°	53,03	44,36	44,36
$\frac{1}{0,556}$	$\frac{7}{12}$	49°,30'	48,60	55,68	46,47
$\frac{1}{0,73}$	$\frac{2}{3}$	52°,40'	45,30	46,47	47,57
$\frac{1}{0,67}$	$\frac{3}{4}$	56°,10'	41,78	46,57	48,77

Le poids total comprenant la couverture, la neige et le vent est :

Nature de la couverture	Charge en kg par mq de projection horizontale pour des pentes de :								
	$\frac{1}{2}$	$\frac{1}{3}$	$\frac{1}{4}$	$\frac{1}{5}$	$\frac{1}{6}$	$\frac{1}{7}$	$\frac{1}{8}$	$\frac{1}{9}$	$\frac{1}{10}$
Chaume sans glaise	223	193							
» avec glaise	238	208							
Tuiles plates, recouvrement simple	264	233	218						
Tuiles plates, recouvrement double	290	260	244						
Ardoises sur voligeage	238	208	193	183					
Zinc ou tôle ondulée	203	173	157	147	142	139	137	135	132
Carton goudronné	193	168	147	137	132	129	127	125	123
Asphalte s couches d'argile	238	208	193	183	178	175	173	170	168
Asphaltes, aire en carreaux	264	233	218	208	203	200	197	195	193

Formes diverses des combles.

C'est de la forme du comble que dépend la disposition des fermes dans la charpente ; nous commencerons donc par passer en revue les formes principalement employées.

1. Comble à deux longs pans (fig. 229).

C'est la forme la plus simple. La ligne d'arête, c'est-à-dire le faîte du toit, est dirigée suivant l'axe longitudinal du bâti-

Fig. 229.   Fig. 230.   Fig. 231.

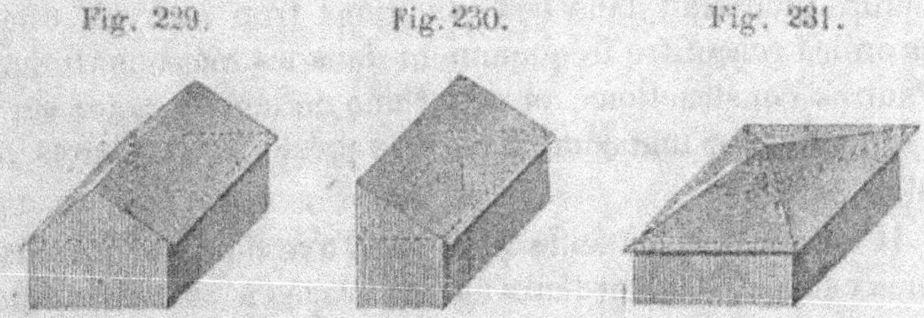

ment et les deux longs pans ont même inclinaison. Le bord

inférieur du toit se nomme l'égout et les bords du pignon les rives.

Il va sans dire que dans un comble à longs pans égaux,

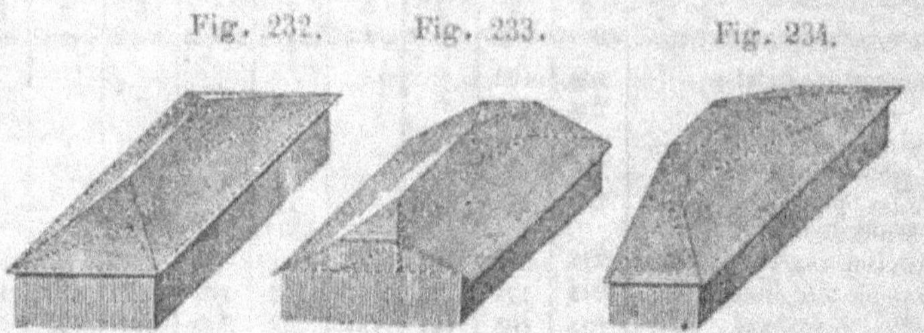

Fig. 232.   Fig. 233.   Fig. 234.

les efforts développés dans la ferme sont les mêmes de chaque côté de l'axe, puisque tout est symétrique par rapport à cet

Fig. 235.   Fig. 236.

axe.[1] Il n'en est plus ainsi quand le faîte du toit ne correspond pas à l'axe du bâtiment ou bien quand les deux longs pans n'ont pas même inclinaison, fig. 237, A—C. Ces cas particuliers ne se présentent jamais dans les bâtiments isolés, parce que la toiture produirait dans ces conditions trop mauvais effet; mais on les rencontre fréquemment dans les maisons attenant à d'autres constructions, et ayant une de leurs façades sur la rue et l'autre sur une cour. Il peut se présenter alors trois variantes:

1° Le faîte ne coïncide pas avec l'axe du bâtiment, mais les deux longs pans ont leurs égouts placés à même hauteur.

---

[1] Cela n'est vrai qu'autant que le vent n'agit pas.

Alors si (a) > (b), le pan (y) sera plus incliné que le pan (x), fig. 237, A.

2° Le faîte se trouve au milieu, donc (a) = (b), mais l'un des égouts (t) est placé plus bas que l'autre (t') et les surfaces (x) et (y) ont donc des inclinaisons et des largeurs différentes, fig. 237, B.

3° Comme cas particulier du précédent (a) > (b), et (t') plus élevé que (t), mais les deux longs pans ont même inclinaison. Il faut remarquer que dans chacun de ces trois cas, le pan le plus grand donne lieu à une poussée plus forte au pied de l'arbalétrier, ce dont il faut tenir compte dans la disposition des pièces de ferme.

Comble en appentis (fig. 230).

Cette espèce de comble n'est, en réalité, qu'un demi-comble à deux versants. On l'emploie presque toujours quand le bâtiment est adossé à une seconde construction, dans le sens de sa longueur. La poussée horizontale que les arbalétriers exercent au droit du faîtage, n'est plus annulée ici par une poussée égale et de sens contraire ; on cherche alors à la réduire autant que possible, en soutenant les arbalétriers par des contre-fiches.

Comble en pavillon (fig. 231).

Il peut être considéré comme formé de deux toits à deux versants, ayant mêmes pente et portée et se pénétrant à angle droit de telle façon que leurs lignes de faîte se réduisent à un point. Sa forme est donc celle d'une pyramide quadrangulaire. Tous les bâtiments ayant, en plan, la forme carrée ou à peu près carrée, se construisent avec comble en pavillon.

4. Comble à deux longs pans avec croupes (fig. 232).

Lorsqu'un toit à deux versants, également inclinés, se termine aux extrémités du faîtage par des pans inclinés triangulaires, au lieu de s'appuyer contre des frontons, on dit que le comble est terminé par des croupes. On peut donner à ces dernières la même pente qu'aux longs pans ou une pente différente. En général, tous les pans de la toiture ont même inclinaison, ce qui simplifie la construction de la charpente. Les combles avec croupes sont très employés de nos jours, surtout dans les constructions urbaines isolées.

Une forme particulière du comble avec croupes est celle dans laquelle les pans triangulaires ne descendent pas jusqu'au niveau des égouts. Dans les maisons bourgeoises cette disposition se rencontre rarement ; elle se présente, en revanche, assez souvent dans les constructions rurales (fig. 233).

5. Appentis avec croupes (fig. 234).

Il résulte de la combinaison des combles, fig. 230 et 232.

6. Comble en demi-pavillon (fig. 235).

Il a la forme d'une demi-pyramide à base polygonale, et est déduit du toit en pavillon. On l'emploie pour couvrir les avant-corps, lorsque ceux-ci sont moins élevés que le corps principal du bâtiment.

7. Comble à la Mansard (fig. 236).

Dans le comble à la Mansard, les versants ont pour profil une ligne brisée et la partie supérieure est beaucoup moins inclinée que la partie inférieure.

Les combles à la Mansard ne se sont répandus en Alle-

magne que depuis la première Exposition universelle de
Paris.

En dehors des formes que nous venons d'énumérer, il en
existe d'autres que l'on ne rencontre presque pas dans les constructions civiles. Ce sont les :

8. Combles en arc.

et les :

9. Combles en dôme (fig. 238).

Passons maintenant à l'étude des combles précités.

Fig. 237 A—C.

1. Comble à deux longs pans [1].

Dans les combles la couverture repose ordinairement sur
une sorte de grillage formé de pièces de bois inclinées paral-

---

[1] A Paris, la construction des combles est régie par ordonnance de police du
27 juillet 1859, en ces termes :

Section 1re. — Des combles au-dessus des façades élevées au maximum de la hauteur légale.

lèles, appelées chevrons, dont la section est telle, qu'elles puissent supporter et le poids propre de la couverture et la

Fig. 238.

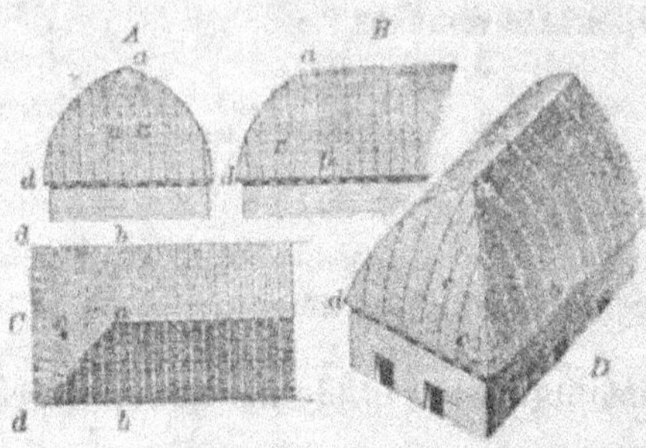

pression accidentelle du vent et de la neige, sans trop fléchir ou plutôt, sans entraîner une déformation nuisible à l'étanchéité de la couverture.

Art. 7. — Le faîtage du comble ne peut excéder une hauteur égale à la moitié de la profondeur du bâtiment, y compris les saillies et corniches.

Le profil du comble, sur la façade du côté de la voie publique, ne peut dépasser une ligne inclinée à 45° partant de l'extrémité de la corniche ou de l'entablement.

Art. 8. — Sur les quais, boulevards, places publiques et dans les voies publiques de 15 m au moins de largeur, ainsi que dans les cours et espaces intérieurs en dehors de la voie publique, la ligne droite inclinée à 45° dans le périmètre indiqué ci-dessus, peut être remplacée par un quart de cercle dont le rayon ne peut excéder la hauteur fixée par l'art. 7.

La saillie de l'entablement sera laissée en dehors du quart de cercle.

Art. 9. — Les combles des bâtiments situés à l'angle d'une voie publique de 15 m au moins de largeur et d'une voie publique de moins de 15 m peuvent, par exception être établis sur cette dernière voie suivant le périmètre déterminé par l'art. 8, mais seulement dans la même profondeur que celle fixée par l'art. 3.

Art. 10. — Dans les cas prévus par les trois articles précédents, les reliefs de chéneaux et membrons ne doivent pas excéder la ligne inclinée à 45° partant de l'extrémité de l'entablement ou le quart de cercle qui, dans le cas prévu par l'art 8, peut remplacer cette ligne.

Art. 11. — Les murs de dossiers et les tuyaux de cheminées ne pourront percer la ligne rampante du comble qu'à 1,50 m mesurés horizontalement, du parement extérieur d'un mur de face, ni s'élever à plus de 0,60 m au-dessus du faîtage.

Art. 12. — La face extérieure des lucarnes doit être placée en arrière du para-

Dans la pratique, on n'emploie pour les chevrons que des bois de faible équarrissage, de 0,13 m $\times$ 0,13 m à 0,16 m $\times$ 0,16 m, ou de 0,10 m $\times$ 0,15 m à 0,13 m $\times$ 0,19 m [1]).

La charge de la couverture se répartissant d'autant mieux que les chevrons sont plus rapprochés, il est d'usage, en Allemagne, pour ne pas sortir des équarrissages ci-dessus indiqués, de donner à ces pièces au plus les écartements suivants :

Nature de la couverture	Écartem^t des chevrons
Tuiles plates, recouvrement simple et tuile flamande	de 1 m à 1,50 m
Tuiles plates, recouvrement double	de 0,9 m à 1,10 m
Ardoises	de 1 m à 1,25 m
Carton goudronné	1,25 m
Couverture métallique	1,25 m
Chaume, en général	1,50 m
Mastic bitumineux	1 m
Bardeaux	de 1,50 m à 2,20 m

ment extérieur du mur de face donnant sur la voie publique et à une distance d'au moins 0,30 m.

Elles ne peuvent s'élever, compris leur toiture à plus de 3 m au-dessus de la base des combles.

Leur largeur ne peut excéder 1,50 m hors œuvre.

Les jonées de ces lucarnes doivent être parallèles entre elles.

Les intervalles auront au moins 1,50 m, quelle que soit la largeur des lucarnes.

La saillie de leurs corniches, égouts compris, ne doit pas excéder 0,15 m.

Il peut être établi un second rang de lucarnes en se renfermant dans le périmètre déterminé par les art. 7 et 8.

Section II. — Des combles au-dessus des façades élevées à une hauteur moindre que la hauteur légale.

Art. 13. — Les combles au-dessus des façades qui ne seraient pas élevées au maximum de hauteur déterminé dans le titre 1er, peuvent dépasser le périmètre fixé par l'art. 7 ; mais ils ne doivent pas toutefois, ainsi que leurs chéneaux, membrons, lucarnes et murs de dossier, excéder le périmètre général des bâtiments fixé tant pour les façades que pour les combles, par les dispositions du titre 1er et de la première section du présent titre.

Art. 14. — Les dispositions du présent titre sont applicables à tous les bâtiments placés ou non sur la voie publique.

[1] En France, les chevrons ont habituellement de 0,08 m $\times$ 0,08 m à 0,11 m $\times$ 0,11 m d'équarrissage et sont écartés de 0,40 m à 0,45 m d'axe en axe.

Le tableau suivant indique les sections qu'il convient e donner aux chevrons pour différentes portées et espèces de couvertures:

Nature de la couverture	Côtés du rectangle	Portée des chevrons											
		3 m		3,75 m		4,50 m		5 m		5,50 m		6 m	
		Écartement d'axe en axe, en mètres											
		0.95	1.25	0.95	1.25	0.95	1.25	0.95	1.25	0.95	1.25	0.95	1.25
Tuiles plates, recouvrem¹ double	h	14	16	17	19	19	20	20	21	21	23	23	24
	b	10	12	12	13	13	14	14	15	15	16	17	17
Ardoises	h	13	15	15	17	17	19	19	20	20	21	21	22
	b	10	11	11	12	12	13	13	14	14	15	15	16
Zinc ou carton goudronné	h	12	14	13	15	15	17	19	19	19	20	20	21
	b	9	10	10	11	11	12	19	13	13	14	14	15

Dans un avant-projet, on peut admettre comme équarrissage des chevrons une hauteur de 0,04 m à 0,045 m par mètre de portée, prenant l'une ou l'autre de ces deux dimensions, suivant l'écartement des chevrons et la nature de la couverture. Ainsi, pour la même section, 0,13 m $\times$ 0,19 m ou 0,16 m $\times$ 0,16 m, par exemple, les chevrons auront, suivant l'écartement, de 3,75 m à 4,50 m de portée, si la couverture est en tuiles; de 4,50 m à 5 m de portée, si elle est en ardoises et de 5 m à 5,50 m, si elle est en zinc ou en carton goudronné.

Les chevrons ne peuvent suffire seuls à supporter la couverture, à moins que le bâtiment ne soit de très petite dimension. Dès que les versants présentent plus de 3,75 m de largeur, il devient nécessaire de soutenir les chevrons en un ou plusieurs points intermédiaires, ce qui se fait soit au moyen de pièces horizontales, dirigées parallèlement au faîtage et appelées pannes, soit au moyen de contre-fiches verticales ou inclinées, placées dans le plan des deux chevrons et s'appuyant, à la partie inférieure, sur les solives.

D'une manière générale, on peut grouper les charpentes de combles en trois classes:

(A). Charpentes avec chevronnage s'appuyant sur les solives du plancher des combles.

(B). Charpentes ne descendant pas complètement jusqu'à
ces solives.

(C). Charpentes sans solivage inférieur.

Dans les charpentes de la première espèce, fig. 239, A,
la maçonnerie des murs se termine à même hauteur, ou à peu
près, que le plancher des combles; dans celles de la seconde,

Fig. 239 A—C.

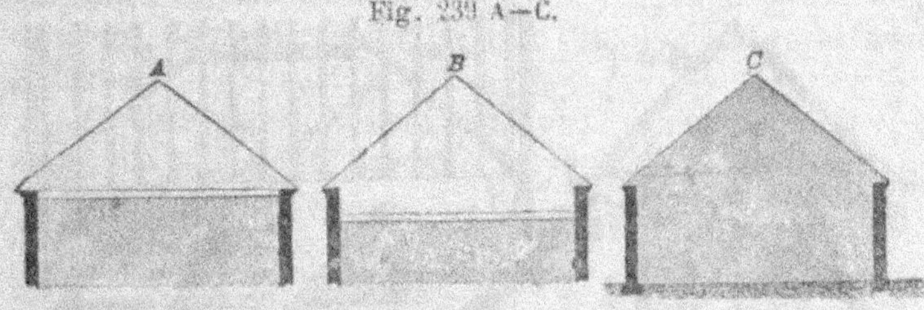

elle est continuée et forme mur d'entablement ou d'attique,
fig. 239, B, en sorte qu'il se peut que les fermes descendent
plus bas que les chevrons. La troisième espèce n'a pas de
combles à proprement parler, fig. 239, C; le plafond s'applique
contre le parement intérieur de la toiture, ou fait même partie
intégrante de sa construction (salles de réunion, églises, etc.)

(A). Charpentes avec chevronnage s'appuyant
sur les solives du plancher des combles.

1. Combles formés d'un simple chevronnage. [1]

Ces combles n'ont qu'une application fort restreinte et ne
conviennent qu'aux constructions d'ordre inférieur et de petite dimension, car, ainsi que nous l'avons déjà fait remarquer,
la portée des chevrons est, en ce cas, fort limitée. Pour pouvoir utiliser l'espace compris sous la charpente, il faut que

---

[1] Ce genre de charpente ne se rencontre, pour ainsi dire, pas en France.

l'inclinaison de la toiture soit au moins de 1 : 3. Or, le tableau précédemment donné fait voir que des chevrons de 0,13 m $\times$ 0,19 m, écartés de 1,25 m environ, pourraient, dans le cas d'une couverture en ardoises, atteindre tout au plus, 4,50 m de portée. La plus grande largeur que puissent avoir les bâtiments recouverts de combles de cette espèce est donc de 6 à 7 m.

La fig. 240, A—B, donne les détails d'un comble de ce

Fig. 240 A—B.

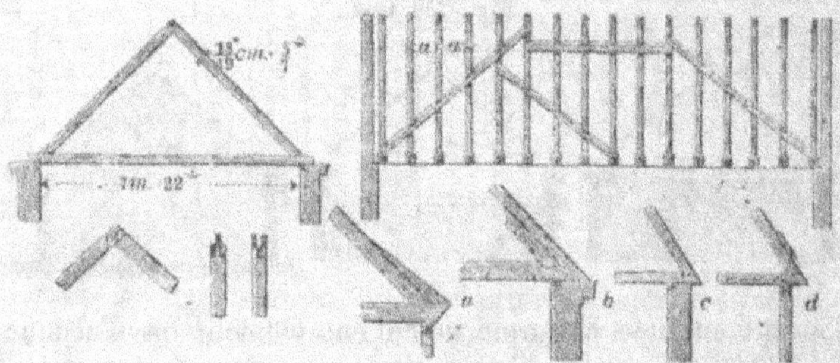

genre pour un toit à longs pans égaux. Les chevrons sont assemblés par enfourchement à la partie supérieure, tandis qu'à la partie inférieure, ils s'emboîtent sur les solives du plancher des combles. La figure montre les coupes transversale et longitudinale et l'on voit par cette dernière, qu'à chacune des solives correspond une paire de chevrons.

En général, on s'arrange de façon à faire coïncider l'une des faces de la solive avec un côté des chevrons, comme dans la fig. 241, A ; la disposition donnée en B est beaucoup moins usitée.

La solive dépasse toujours d'une petite quantité le pied du chevron (0,20 m pour le moins), afin que celui-ci soit maintenu par une épaisseur de bois suffisante. Le pan présente alors un bris au droit de l'égout et pour adoucir l'angle de ce bris, on cloue des fourrures triangulaires au bas du chevron (fig. A).

Quand la couverture est faite en ardoises, ce bris gêne la pose; on fait alors affleurer le chevron avec l'extrémité de la solive et pour que son pied soit bien maintenu, on le renforce d'une seconde pièce de bois comme en (b), ou bien en le boulonne à la solive, comme en (c) et (d). Dans chacun de ces trois cas, le chevron est engagé d'une certaine quantité dans l'épaisseur de la solive.

Afin d'entretoiser la charpente dans le sens longitudinal, on cloue sous les chevrons quelques voliges disposées obliquement, de manière à former avec ceux-ci des figures triangulaires.

La charpente très simple que nous venons de décrire, ne serait pas admise en Autriche, parce que les règlements de

Fig. 242 A—D.

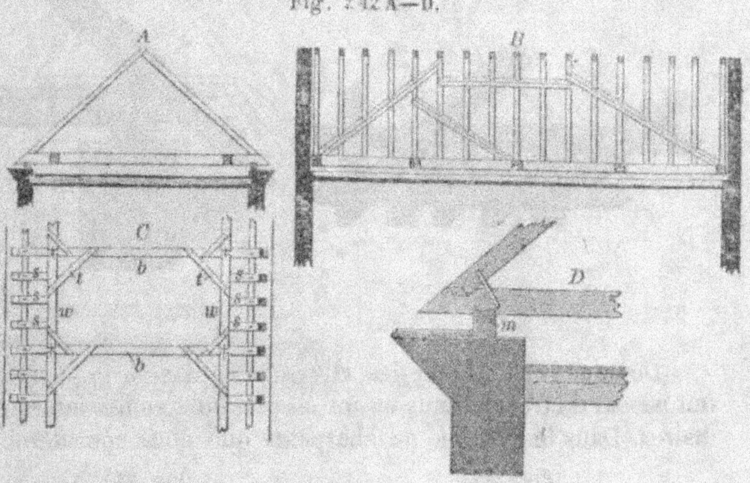

police s'opposent à ce que le plancher des combles fasse partie intégrante de la charpente du toit. Ces règlements prescrivent, en effet, 1° que la charpente du comble ne doit pas supporter de plancher; 2° que le plancher des combles doit être recouvert d'un carrelage, que l'on peut remplacer dans les bâtiments agricoles par une aire en glaise.

Les charpentes à simple chevronnage prennent donc, en

Autriche, la forme représentée aux fig. 242 et 243. Il n'y a de liaison par des entraits que de trois en trois ou de quatre en quatre chevrons. Pour que les chevrons intermédiaires soient maintenus, ils s'appuient sur des pièces de bois (s), assemblées sur deux pièces longitudinales, à la façon des soliveaux sur les linçoirs. L'entrait ne jouant plus le rôle de solive, on peut réduire sa section en conséquence.

La disposition représentée dans la fig. 243, B pour la partie inférieure de l'égout, correspond au cas où l'entablement se trouve placé en contre-bas du sommet du mur.

Fig. 242 A—B.

Dès que la longueur des chevrons dépasse 5 m, ceux-ci ont besoin d'être soutenus en un ou plusieurs points intermédiaires. Dans le système de charpente que nous considérons

Fig. 245   Fig. 244.

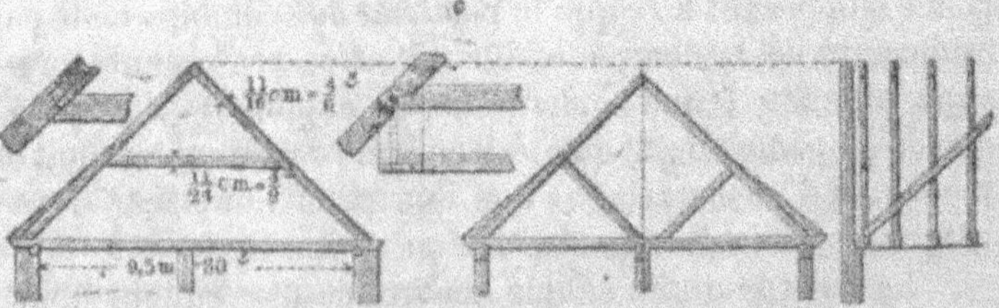

en ce moment, on le fait au moyen de jambes de force ou de faux-entraits. Dans le premier cas, chaque chevron s'appuie en son milieu sur une jambe de force, qui reporte une partie de la charge sur la solive correspondante, fig. 244. Il est bon alors, si c'est possible, de supporter aussi la solive, près de l'appui des jambes de force. Mais, comme cela est souvent difficile, on a recours à la disposition avec faux-entraits, fig. 245.

Fig. 246 A—C.

Charpente à simple chevronnage renforcé de faux-entraits.

Bien que le faux-entrait se répète à chaque paire de chevrons, il ne gêne pas le passage, comme le feraient des jambes de force, car on le place toujours à 1,50 m ou 2 m du plancher des combles. L'assemblage du faux-entrait avec les

chevrons se fait le plus souvent à tenon et mortaise (d) ; mais
si le faux-entrait porte une charge et surtout si sa portée est
grande, il est préférable de les assembler à queue-d'aronde (e).

Le faux-entrait travaille à la compression[1]; son équarrissage est ordinairement compris entre 0,10 m $\times$ 0,18 m et
0,11 m $\times$ 0,24 m. Il est bon de ne pas lui donner plus de 4 m
de longueur ; par contre, quand la charpente est petite, il se
trouve quelquefois tout près du faîtage.

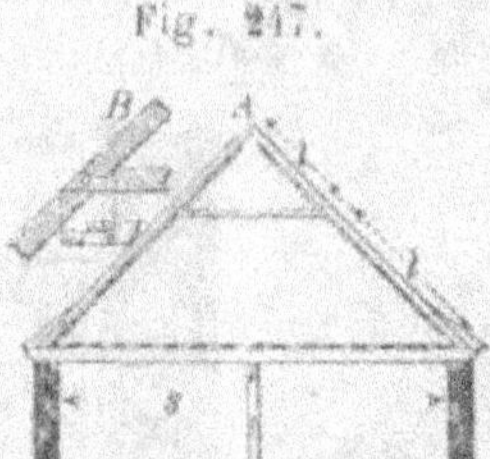

Fig. 247.

Le comble à simple chevronnage
avec faux-entraits ne convient qu'aux
constructions inférieures, où l'on désire
utiliser comme logement l'espace sous
le comble. Les faux-entraits servent
alors en même temps à porter le plafond. En Autriche, ce mode de construction n'est pas admis.

Une application de ce genre est représentée dans la
fig. 246, A—C ; elle reproduit le petit bâtiment scolaire du
village de Thisebuttel dans le Holstein. La coupe transversale B passe par la salle des classes. Pour donner à cette
pièce plus de hauteur, on a supprimé en ce point les entraits
principaux, et l'on a suspendu le plafond directement aux faux-
entraits. Les parties latérales de la charpente sont recouvertes
d'un voligeage et le plafond est doublé d'une aire en glaise,
surmontée d'un carrelage. La couverture est en chaume (ce
genre de couverture est encore permis dans les campagnes
du Holstein) ; quant aux détails de la charpente, ils ressortent
de la figure.

Avec des chevrons de 0,13 m $\times$ 0,19 m d'équarrissage,
on pourra pousser la portée (s) jusqu'à 9,50 m, dans le cas d'une
couverture en tuiles et jusqu'à 12 m, dans le cas d'une couverture en ardoises, les longueurs partielles (l) et (l') des chevrons
ayant respectivement pour valeurs

$$l = 4 \text{ m} \quad \text{et } l' = 2,5 \text{ m}$$
$$\text{et } l = 4,5 \text{ m et } l' = 3 \text{ m}$$

____

[1] Cela suppose que les pieds des chevrons sont reliés ensemble d'une manière invariable ; dans le cas contraire, le faux-entrait travaillerait à la traction.

Les charpentes à simple chevronnage ne conviennent pas aux couvertures de faible inclinaison.

Lorsque l = l' comme dans la fig. 245, on aura

pour les couvertures en tuiles   l = 3,5 m

en ardoises l = 4 m

En Autriche, les charpentes à simple chevronnage avec faux-entrait subissent une modification analogue à celle que nous avons décrite pour le système précédent, fig. 248. L'en-

Fig. 248.

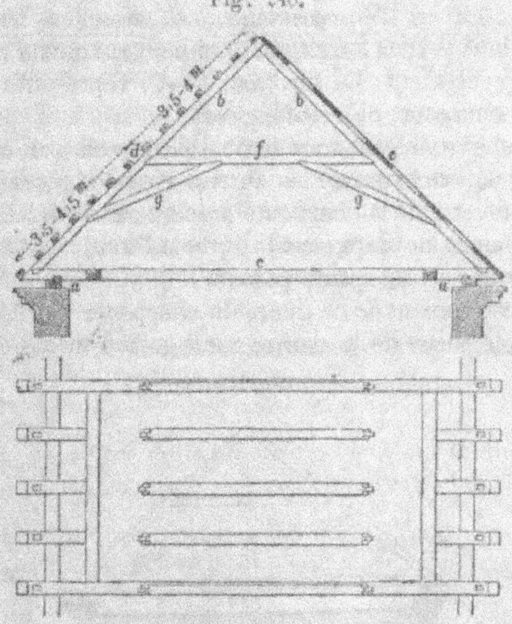

trait principal n'est conservé que de quatre en quatre chevrons, et le pied des autres chevrons est engagé dans des petites pièces transversales assemblées sur deux longrines. Quant au faux-entrait, il existe pour chaque paire de chevrons. Dans la figure, les chevrons sont recouverts d'un côté d'un lattis et de l'autre d'un voligeage. Lorsque les entraits relevés atteignent une longueur supérieure à 4 m, il est nécessaire de les supporter par des jambes de force (g). Cette disposition n'est admissible que pour les toits de peu de longueur, parce qu'elle occasionne une grande dépense de bois. Pour diminuer cette dépense, on substitue aux jambes de force des soutiens verticaux intermédiaires qui peuvent former alors en même temps, les montants d'une cloison médiane.

Afin de ne pas trop multiplier ces supports intermédiaires, les faux-entraits reposent d'abord sur une longrine, laquelle est supportée à son tour, de distance en distance, par des poteaux et des aisseliers. La longrine a de 0,16 m $\times$ 0,18 m à 0,18 m $\times$ 0,21 m d'équarrissage. Les aisseliers assurent la stabilité dans le sens longitudinal et peuvent même remplacer le contreventement. La fig. 250. A—C, représente l'ensemble d'une charpente de cette espèce.

Les chevrons sont tous semblables, ceux qui correspondent aux poteaux comme les autres. Plus les poteaux seront rapprochés et plus la charpente présentera de solidité ; aussi cet écartement ne dépasse-t-il guère 4,50 m, surtout quand la couverture est de nature pesante.

L'inconvénient de ce genre de charpente est de reporter une grande partie de la charge sur le milieu même ou vers le

Fig. 249.

milieu de la portée de la solive, ce qui oblige le plus souvent à y avoir un appui en charpente ou en maçonnerie.

Quand il s'agit de la modification applicable en Autriche, les murs s'arrêtent au niveau des solives et l'on établit alors, jusqu'à hauteur de l'entrait, de petits piliers sous chacun des poteaux, fig. 249.

Lorsqu'on ne peut avoir d'appui intermédiaire, on soutient le poteau par une armature, transformant la solive sur laquelle il repose, en une poutre armée, comme le montre la fig. 250, C.

Fig. 250

A—C.

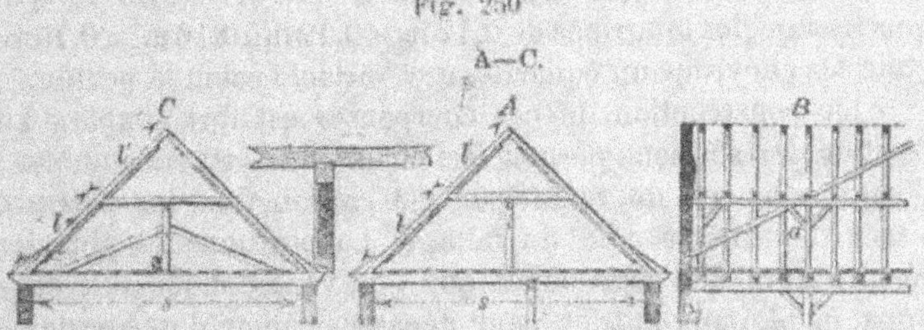

Cette modification ne change en rien le reste de la charpente ; les faux-entraits reposent comme précédemment sur une longrine qui s'appuie sur des poteaux et sur leurs aisseliers.

La charpente, que nous venons de décrire, ne s'emploie qu'autant que la longueur du faux-entrait n'excède pas 5 m. Au-delà de cette limite, on adopte la

Charpente à simple chevronnage, avec faux-entrait s'appuyant sur deux appuis.

Elle ne diffère de la précédente que par la duplication du soutien du faux-entrait, fig. 251. Il faut que les poteaux laissent au moins 0,25 m de bois entre la longrine et l'assemblage de l'entrait sur les chevrons ; leur écartement varie de 3 à 5 m.

Fig. 251

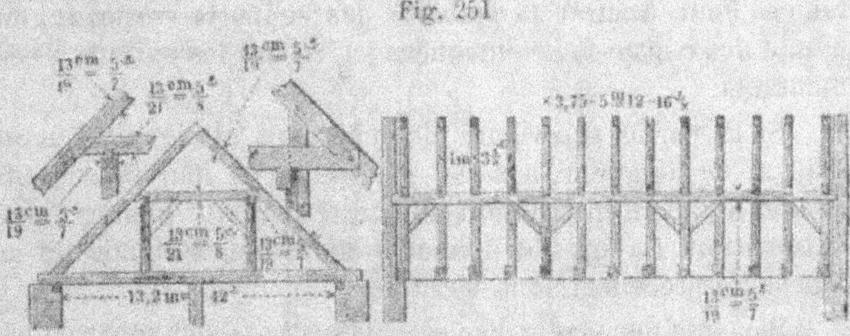

sent au moins 0,25 m de bois entre la longrine et l'assemblage de l'entrait sur les chevrons ; leur écartement varie de 3 à 5 m.

La stabilité dans le sens longitudinal est assurée par les aisseliers qui relient les longerons aux montants. On donne à ces aisseliers de 1,50 m à 1,60 m de longueur. Les poteaux ont ordinairement de 0,15 m $\times$ 0,15 m à 0,18 m $\times$ 0,18 m d'équarrissage ; les longrines de 0,12 m $\times$ 0,12 m à 0,16 m $\times$ 0,16 m ; enfin les chevrons un équarrissage variable selon la portée.

La construction de ces charpentes est fort simple. La position des soutiens permet facilement d'utiliser les combles ; il suffit pour cela de réunir par une cloison tous les poteaux situés d'un même côté du faîtage. La position des poteaux résulte alors de l'écartement que l'on veut donner aux cloisons, car le faux-entrait peut dépasser l'appui d'une certaine quantité, qui ne doit cependant pas excéder 1 m.

Dans les fig. 252 et 253, nous avons la forme que les charpentes avec faux-entraits sur deux appuis prennent en Autriche. Les entraits principaux n'existent qu'au droit des soutiens verticaux ; les chevrons qui se trouvent dans la partie intermédiaire s'emboîtent sur des soliveaux qui sont assemblés, comme d'habitude, sur des longrines allant d'un entrait à l'autre. Ces dernières peuvent être supprimées lorsqu'on place une panne (f) à la partie inférieure de la charpente, car celle-ci suffit alors pour maintenir le pied des chevrons intermédiaires. L'assemblage avec la panne se fait par endenture et la liaison avec l'entrait est renforcée par des boulons ; quant à l'assemblage de la panne avec les entraits, il se fait par entailles. Pour assurer la stabilité des supports verticaux, on ajoute des contre-fiches inclinées (c), reliant les entraits à ces montants.

Si la partie supérieure des chevrons atteignait 4 m ou 4,50 m de longueur, il serait nécessaire de leur fournir un second appui en interposant une autre pièce (h) analogue au faux-entrait. La fig. 253 donne la coupe longitudinale de la charpente précédemment décrite.

Bien que dans cette disposition la charge soit reportée en grande partie sur les entraits, il suffit d'habitude de leur donner un équarrissage de 0,23 m. Dans le système allemand, les

Fig. 252.

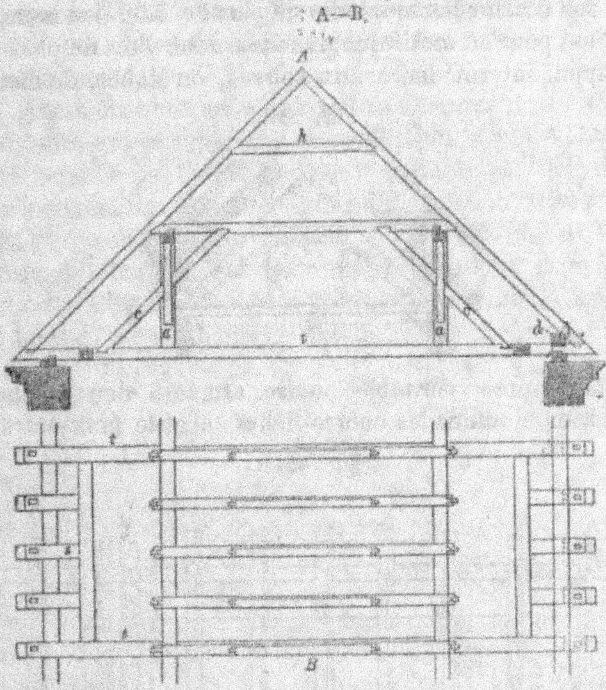

Fig. 253.

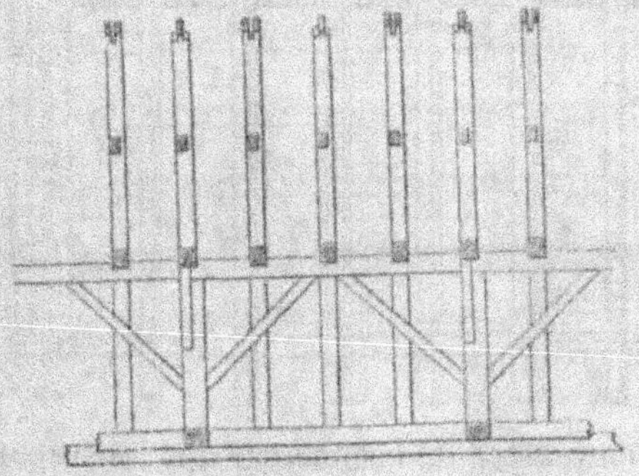

entraits jouant en même temps le rôle de solives, il sera bon
de ne pas écarter les montants de plus de 1,50 des murs.

C'est pour ce motif que, dans le cas où l'on ne peut fournir d'appui intermédiaire aux solives, on établit, de distance

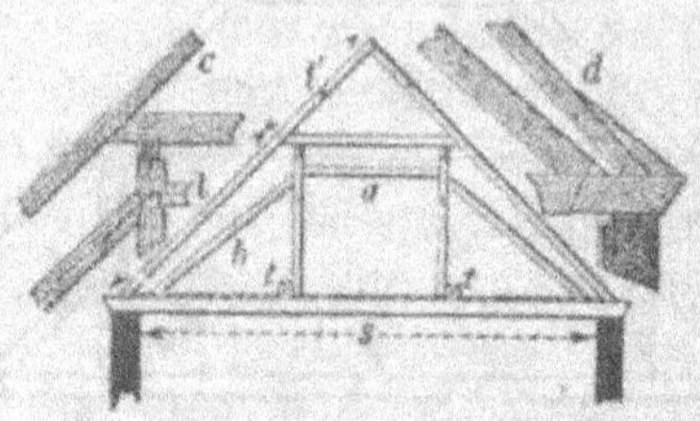

Fig. 254.

en distance, une véritable poutre armée à deux poinçons,
fig. 254, en ajoutant les contre-fiches (b) et le faux-entrait (a)

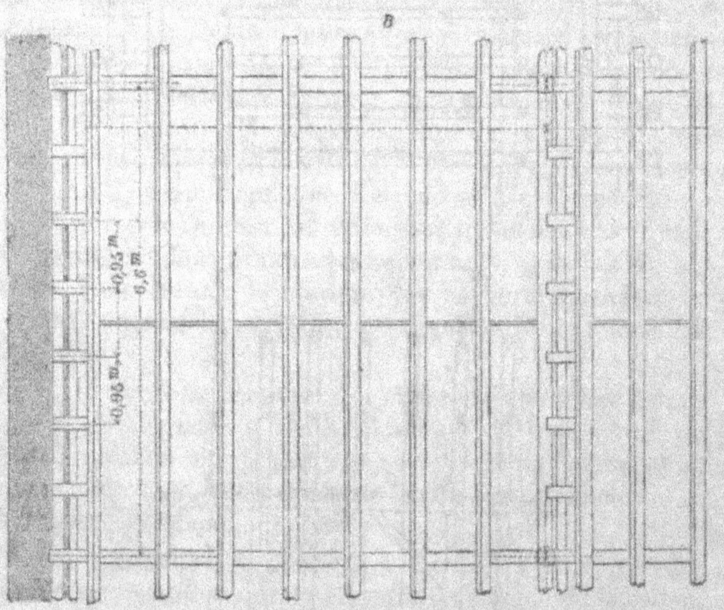

Fig. 254 B.

et en reliant ces sortes de fermes par des longrines allant d'un

montant à l'autre et soutenant les soliveaux. Les fig. (c) et (d)
donnent les détails des différents assemblages. Les longueurs
(l) et (l') des chevrons sont astreintes aux mêmes limites que
précédemment.

Anciennement, on employait fréquemment une forme de
charpente qui se rapproche beaucoup de la précédente, mais
dans laquelle le faux-entrait est soutenu par des pans de
bois inclinés, fig. 255 et 256. Cette disposition ne se rencontre
plus guère aujourd'hui qu'en Autriche, où l'entrait ne porte
jamais de charges. Elle se compose de deux pans inclinés,
formés de la semelle (a), des montants (b) et de la sablière (d)
qui joue en même temps le rôle de panne. Le faux-entrait (c)

Fig. 255.

est réuni avec eux par des aisseliers (e); enfin la charpente

des deux pans inclinés est complétée par des contre-
fiches (g).

Pour soutenir la partie supérieure des chevrons, dont la
hauteur est relativement grande, on emploie un entrait relevé
secondaire (h), comme dans l'un des exemples précédents. La

Fig. 256.

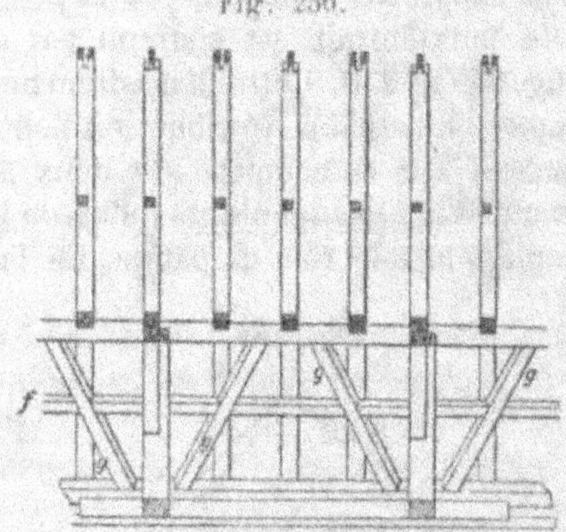

fig. 256 représente la coupe verticale du comble, suivant l'axe
du bâtiment.

Charpentes avec chevronnage sur cours de pannes.

Les charpentes de cette espèce sont beaucoup plus avan-
tageuses que celles que nous venons d'étudier, pour les raisons
suivantes :

1° Elles laissent plus d'espace libre sous le comble;

2° Elles simplifient la construction, surtout dans le cas
de toits avec rives en queue de vache ; enfin

3° Elles réduisent dans une certaine mesure la dépense
de bois.

Aussi sont-elles à présent presque exclusivement employées. Les charpentes à simple chevronnage avec faux-
entraits ne sont d'ailleurs admissibles que lorsqu'il s'agit d'établir des pièces plafonnées dans les combles.

Les pannes sont des poutrelles horizontales, dirigées suivant la longueur du toit et servant directement d'appui aux chevrons. Le nombre de ces pannes dépend de la longueur des chevrons ; ordinairement on ne leur donne pas un écartement supérieur à 5,50 m [1]). Les pannes doivent elles-mêmes être soutenues ce qui se fait à l'aide de fermes complètes ou simplement à l'aide de montants verticaux ou de contre-fiches inclinées. Ces derniers remplacent alors les arbalétriers.

On peut donc distinguer les charpentes avec ou sans fermes et celles avec ou sans contre-fiches.

Charpentes avec cours de pannes sur fermes.

Dans sa forme la plus simple, cette charpente ne comprend que les chevrons, la panne faîtière, les pannes d'égout et les arbalétriers [2]). La fig. 257 donne la coupe au droit d'une

Fig. 257.   Fig. 258.

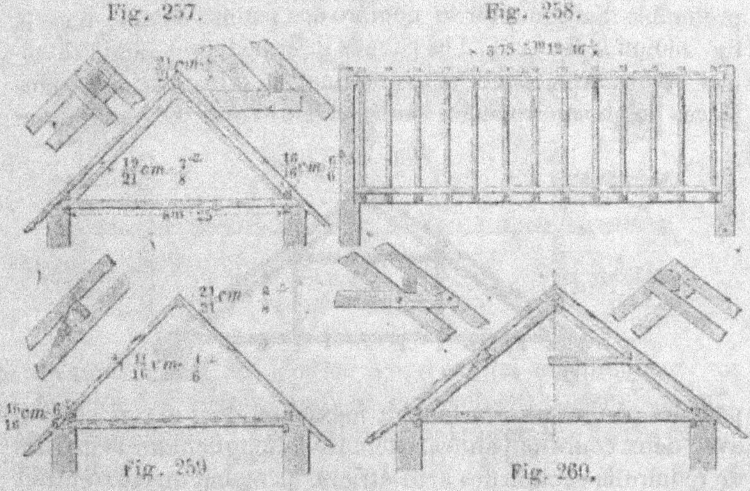

Fig. 259.   Fig. 260.

[1]) En France, l'écartement des pannes dans un comble en bois, n'atteint jamais cette limite. On cherche autant que possible, à se rapprocher de 2 m ou de 2,50 m tout au plus.

[2]) L'entrait étant formé par celle des solives du plancher des combles qui se trouve dans le plan des arbalétriers.

ferme et la fig. 259, la coupe en un point intermédiaire de la
travée. Ces deux figures ne diffèrent entre elles que par la
présence des arbalétriers qui s'assemblent par entaille l'un
avec l'autre, et à tenon et mortaise, sur les solives. La panne
faîtière peut être disposée verticalement ou obliquement.

Dans l'exemple considéré fig. 258, le contreventement
ne se compose que de quelques voliges inclinées, clouées
sous les chevrons ; il ne faudrait pas, dans ces conditions,
donner aux travées plus de 4 m de longueur. La panne faîtière
a alors habituellement 0,21 m × 0,21 m d'équarrissage et la
panne d'égout 0,16 m × 0,16 m.

Avec la disposition simple de la fig. 257, l'espace sous le
comble est complètement libre et la toiture peut se terminer
en queue de vache sur les côtés. La dimension des chevrons
est comprise entre 0,11 m × 0,16 m et 0,13 m × 0,19 m correspondant à une portée limite d'environ 7 m.

Mais plutôt que d'atteindre ces grandes portées, il est
préférable d'augmenter le nombre des pannes comme dans la
fig. 260 ou la fig. 261. Les pannes intermédiaires sont entaillées sur les arbalétriers et maintenues en outre par de petites
pièces de bois, appelées échantignolles. En admettant

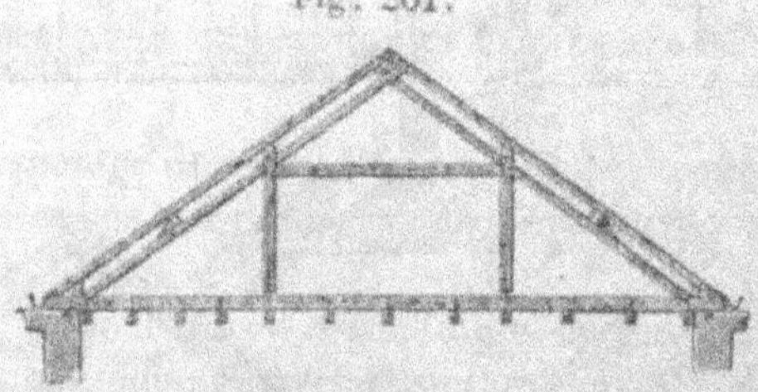

Fig. 261.

pour les pannes un écartement maximum de 4 m, on pourra,
avec deux cours de pannes, atteindre la longueur de 14 m. Afin
de réduire la section des arbalétriers, on établit un faux-entrait
à hauteur de la panne ; celle-ci repose alors sur son prolongement, ce qui permet de supprimer les échantignolles, fig. 260.

Quand le poids du plancher des combles est grand, on
ajoute un poinçon à chaque ferme, pour reporter une partie

de la charge qui agit sur la solive-entrait sur les arbalétriers. Ceux-ci pourront, à leur tour, être renforcés par des contre-fiches ou par un faux-entrait.

Lorsqu'on atteint les grandes portées, la ferme prend la forme d'une poutre armée par en-dessus, à deux ou plusieurs poinçons, fig. 261.

En Autriche, où le plafond du dernier étage n'est jamais supporté par les entraits des fermes, on a intérêt à réduire la section de ces derniers et dans ce but, on munit la ferme d'un poinçon et d'un faux-entrait, fig. 262. Le pied des chevrons s'em-

Fig. 262.

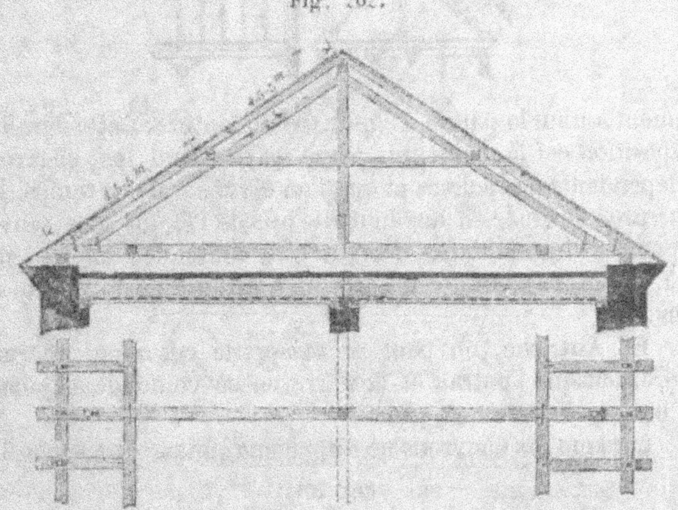

boîte sur l'entrait ou sur les amorces qui en prennent la place entre les fermes, ou bien s'assemblent par endent sur une panne d'égout. La figure présente la première de ces deux dispositions.

Lorsqu'il n'est point nécessaire de laisser l'espace sous les combles parfaitement libre, on peut soutenir les pannes au moyen de montants ou de poteaux munis de contre-fiches.

On arrive ainsi aux

Charpentes avec cours de pannes sur poteaux.

Dans leur forme la plus simple, ces charpentes ne comprennent qu'une file de poteaux, placés dans l'axe même du toit, supportant directement la panne faîtière à des écartements de 3,50 m à 5 m. A la partie inférieure, les chevrons s'assemblent sur la solive, à tenon et mortaise avec embrè-

Fig. 263

vement, ou sur la panne d'égout par endenture. Cette dernière disposition est la meilleure, parce qu'elle rend les chevrons indépendants des solives et que l'on évite, en même temps, les fourrures destinées à amoindrir le bris de l'égout. Les solives supportant les montants doivent être soutenues en leur milieu, ou en un point voisin, ne s'en écartant que de 1,25 m au plus.

En Autriche, on peut se passer de cet appui intermédiaire, puisque l'entrait et la solive ne se confondent jamais en une seule et même pièce.

Lorsque les chevrons ne s'appuient que sur une seule file

Fig. 264.

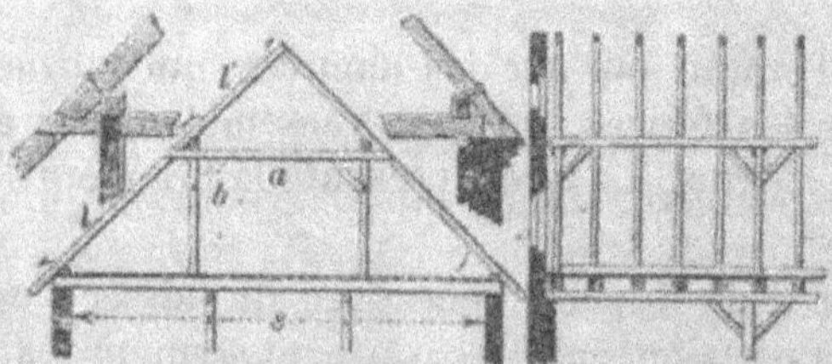

de poteaux, on ne peut guère dépasser 8 à 9 m de portée, ce qui correspond à des longueurs libres de chevrons de 4,50 m à

5,50 m. Ce genre de charpente est du reste moins avantageux que celui dans lequel les pannes sont soutenues par deux lignes de montants, fig. 264. Les chevrons s'appuient encore, comme tout à l'heure, sur les pannes, qui sont supportées à leur tour par une série de montants verticaux, munis de contre-fiches.

La fig. 265, A—C représente, en détail, l'un des pans

Fig. 265

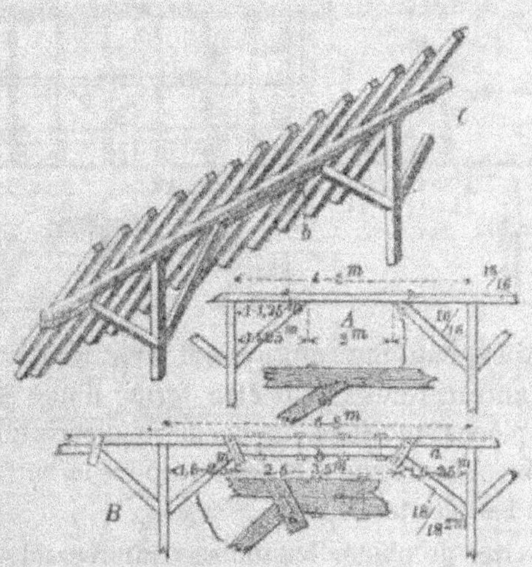

d'appui. Avec des contre-fiches de 1,00 m à 1,25 m de longueur, comme en A, l'écartement des montants peut être de 4 à 5 m, mais si l'on munit la panne d'une sous-poutre B, on peut écarter les montants jusqu'à 6 et 8 m. L'équarrissage habituelle des différentes pièces est indiqué sur la fig. B.

Pour assurer la stabilité transversale des montants, on réunit leurs têtes par une pièce horizontale (a), disposée comme l'entrait relevé d'une ferme ordinaire. Quelquefois même on relie celle-ci aux poteaux par de petites contre-fiches (b).

En général, la panne se trouve à l'aplomb des poteaux et la liaison transversale est faite par des moises, qui viennent s'assembler à queue-d'aronde sur les chevrons. Ceux-ci

reposent sur la panne par endenture et sont fixés à l'aide de
clous. La partie inférieure s'appuie presque toujours sur une
panne d'égout, comme le montre le détail de la fig. 264.

Quelquefois, au lieu de reposer directement sur les montants, les pannes sont placées de côté et s'appuient alors sur
les extrémités des moises, fig. 266. En ce cas, le montant

Fig. 266   Fig. 267.

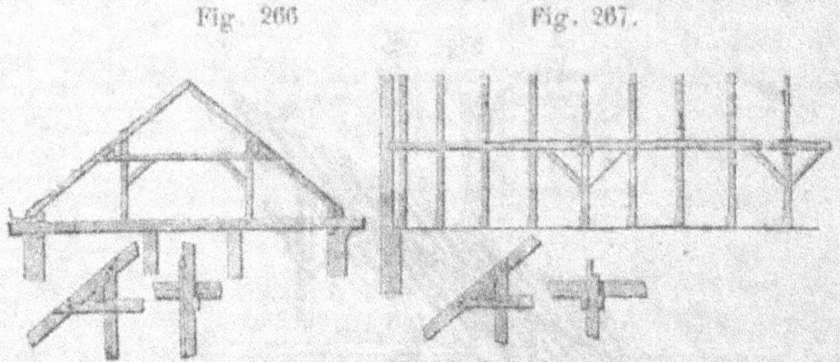

est continué jusqu'au chevron auquel il est relié par un joint
à entaille. L'entrait relevé peut être formé d'une seule pièce
ou de deux pièces moisées, la dernière disposition étant la
plus usuelle en Allemagne. On doit toujours le boulonner solidement avec les montants.

Il faut éviter de placer les moises transversales au-dessus
des deux pannes, comme il est indiqué dans la fig. 268, A—B,
car le but de ces pièces est de bien relier les montants entre
eux et cela n'a lieu ainsi que d'une manière imparfaite.

Il faut, dans ces conditions, toujours ajouter les contre-
fiches (s), afin d'empêcher le déversement des montants. La
fig. 268 A, donne l'élévation de la ferme principale, la fig. B, le
plan d'une travée ; enfin la fig. 269 les détails.

La fig. 270 représente, à plus grande échelle, un mode
d'assemblage des diverses pièces, dans le cas où la panne est
adossée au montant. Ici, l'entrait relevé est simple et est
assemblé à mi-bois sur le montant, le joint étant serré par un
boulon. Ces deux pièces s'assemblent en suite à tenon et

mortaise sur le chevron, mais il serait préférable de remplacer

Fig. 268.

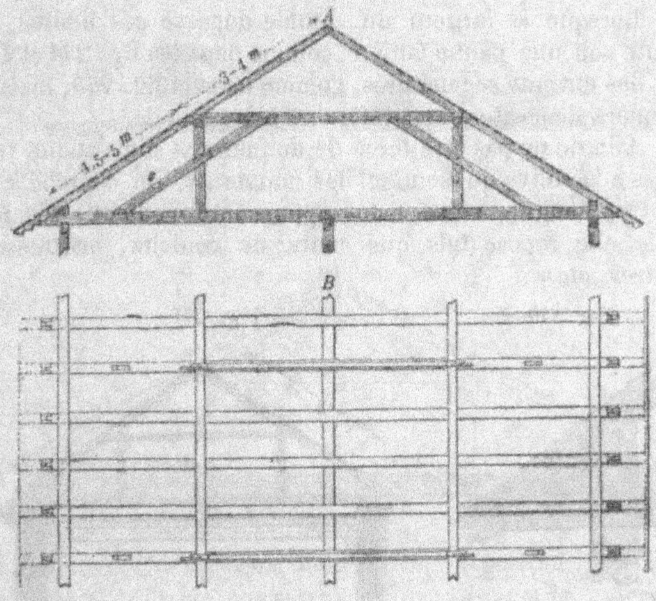

Fig. 269.

cet assemblage par l'un de ceux en queue-d'aronde (voir
le détail dans la fig. 264).

Les portées admissibles avec la disposition de la fig. 264,
dépendent naturellement de la pente du toit et de la longueur libre des chevrons.

La partie supérieure (l') se fait toujours de 1 à 2 m plus courte que la partie inférieure (l); suivant la nature de la couverture, la portée variera donc de 11 à 14 m.

Lorsque la largeur du comble dépasse ces limites, on ajoute soit une panne faîtière, comme dans les fig. 274 et 275, soit des entraits secondaires, comme dans la fig. 273, mais la première disposition est préférable à la seconde.

Afin de ne pas être forcé de donner des dimensions trop fortes à la solive qui soutient les montants, on cherche à ne pas trop éloigner ceux-ci des appuis intermédiaires sur lesquels elle repose (tels que murs de couloirs, maîtresses-poutres, etc.).

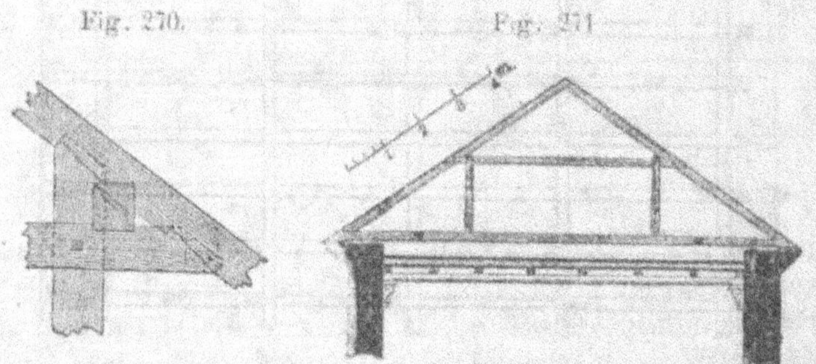

Fig. 270.   Fig. 271

En Autriche, la charpente avec pannes s'appuyant sur montants, prend la forme modifiée de la fig 271. Les chevrons intermédiaires s'assemblent comme à l'ordinaire sur de petites pièces de bois, s'appuyant d'une part sur le mur et de l'autre sur les longerons qui relient les entraits. Les dimensions de ces derniers n'excèdent jamais $0,23$ m $\times$ $0,25$ m, ces pièces n'ayant pas à supporter le poids du plancher des combles.

Bien que l'entrait ne gêne guère le passage dans les combles, puisque sa face supérieure ne se trouve qu'à $0,35$ m du plancher et qu'une petite marche établie de chaque côté, permet le plus souvent de le franchir facilement, fig. 272, on l'interrompt quelquefois dans sa partie médiane, après sa jonction avec les montants. Il va sans dire que l'effort de traction est transmis alors par l'entrait relevé.

Cette disposition, assez commune à Vienne, est représentée dans la fig. 273. Lorsque la couverture est faite en

Fig. 272

ardoises, on donne à ces charpentes environ 0,5 de pent',
soit 1 de flèche pour 4 de portée. Les pannes sont écartées

Fig. 273

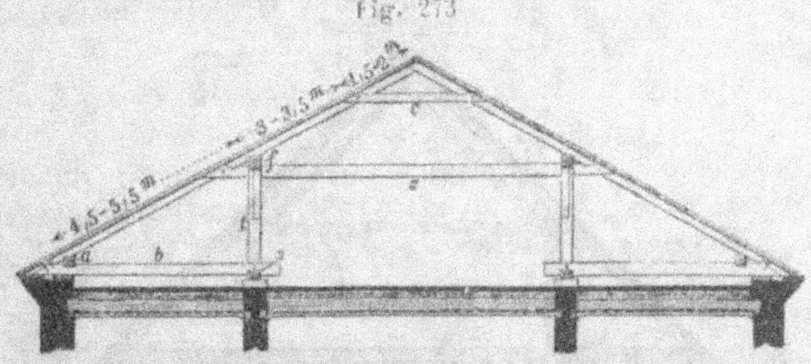

de 4,50 m à 5,50 m; elles déterminent la position des montants. Au droit de ceux-ci, on élève de petits piliers en
briques, sur lesquels on pose les semelles (s), qui portent les
montants. Le pied des chevrons est fixé sur la panne d'é-
gout (a). Les pièces (b), (t) et (r) ne se répètent qu'une fois par
travée et constituent avec les chevrons de véritables fermes
dont l'écartement est d'environ 4 m.

La partie inférieure des chevrons intermédiaires repose
sur la panne d'égout (a); quant aux chevrons principaux, faisant partie des fermes, ils sont reliés aux poutres (b) par des
ferrures.

Dès que la partie supérieure des chevrons présente plus
de 3 m ou 3,50 m de longueur libre, on les soutient à nouveau en un point plus élevé. Dans la fig. 273, on l'a fait au
moyen d'un second entrait relevé, s'assemblant sur les chevrons par un joint en queue-d'aronde, avec serrage par boulons. Un mode de soutènement bien préférable est celui dans le-

quel les chevrons s'appuient sur une panne faîtière dans toute la longueur du toit. Cette panne est supportée au droit de chaque ferme par un montant ou par une paire de contre-fiches.

La première de ces dispositions est représentée à la fig. 275 et l'autre à la fig. 274. La charpente de cette dernière ne se prête pas aussi bien au contre-ventement longitudinal que celle de la fig. 275, où la panne faîtière repose sur un montant formant le poinçon d'une poutre armée par en-dessus.

Fig. 274

Les figures de détail indiquent les assemblages des différentes parties.

Comme on peut faire ici $l = l'$, la largeur totale du bâtiment peut aller jusqu'à :

$s = 13$ à 14 m pour les couvertures en tuiles ;

$s = 15$ à 16 m " " " " ardoises.

Dans une charpente bien comprise, la panne faîtière ne fait jamais défaut, surtout quand la pente du toit est faible. Cette panne annule, en effet, en grande partie la poussée qui résulte de l'appui réciproque des chevrons l'un contre l'autre,

Fig. 275

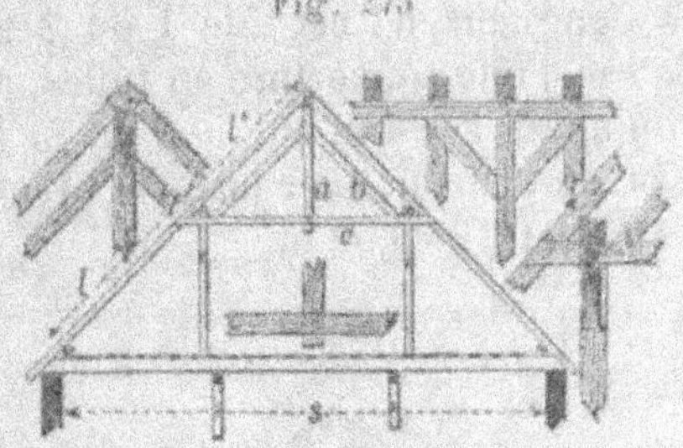

et réduit, par conséquent la poussée horizontale de tout le chevronnage. Dans les charpentes de grande portée, la panne faîtière devient indispensable pour cette même raison.[1]

Charpentes avec cours de pannes s'appuyant sur soutiens inclinés

La ferme prend la forme en ce cas d'une poutre armée par en-dessus. Elle se compose, en principe, de la solive,

Fig. 276   Fig. 277

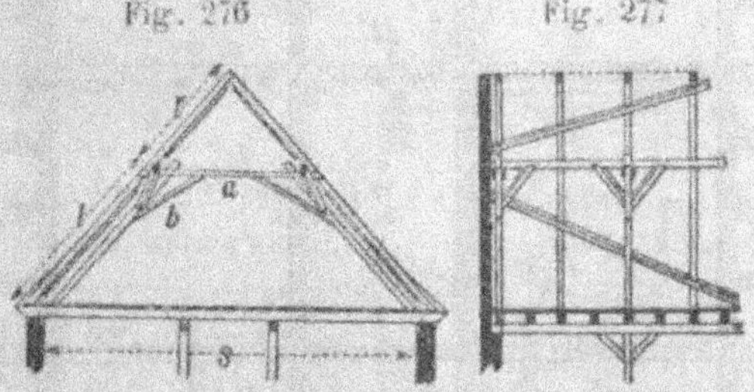

____

[1] Comme nous l'avons déjà fait remarquer précédemment, les charpentes dans lesquelles les chevrons entrant comme partie constituante de la ferme, ne se rencontrent que rarement en France, où les pannes sont toujours plus rapprochées l'une de l'autre que dans les exemples ci-dessus, leur soutènement se faisant au moyen de fermes tout à fait indépendantes du chevronnage.

d'un entrait relevé (a), de deux contre-fiches latérales et de
jambes de force (b), fig. 276. Aux angles de cette charpente
trapézoïdale reposent les deux pannes supportant le chevronnage. Le faux-entrait est formé d'une seule pièce, ou de deux
pièces embrassant entre elles les contre-fiches et les chevrons
principaux. La longueur (l') est de 1 ou 2 m plus courte
que (l). Dans le cas d'une couverture en tuiles, avec une portée de 10 m, on aurait l = 4 m et l' = 3 m. Si la couverture
était en ardoises, on pourrait aller jusqu'à 14 ou 15 m de portée et alors l = 5 m et l' = 3,50 m.

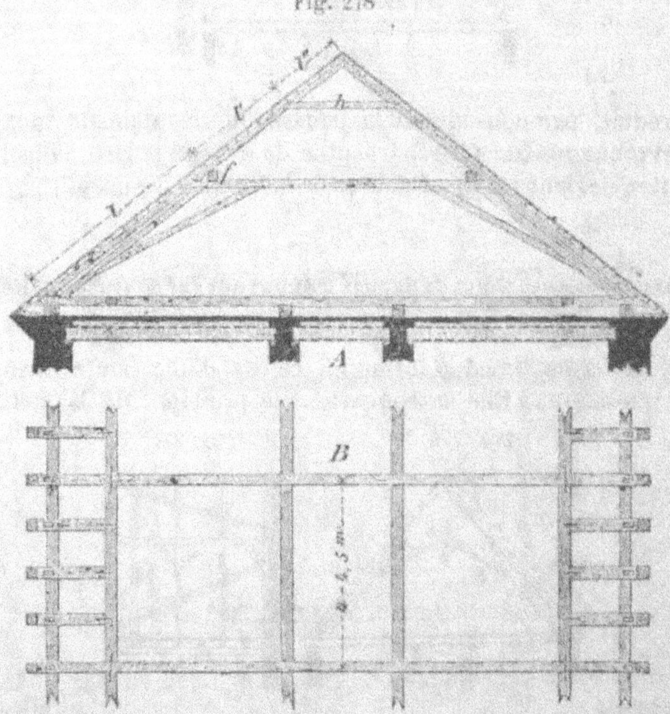

Fig. 278

Ce genre de charpente présente l'avantage de laisser les
combles parfaitement libres; mais, par contre, il a l'inconvénient de ne se prêter que difficilement au contreventement

longitudinal, à cause de la position des contre-fiches soutenant les pannes. On ne l'emploie guère pour des combles en pavillon ou de forme composée, parce qu'il conduit alors à des fermes de disposition compliquée.

La fig. 278, A—B, s'applique à la forme de charpente usitée en Autriche. Les contre-fiches formant les côtés de la ferme se trouvent placées tout contre les chevrons et leur sont parallèles, leur liaison avec l'entrait relevé étant complétée par des jambes de force. Les pannes reposent sur l'entrait relevé, et comme les chevrons ont encore 4 m de longueur depuis ce point jusqu'au faîtage, chaque paire de chevrons est soutenue dans le haut par des entraits relevés secondaires (s).

Dans l'exemple ci-dessus on peut, dans le cas d'une couverture en ardoises, aller jusqu'à $l = 5$ m, $l' = 3$ à $3,50$ m et $l'' = 1,50$ m à 2 m.

La fig. 278, B, donne le plan de la charpente précédente

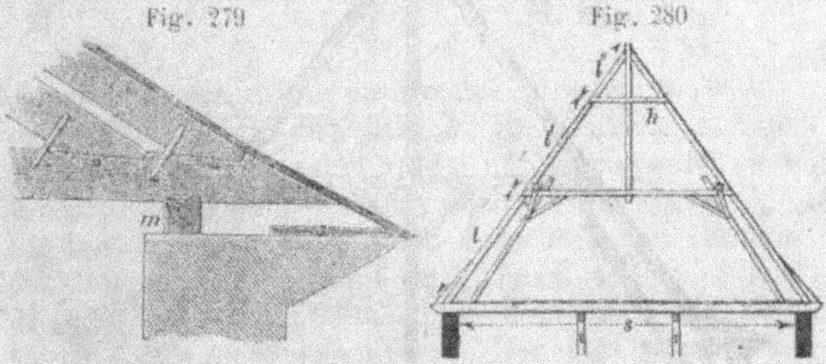

au niveau des appuis; l'écartement des fermes est de 4 m à 4,50 m et l'entrait repose sur des appuis intermédiaires quand des murs ou des cloisons subdivisent le bâtiment en largeur. Ces appuis sont formés par la continuation des murs au-dessus du plancher des combles, ou simplement par des piliers établis sous les entraits des fermes.

La fig. 279 représente, en détail, une manière d'assembler le pied du chevron et la contre-fiche sur l'entrait. Le voligeage descend jusqu'au niveau de la maçonnerie.

Quand la portée de la ferme atteint de grandes dimensions, l'entrait relevé qui forme la membrure supérieure de la ferme, est exposé à fléchir si on ne le maintient pas en un point de sa longueur. On ajoute alors un poinçon, lequel forme avec les chevrons et les entraits relevés, une sorte de poutre armée, fig. 280. Dans le cas de très grandes portées, on ajoute même un faux-entrait secondaire près du faitage.

La charpente précédente est un exemple très simple d'une combinaison de poutres armées des deux genres.

La portée limite serait pour une couverture en tuiles d'environ 14 m. On aurait l = 4 m, l' = 4 m et l" = 2 m. Pour une couverture en ardoises, elle serait de 16 m et alors l = 5 m l' = 4,50 m et l" = 2 m.

Fig. 281

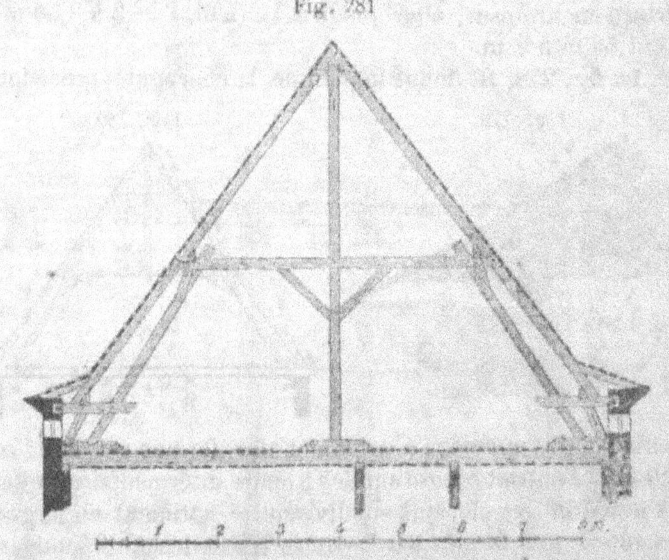

La disposition précédente a l'inconvénient de nécessiter une armature pour chaque paire de chevrons. La modification indiquée à la fig. 281 permet de l'éviter, le faitage étant alors soutenu par une panne faitière allant d'un montant de ferme à l'autre. Cette charpente, établie au-dessus d'un des établissements de bains de Stuttgard, présente une disposition particulière des appuis que nous signalons simplement en passant.

S'il s'agissait d'une construction agricole de grandes

Fig. 282

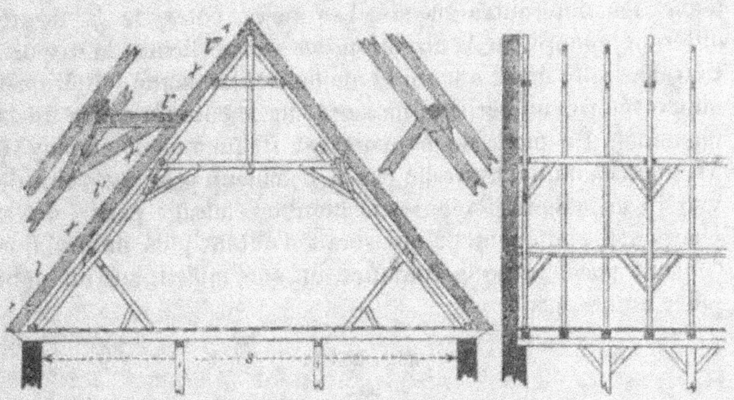

dimensions, recouverte en chaume [1] ou en bardeaux, on pourrait adopter une disposition du genre de celle représentée dans la fig. 282. Elle est en réalité une simple modification de la charpente de la fig. 280. On y a simplement ajouté des pannes dans le bas, pour le soutènement de la partie inférieure des chevrons. Une contre-fiche inclinée soutient celle-ci au droit des fermes et pour diminuer les dimensions de cette contre-fiche, on la soutient à son tour par de petites jambes de force. La limite admissible pour la portée varie avec la nature de la couverture. Pour le chaume, on aurait $s = 17$ m et $l = 4,50$ m, $l' = 4,50$ m, $l'' = 4$ m et $l''' = 2$ m; Couverture en bardeaux $s = 25$ m et $l = 5,50$ m, $l' = 5$ m, $l'' = 4$ m et $l''' = 2$ m. Enfin pour une couverture en tuiles $s = 19$ m, $l = 4$ m, $l' = 4$ m, $l'' = 4$ m et $l''' = 2$ m.

Nous terminerons l'étude des charpentes avec cours de

---

[1] La couverture en chaume n'est plus permise que dans quelques rares départements de la France.

pannes sur soutiens inclinés par deux exemples choisis dans les dispositions usitées en Autriche.

Dans la fig. 283, A, les deux côtés de la charpente ne sont pas semblables. A droite, la panne est placée au-dessus de l'entrait relevé (z), au lieu de se trouver par en-dessous, comme sur la gauche; cela permet un meilleur mode d'attache des différentes pièces. Les deux côtés de la figure diffèrent encore par la direction des contre-fiches, la disposition de droite étant encore la meilleure. La panne faîtière est supportée par un corbeau ménagé sur le côté du coffre de la cheminée. Ce mode de support est fréquemment employé à Vienne, bien qu'il ne vaille pas, à beaucoup près, au point de vue de la solidité, l'appui sur montant faisant partie de la charpente, soutènement qui serait d'autant plus naturel que l'entrait porte presque toujours, en son milieu, sur un petit pilier en briques.

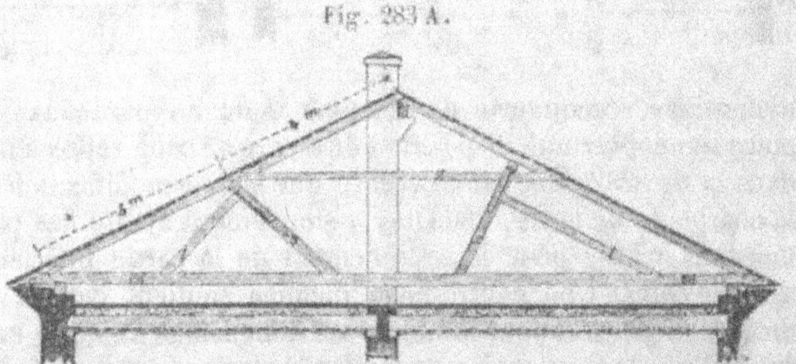

Fig. 283 A.

Les travées des chevrons peuvent avoir respectivement 5 et 4 m de longueur, d'où la largeur du bâtiment, suivant la pente de la toiture.

Quand la construction présente une très grande largeur, on peut adopter la forme indiquée à la fig. 283, B, dans laquelle les pannes sont soutenues à l'aide de contre-fiches croisées (s, s), que l'on assemble à entaille l'une avec l'autre et qui sont réliées aux chevrons par des moises horizontales (z). Sur ces dernières reposent les pannes (f), tandis que les pannes (f') s'appuient sur des échantignolles fixées sur les contre-fiches (s). Bien que la partie supérieure des chevrons soit soutenue par ces contre-fiches, il est bon de placer un

Fig. 283 B.

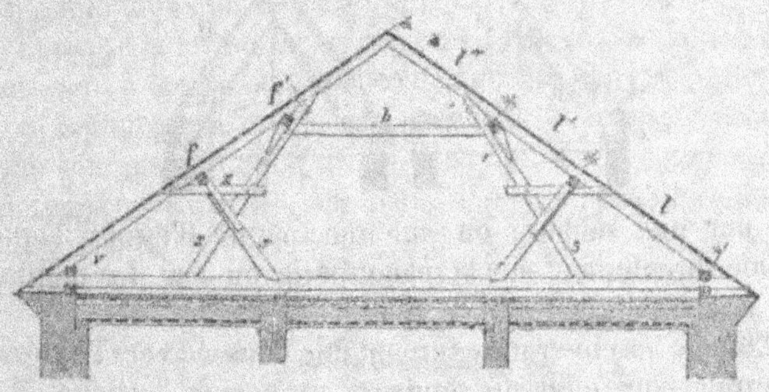

entrait relevé (b) à hauteur de ces pannes; il s'assemble à tenon et mortaise sur les contre-fiches. La partie inférieure des chevrons est fixée sur la panne d'égout (v), en sorte que l'on peut supprimer les longerons et les pièces transversales recevant les abouts des chevrons. L'entrait s'appuie sur deux piliers. Avec une portée de 18 à 19 m. et une couverture en ardoises, on aurait $l = 5$ m, $l' = 3,5$ m à 5 m et $l'' = 1$ m.

B. Charpentes avec chevronnage surhaussé.

Les charpentes de cette espèce s'emploient pour donner plus de hauteur aux combles, dans le cas où la toiture ne présente pas une inclinaison suffisante; elles peuvent aussi contribuer à donner une apparence plus satisfaisante à la façade. Les murs extérieurs s'élèvent alors d'une certaine quantité au-dessus du plancher des combles, pour former l'attique ou la murette d'entablement qui supporte la partie inférieure du chevronnage.

La fig. 284, A—B montre ce surhaussement du chevronnage, qu'on peut supposer résulter de ce que tout le pan de toit a tourné d'un certain angle autour du faîte, fig. 284, A, ou bien de ce qu'il a été déplacé parallèlement à lui-même d'une certaine quantité, fig. 284, B. La partie inférieure repose tou-

Fig. 284.

jours sur une sablière ou sur une panne d'égout, laquelle s'appuie directement sur la maçonnerie ou sur des montants (e) de la charpente.

Comme les chevrons exercent une poussée vers l'extérieur qui aurait pour effet de tendre à renverser l'attique, il est

Fig. 285.

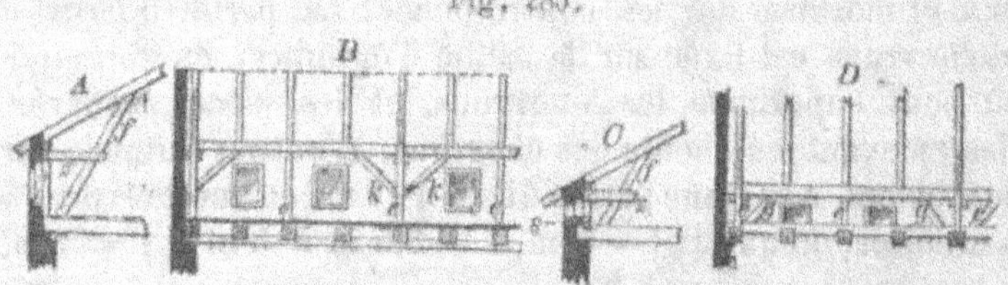

indispensable de relier leurs pieds et les montants d'appui par des moises aux contre-fiches, afin de former des figures triangulaires, de forme invariable, transmettant la poussée directement à l'appui inférieur, sans agir sur le mur d'entablement.

Les fig. 285, A—D nous montrent deux formes différentes de charpentes avec chevronnage sur murette d'entablement.

La disposition A-B s'applique à des attiques de plus de 0,70m de hauteur, celle des fig. C-D à des murs d'entablement moins élevés. Quant à la charpente même, elle ne diffère dans ces deux exemples qu'en ce que, dans CD, une sablière (s) sert de semelle aux montants, tandis que dans A B, ceux-ci s'appuient directement sur les solives. Cette sablière est nécessaire pour fournir un appui aux contre-fiches (g, g), placées de part et d'autre des fermes pour la stabilité longitudinale. En AB le contreventement est assuré par les contre-fiches (k) qui relient la panne d'égout aux montants (e).

Bien que dans la plupart des cas la jambe de force (f) fig. 285, s'appuie simplement contre le chevron en (c), on y place aussi quelquefois un montant vertical.

Lorsque la ferme reçoit un entrait relevé, les contre-fiches aboutissent à son point de jonction avec les chevrons, fig. 288.

Si la hauteur du mur d'entablement ne dépasse pas 1 mètre et que son épaisseur soit de 1 ½ ou 2 briques, comme il est l'habitude en Autriche, on peut appuyer la sablière directe-

Fig. 288.

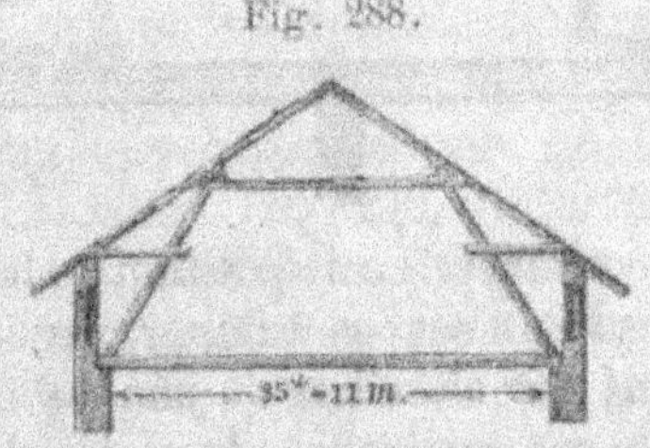

ment sur le mur et supprimer les montants en bois. Cette sablière est reliée à la contre-fiche par des moises passant par en-dessous ou par en-dessus, fig. 289 et 307. Quand la hauteur

Fig. 289.

du mur est très petite et que la forme de la partie supérieure de la charpente empêche qu'il ne se produise une poussée

horizontale au bas des chevrons, on peut même supprimer ces
liens horizontaux fig. 290, A, mais il est cependant toujours

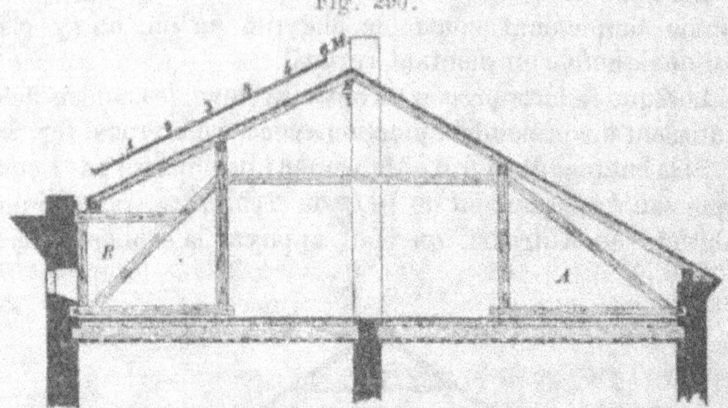

Fig. 290.

préférable de les conserver. La disposition de la panne d'égout,
du côté B de la figure, n'est pas à imiter, car elle rend difficile
le contreventement par aisseliers ou jambes de force. [1] Elle
a pour but, dans le cas particulier, de cacher le chêneau derrière le mur d'attique.

Toutes les formes de charpente que nous avons étudiées
précédemment peuvent se faire avec chevronnage surhaussé
comme dans les exemples ci-dessus. Cependant les types à
simple chevronnage ne conviennent pas à ce genre de combles, parce qu'alors le pied des chevrons exerce toujours une
certaine poussée contre l'appui, laquelle ne peut être détruite
que par des pièces formant lien ou entrait.

Nous appellerons ici l'attention sur le rôle différent que
peuvent jouer ces liens horizontaux, entraits principaux ou
relevés, dans les diverses espèces de charpentes.

Dans les charpentes à simple chevronnage, l'entrait relevé
ne sert qu'à soutenir les chevrons ; il subit une compression et
peut s'assembler sur les chevrons à tenon et mortaise, sans qu'il
y ait danger de dislocation. Le faux-entrait agit d'une façon

____

[1] Elle a, de plus, le grave inconvénient de reporter les fuites qui pourraient
se produire dans le chêneau vers l'intérieur du bâtiment, au lieu de les rejeter au
dehors.

analogue toutes les fois que le pied des chevrons se trouve
fixé d'une manière invariable. Dès que l'appui des chevrons
n'est plus parfaitement fixe, il se produit, au contraire, dans
la pièce qui les relie en un point intermédiaire de leur longueur, un effort de traction, car le faux-entrait joue alors le
rôle de lien.

L'appui des chevrons ne peut être considéré comme invariable, qu'autant que ceux-ci s'assemblent sur une solive ou
sur un entrait. Le faux-entrait travaillera donc à la compression, dans une charpente avec entrait principal ou avec attache
sur les solives ; il travaillera généralement à la traction, dans
les combles avec attique ou mur d'entablement. C'est pour
cela que, dans ce dernier cas, on adopte de préférence les systèmes de charpente avec pannes, tels que ceux que nous
avons donnés aux fig. 264, 265, 273, 274, 275, 281 et 283 AB.

On rencontre cependant des exemples de charpentes à simple chevronnage, dans lesquelles celui-ci est surhaussé, mais
cela seulement dans les bâtiments de peu de largeur,
fig. 291. Les chevrons sont soutenus par des faux-entraits

Fig. 291.

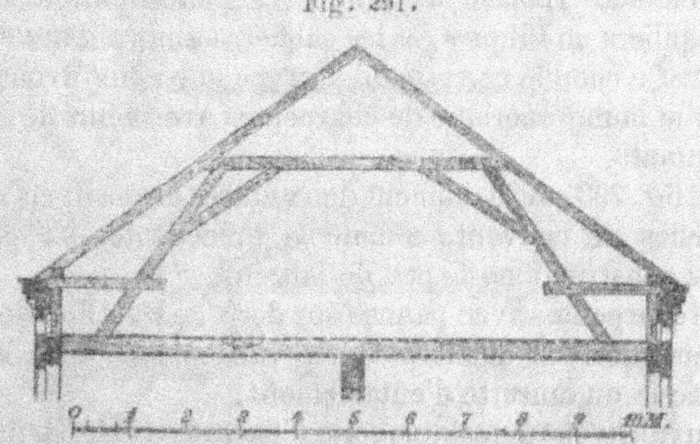

reposant sur des montants inclinés. Pour réduire le plus possible la dépense de bois, on ne conserve qu'une partie de
l'entrait sous les chevrons secondaires, deux longerons, courant d'un entrait à l'autre, soutiennent les pièces de bois qui les

remplacent dans la partie intermédiaires. Ce mode de construction n'est admissible qu'autant que le faux-entrait est très solidement assemblé sur les chevrons principaux ; il faut donc remplacer le joint ordinaire à tenon et mortaise par un assemblage à entaille avec queue-d'aronde et serrage par boulons.

Lorsqu'on appuie les chevrons sur pannes et que la pente

Fig. 292.

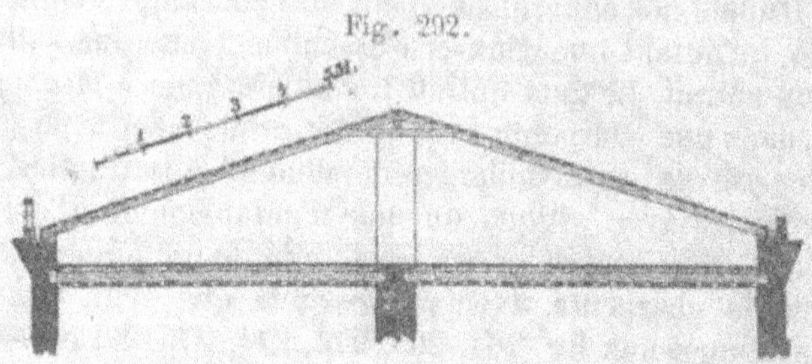

du toit est faible, la charpente peut se simplifier considérablement. Un exemple remarquable à cet égard est celui de la fig. 292. La charpente se réduit à la panne faîtière, aux sablières et au chevronnage. Cette disposition a été appliquée par l'architecte Hansen, à Vienne. La panne faîtière repose sur des piliers en briques, et les sablières sur les murs d'entablement. Ce comble correspond au type que nous avons désigné par le nom générique de charpentes avec cours de pannes sur montants.

Les fig. 293 et 294 donnent deux autres dispositions analogues ; elles ne peuvent, comme la précédente, s'appliquer qu'à des constructions de peu de largeur.

Les charpentes avec pannes sur deux ou trois files de montants peuvent avoir des formes très variées dans les combles avec attique ou murette d'entablement.

Nous en avons donné une série d'exemples dans les fig. 297 à 307.

La charpente de la fig. 297, doit être considérée comme fautive, par suite de l'absence de pièces inclinées produisant le contreventement transversal.

Deux dispositions à tous égards préférables sont re-

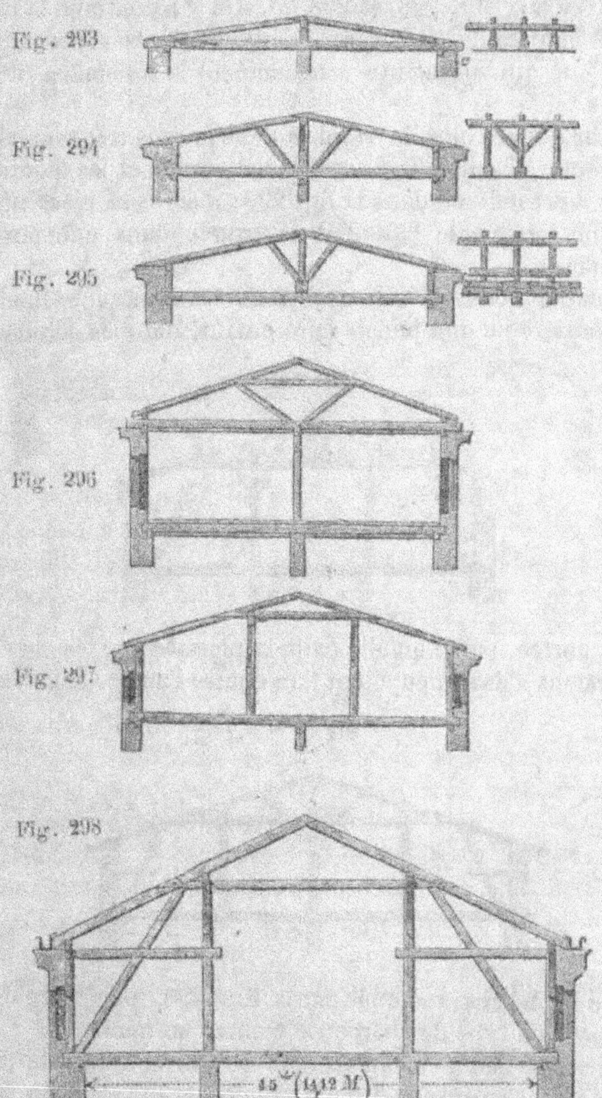
Fig. 293
Fig. 294
Fig. 295
Fig. 296
Fig. 297
Fig. 298
15ᵐ (14,12 M)

présentées aux fig. 298 et 298 (a). On y a continué la moise placée à hauteur de l'égout jusqu'aux montants soutenant les pannes, ce qui augmente sensiblement la résistance de ces derniers.

Pour donner plus de rigidité dans le sens transversal, on peut ajouter des aisseliers entre les chevrons et les montants, comme il est indiqué dans la fig. 299 ; mais cela n'est nécessaire que lorsque le bâtiment se trouve dans une position très exposée.

Comme nous l'avons déjà fait observer plus haut, la panne faîtière ne doit jamais faire défaut, dans les combles de

Fig. 298 A

grande portée, parce qu'elle évite la poussée que les chevrons produiraient s'ils s'appuyaient l'un contre l'autre. Ainsi la lar-

Fig. 299

geur de 14 mètres, indiquée sur la fig. 298, peut être considérée pour ce type de charpente comme un maximum.

Une disposition meilleure, en ce qui concerne la partie haute de la charpente, est donc celle de la fig. 299 où l'on a ajouté pour renforcer le faîtage, une panne faîtière, et des aisseliers On peut cependant reprocher à cette charpente de

ne pas avoir son entrait à la hauteur d'une panne ou de la
sablière.

La fig. 300 représente une charpente avec trois cours de

Fig. 300.

montants, tels qu'on les établit fréquemment en Autriche
au-dessus des maisons d'habitations. Il serait préférable dans
une pareille disposition d'espacer plus également les montants,
afin de mieux répartir la charge sur les chevrons. Le montant
du milieu reporte une grande partie de cette charge sur l'entrait principal, en sorte qu'il faut soutenir celui-ci par un
pilier. Dans la fig. 300, l'entablement est surmonté d'un
acrotère du côté de la façade.

Lorsque l'on tient à donner plus de dégagement aux
combles, on transforme la partie médiane de la charpente en
poutre armée avec poinçon.

Des fermes de ce genre sont données aux fig. 301 à 303,
les deux premières étant des types en usage en Autriche.

La fig. 301 présente une modification assez importante, en
ce qui concerne la disposition de l'appui sur le mur. Le lien (z)
est assemblé d'une part sur le montant (s) et d'autre part avec
le pied du chevron; le premier de ces assemblages est renforcé d'un étrier en fer. Dans la partie comprise entre les
fermes, les chevrons reposent simplement sur des amorces
d'entrait, assemblées sur un longeron allant d'une ferme à
l'autre. Enfin, à la partie inférieure se trouve une pièce horizontale ne formant entrait que dans sa partie médiane.

La fig. 302, A—B donne un mode de construction beaucoup plus solide. Le plan B montre que les liens (d) sont formés de deux pièces moisées. Quant à l'entrait surélevé (z), il est formé d'une seule pièce, s'assemblant à entaille sur les deux contre-fiches.

La charpente de la fig. 303 présente dans son ensemble les mêmes dispositions que les deux précédentes ; nous ne nous y arrêterons donc pas.

Fig. 301.

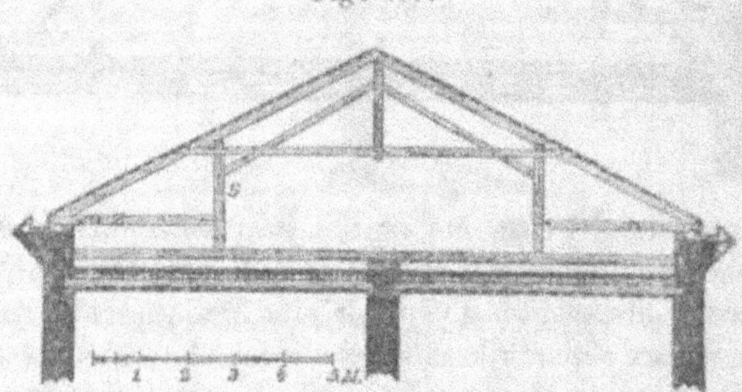

Nous avons déjà signalé plus haut l'inconvénient du soutènement de la panne faîtière par de simples contre-fiches ; c'est qu'il permet difficilement d'établir un bon contreventement longitudinal. C'est ce qu'on voit d'ailleurs par les fig. 304 et 305. En ajoutant un poinçon à la dernière de ces deux fermes, comme dans la fig. 302, A, on obtient une charpente des plus solides, surtout dans le sens transversal, par suite de l'entrecroisement des diverses pièces de la ferme par les contre-fiches ; aussi, cette forme convient-elle très bien aux toitures lourdes et élevées.

A Vienne on emploie maintenant, pour réduire la dépense de bois, des formes sans entrait principal ; celui-ci est alors remplacé par deux liens indépendants, n'embrassant qu'une partie de la portée. Nous en avons déjà rencontré deux exemples dans les fig. 273 et 290, et nous en donnons deux autres aux fig. 306 et 307. Le mode de construction de ces fermes est tout à fait semblable à celui de la fig. 290.

A part la différence de hauteur des murs d'entablement et le nombre des appuis du plancher des combles, ces fermes ne diffèrent guère entre elles. Chacune d'elles se compose des

Fig. 302.

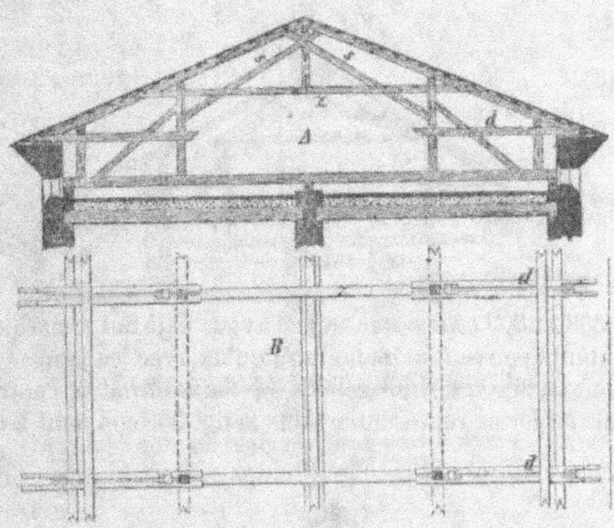

Fig. 303.

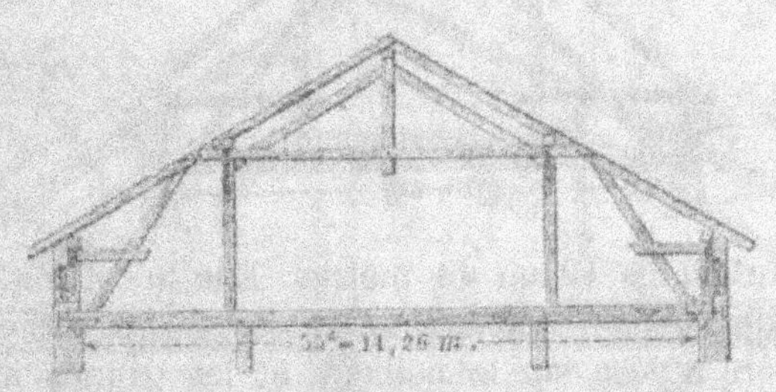

deux montants d'appui des pannes, des jambes de force (s), des liens (a) et de l'entrait relevé (b). La panne d'égout repose, dans l'un des cas, fig. 306, sur un lien rattachant le pied du chevron à la jambe de force, et dans l'autre, directement sur le sommet du mur (m). Quand à la panne faîtière, elle est

soutenue par un corbeau faisant corps avec le coffre de la
cheminée. [1])

Enfin, l'on rencontre des charpentes dans lesquelles les
pannes s'appuient sur des montants inclinés, comme dans

Fig. 304.

les fig. 308 et 309. Ainsi que nous l'avons déjà fait remarquer,
ces montants peuvent alors ne faire qu'un avec les jambes de
force (voir la fig. 288) qui relient le faux-entrait à l'entrait
principal. La ferme représentée dans la fig. 308 convient à des

Fig. 305.

portées d'au moins 12 ou 14 mètres. Elle n'est en réalité
qu'une combinaison des deux genres de poutres armées. La
panne faîtière repose sur le poinçon et les pannes intermédiaires sur les arbalétriers, aux points où ceux-ci sont soutenus

---

1) Au point de vue de la résistance, la disposition de la fig. 306 est fort criti-
quable, car la poussée des chevrons n'est transmise à l'entrait que par l'intermédiaire de la jambe de force qui reçoit, dans ces conditions, un effort de flexion
considérable.

par les jambes de force et par le faux-entrait, formé dans le
cas particulier de deux moises. Le principal avantage de cette
disposition est de laisser les combles complètement libre.

Fig. 306.

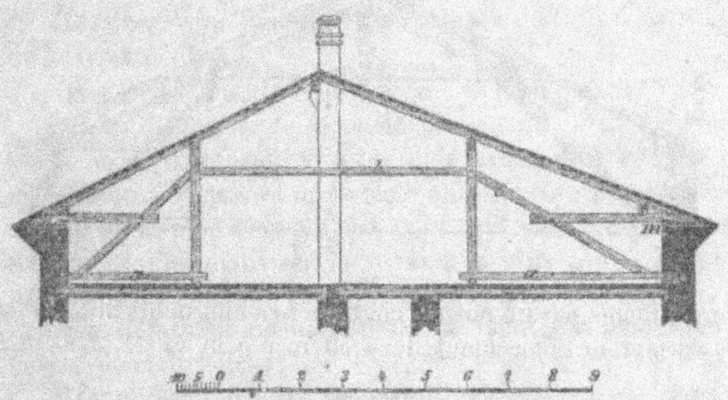

Un mode de construction tout particulier est donné dans
la fig. 309; il rentre dans les types de charpente usités en

Fig. 307.

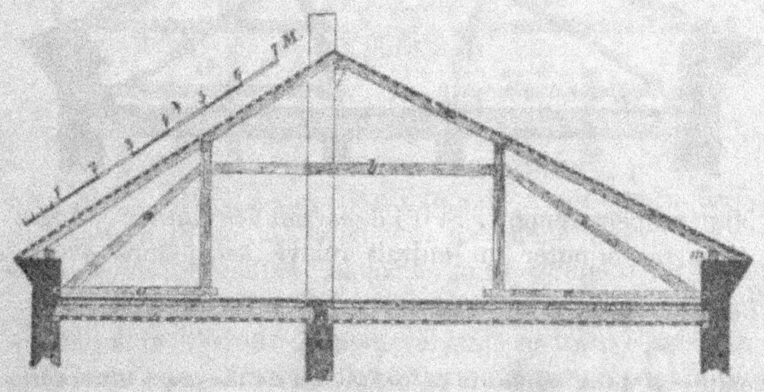

Autriche. L'appui des pannes est formé de deux montants,
inclinés en sens contraire, et assemblés dans le bas par des
semelles (s). Ces montants sont en outre reliés par des moises
horizontales, partant du pied des chevrons et reposant sur la

sablière. Pour donner plus de solidité à la ferme, on pourrait
remplacer les deux semelles (s), sur lesquelles s'appuient les

Fig. 308.

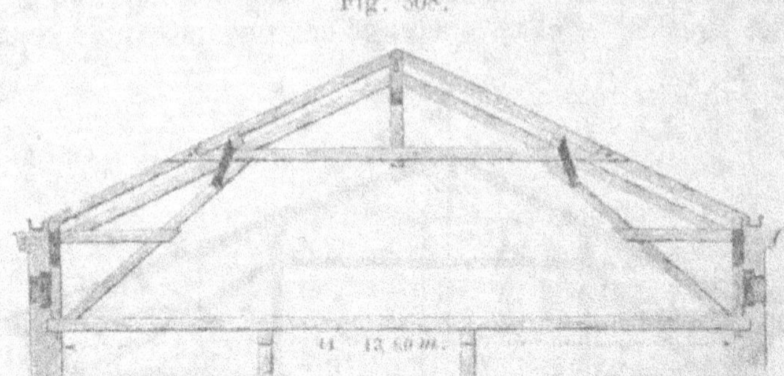

contre-fiches, par un entrait continu. Les longueurs libres (l') et
(l") varient ordinairement de 4,50 m à 5 m et de 2,50 m à

Fig. 309.

3,50 m respectivement. Si (l") dépassait les limites ci-dessus,
on pourrait ajouter un entrait relevé secondaire (voir la
fig. 273).

Combles à deux versants de pentes ou de largeurs différentes.

Ces combles s'emploient quand les murs longitudinaux
extérieurs sont de hauteur différente, ou quand le faîtage ne
peut être placé dans l'axe du bâtiment.

Le premier cas se présente souvent pour les bâtiments qui sont enclavés au milieu d'autres constructions, dans lesquels le mur sur la cour se trouve être moins élevé que le mur de façade. Le second cas a lieu quand il n'est pas possible d'établir un soutènement convenable dans l'axe du bâtiment.

On observera les principes suivants dans la construction de ces charpentes :

1° La panne faîtière ne doit jamais faire défaut ;

2° La différence de poussée provenant de l'inégalité de pente ou de largeur du versant, doit être compensée par une disposition particulière de la charpente du côté du pan le plus incliné ou le plus grand. C'est pour cela qu'il convient ordinairement de subdiviser le versant le plus grand en deux parties, dont l'une, la partie intérieure, forme appentis. Pour éviter la déformation transversale, on soutient ce dernier au moyen de contre-fiches.

L'application de ces principes nous est donnée dans les

Fig. 310.

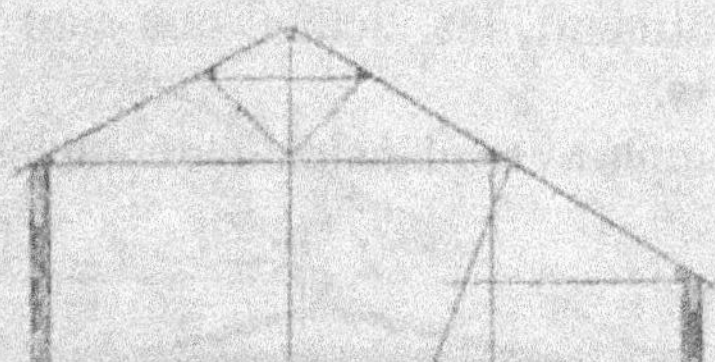

fig. 310 à 318. Le premier exemple n'est que le croquis théorique d'un comble avec pans de même inclinaison, mais de largeurs différentes. La panne faîtière repose sur un poinçon qui se continue en forme de montant. A la même hauteur que la panne d'égout du petit versant, se trouve du côté du grand, une panne intermédiaire soutenue par un poteau qui est maintenu à mi-hauteur par des liens horizontaux. Une contre-fiche vient contre-buter le sommet de la partie en appentis, afin de détruire l'excès de poussée qui tendrait à se produire.

Dans la fig. 311, le dernier étage n'occupe pas le même

niveau sur les deux façades ; les pièces qui sont sur le devant
se trouvent à une plus grande hauteur que celles qui sont sur
le derrière. On plaça alors la panne intermédiaire du grand
versant à même hauteur que la panne d'égout du petit, et on

Fig. 311.

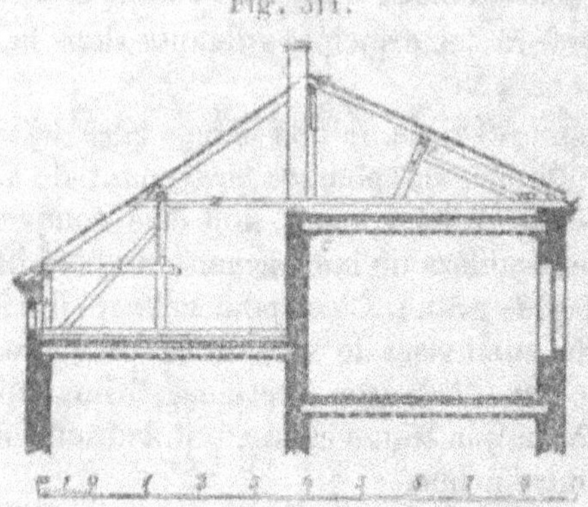

les relia par des moises, formant entrait principal pour l'un
des versants et entrait relevé pour l'autre. Le faite se trouvant
dans l'axe du bâtiment, les inclinaisons sont différentes pour
les deux versants.

Un autre exemple avec plancher des combles à deux niveaux

Fig. 312.

différents, mais dans lequel les pans ont même inclinaison et
les égouts même hauteur, est donné dans la fig. 312. C tte
charpente pêche par le manque d'entretoisage transversal ;
il eût mieux valu aussi lui donner une panne faîtière.

Lorsqu'il arrive que des salles de grande largeur se trouvent placées sous les combles, à côté de pièces de petites dimensions, la charpente prend des formes particulières. C'est ce que montrent les fig. 313 et 314. Dans le premier cas, on a recouvert la grande pièce d'une charpente ordinaire avec

Fig. 313.

fermes composées d'un entrait, de deux arbalétriers, d'un poinçon et de deux contre-fiches, et la petite pièce, d'une charpente en appentis.

Dans la fig. 314, au contraire, l'ensemble des pièces du comble constitue une charpente unique. Le faîtage est placé

Fig. 314.

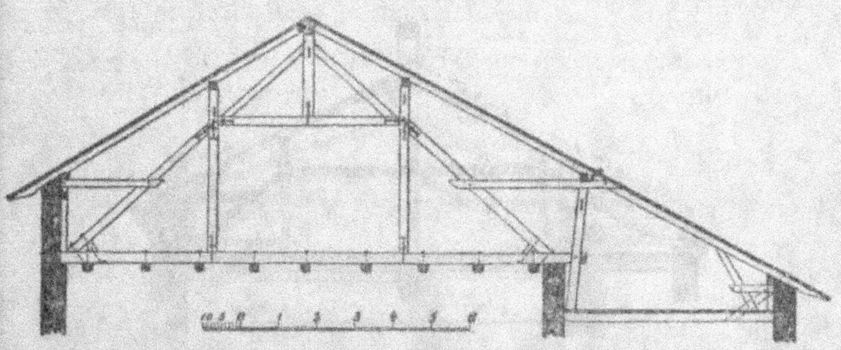

comme tout à l'heure, dans l'axe de la grande salle, dont le plafond est suspendu au tirant d'une poutre armée à deux poinçons, faisant partie de la ferme. Les deux poinçons sont prolongés pour supporter les pannes. Un montant relié d'une part directement à l'entrait et d'autre part, par des moises, à

l'une des contre-fiches de la poutre, soutient une troisième
panne. D'autres exemples analogues se trouvent dans la suite
aux fig. 320, 321 et 322.

La fig. 315 indique la disposition du comble qui recouvre
les bureaux et la cage d'escalier de la Bourse de Berlin.

Le support de la panne faîtière s'appuie sur l'un des murs

Fig. 315.

de la cage de l'escalier et les autres pannes reposent, comme
d'ordinaire, sur des contre-fiches.

Les maisons d'habitation de Vienne sont fréquemment
recouvertes du type de comble indiqué à la fig. 316. Les deux

Fig. 316.

versants n'étant pas égaux, il y a une petite différence de
poussée entre les chevrons des deux pans. Mais ici, cette différence est si petite, qu'on s'est contenté de relier les chevrons par des contre-fiches et un entrait relevé. Les poinçons
s'appuient sur des semelles (b) reposant sur des longerons
(l, l).

Lorsque la charpente doit être complètement indépendante du plancher des combles, comme il arrive en Autriche, les dispositions précédentes seront à modifier, conformément aux fig. 317 et 318.

Dans la première, l'entablement du mur de droite se ter-

Fig. 317.

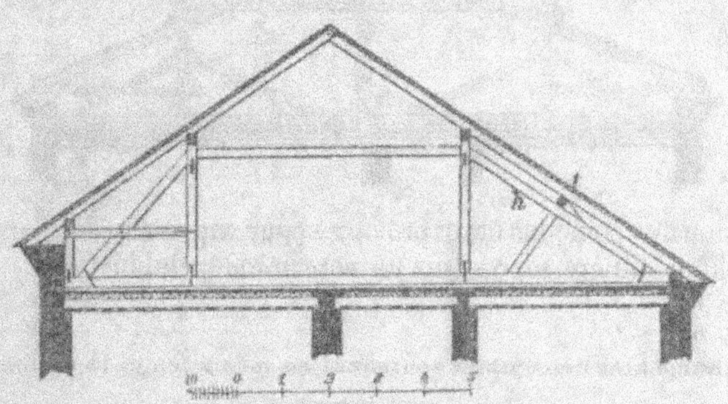

mine à 0,08 m du plancher des combles et la panne intermédiaire (f) est soutenue par une contre-fiche (h),(voir les fig. 141 et 327). Dans la deuxième, on a placé le faîtage

Fig. 318.

au-dessus de l'un des deux poinçons de la ferme et on l'a prolongé, pour appuyer la panne faîtière directement sur lui. Une charpente de cette espèce recouvre les parties latérales de l'Opéra-Comique de Vienne (voir aussi la fig. 329).

Une disposition toute particulière est celle de la fig. 319.

On y a exhaussé la partie médiane de la toiture et l'on a
formé la charpente de deux poutres armées à poinçon unique,

Fig. 319.

chacun des poinçons étant prolongé pour supporter une panne ;
la panne faîtière repose sur un poteau indépendant.

**Charpentes de combles soutenant en même temps le plafond
sous-jacent.**

Comme nous l'avons déjà vu dans les fig. 141, 142 et 143,
on s'arrange souvent pour transformer le soutènement du
chevronnage par poteaux, en un soutènement par fermes,
celle-ci ayant la forme de poutres armées à deux ou plusieurs

Fig. 320.

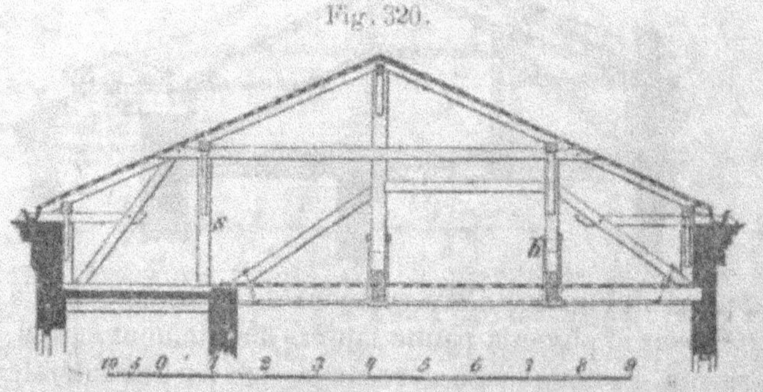

poinçons. Dans ces conditions, la charge n'agit plus qu'aux
deux points extrêmes de la portée. C'est aussi cette dernière

solution qu'on emploie toujours quand il s'agit de soutenir le plafond sous-jacent au moyen de la charpente du comble.

Les exemples donnés aux fig. 320, 321 et 322, sont ana-

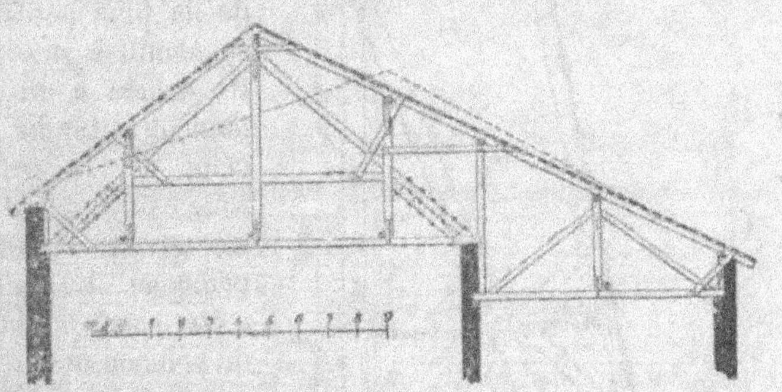

Fig. 321.

logues à ceux que nous avons déjà indiqués aux fig. 313 et 314. Dans le premier, le plafond est supporté par des poutres armées par en-dessus à deux poinçons. L'un de ces derniers, situé dans l'axe du bâtiment, se prolonge pour former le poinçon principal de la charpente du comble. L'autre (h) se trouve

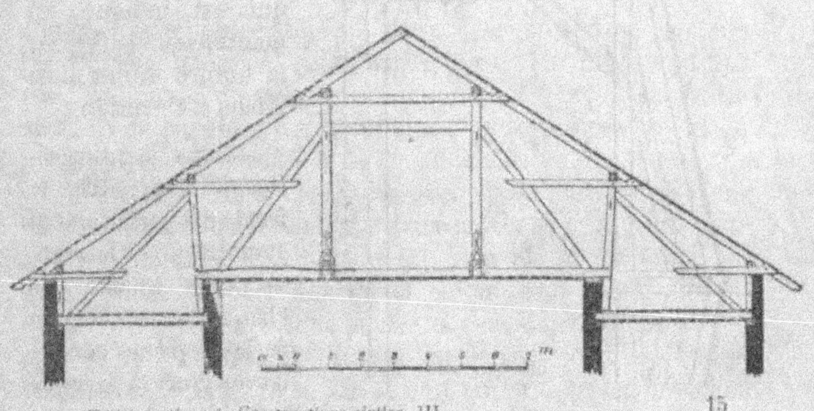

Fig. 322.

à même distance que le montant (s) du milieu du bâtiment.

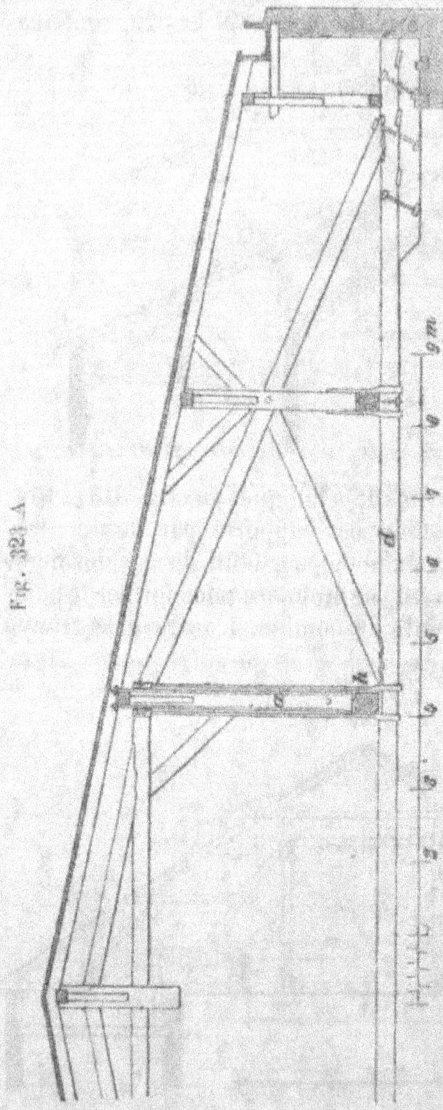

Dans la fig. 321, les plafonds des deux pièces ne sont pas à même hauteur. Celui de la plus petite est suspendu à une poutre armée à un seul poinçon, tandis que celui de la grande salle est supporté par une poutre à trois poinçons. Le faîtage a été placé au-dessus du poinçon milieu; cependant si la couverture admettait des pentes plus faibles, on pourrait faire correspondre le faîtage au troisième poinçon et le placer alors dans l'axe du bâtiment, ce qui est indiqué en pointillé sur la figure; la toiture aurait ainsi moins d'élévation.

Dans la disposition de la fig. 322, la ferme est parfaitement symétrique et la grande salle touche de chaque côté à une série de pièces secondaires dont la largeur est la même de part et d'autre. La partie principale de la charpente se compose encore d'une poutre armée à deux poinçons.

Une forme toute différente, applicable à une charpente de grande portée et de faible inclinaison, est représentée dans les fig. 323, A—B et 324. La ferme est formée

Fig. 323 B.

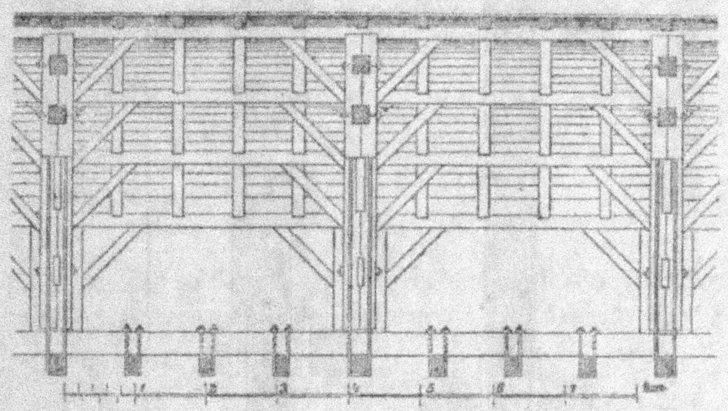

d'une grande poutre armée à deux poinçons, dans laquelle les travées latérales sont subdivisées en deux parties par l'addition d'un poinçon et d'une contre-fiche. La partie médiane de la poutre est surmontée d'une armature à poinçon unique, formant le soutien de la panne faîtière.

L'ensemble de la charpente se compose donc de la combinaison d'une poutre armée à deux poinçons avec trois poutres armées à poinçon unique. Le poinçon (a) est formé de deux pièces de bois jumellées, embrassant entre elles la membrure supérieure de la poutre. Le mode d'attache de ce poinçon avec l'entrait (d) est tout particulier et est représenté en détail dans la fig. 324. Des étriers en fer dont les branches

sont prolongées en forme de tirants, relient l'entrait à la
membrure supérieure. D'autres étriers analogues rattachent
le longeron, qui supporte les solives du plafond, à la panne (f).

Fig. 324.

Le reste de la charpente se comprend sans autres explica-
tions.

Il arrive quelquefois qu'une partie de la charpente doive
rester apparente pour servir de décoration au plafond.

Ainsi, dans l'exemple très simple donné à la fig. 325, il
ne reste de visible que l'entrait, toutes les autres parties de la
charpente se trouvant cachées dans les combles. Cette membrure apparente est décorée à l'aide de moulures et de consoles en bois découpé, rapportées après coup et n'entrant,
par conséquent, pour rien dans la résistance de la ferme.

La fig. 326 représente la disposition particulière qui a été

adoptée pour le comble de la grande salle de la Société
d'horticulture à Vienne. La portée du comble est de 15,20 m.

Fig. 325.

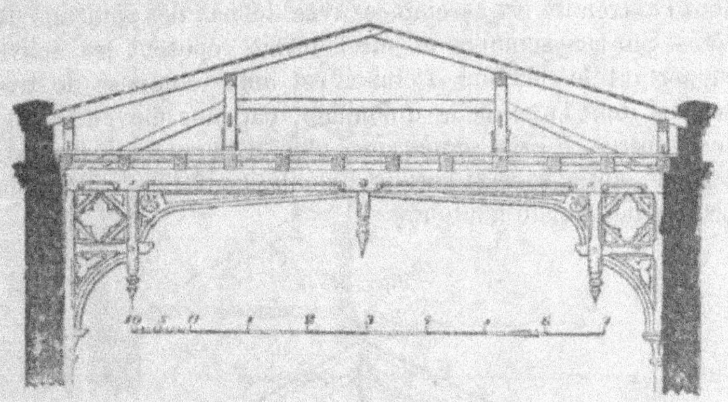

Sa charpente se compose d'une combinaison de poutres avec
armature à poinçon et soutènement par contre-fiches. On voit,

Fig. 326.

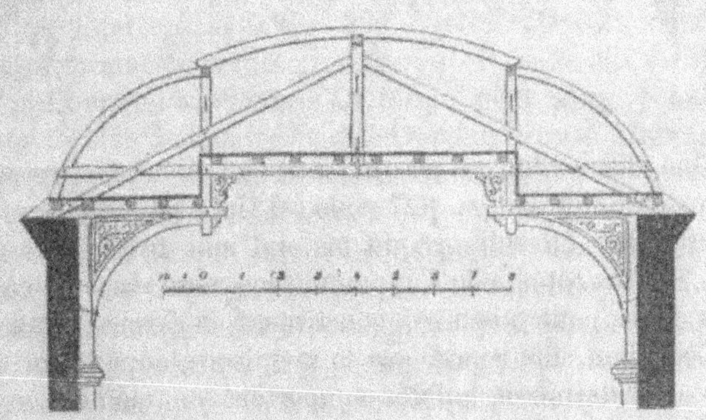

en effet, que la partie médiane est formée d'une poutre armée à trois poinçons. Les poinçons latéraux sont prolongés en forme de potelets et sont solidement boulonnés avec l'entrait et les contre-fiches. On a cherché à multiplier le nombre des figures triangulaires formant le réseau de la ferme et pour cela, on a relié le pied des contre-fiches avec des semelles dont l'extrémité est assemblée avec le bas des poinçons des côtés. Sur ces semelles et sur l'entrait reposent les solives supportant le plafond. Celui-ci est donc composé de trois parties, dont l'une, celle du milieu, est plus élevée que les deux autres. Il est donné ainsi plus d'élévation à la partie centrale de la salle et plus de facilité pour l'installation des plantes de grande hauteur.

Fig. 327.

Une disposition qui se rencontre, en revanche, assez souvent est celle de la fig. 327 ; elle est tirée du petit séminaire de Carlsruhe. La solivure du plafond suit trois plans différents. Sur les côtés, elle s'appuie directement sur les contre-fiches de la poutre armée, constituant la ferme, tandis que dans le milieu, elle repose sur la membrure supérieure de la ferme. Ces dernières solives supportent en même temps le plancher des combles.

Une autre combinaison de poutres armées est représentée

dans la fig. 328. Cette charpente est formée dans sa partie médiane d'une poutre armée à poinçon unique, dont les contre-fiches sont entaillées sur l'entrait relevé (s) et assemblées, à leur extrémité inférieure, sur l'entrait principal d'une

Fig. 328

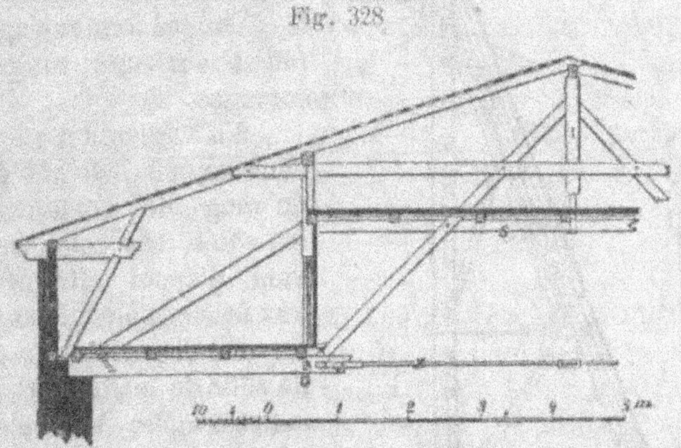

poutre armée à deux poinçons. Le plafond repose partie sur l'entrait inférieur et partie sur l'entrait supérieur. Comme précédemment la partie milieu de l'entrait principal est formée d'un tirant en fer (z).

Une charpente plus importante et de portée plus considérable est donnée dans la fig. 329. C'est la disposition adoptée pour les fermes du comble recouvrant la salle du théâtre de l'Opéra-Comique à Vienne. La ferme peut être considérée comme formée de la superposition de plusieurs poutres armées à poinçon unique. La première (a) couvre la portée tout entière et les autres (b) et (c), de grandeur moindre, sont intercalées de manière à ce que les poinçons subdivisent la longueur totale, en parties égales. Il y a donc comme éléments de ferme 5 poutres armées à poinçon unique, par suite 5 poinçons. Trois de ces derniers, ceux du milieu, sont en partie composés d'un fer rond. Les arbalétriers des systèmes (a) et (b), ne se touchent pas, mais sont tenus à distance par des fourrures et reliées par des boulons. L'entrait porte la solivure du plancher des combles. Ce plancher est composé d'un voligeage, d'une aire en sable et d'un carrelage. Le mode de construction ci-dessus conviendrait aussi très bien dans le cas où les fermes s'appuieraient sur une rangée de colonnes.

S'il s'agissait d'une salle dans laquelle on pût placer un rang de colonnes sur les côtés, ces colonnes servant d'appui intermédiaire aux fermes, on pourrait adopter une disposition du genre de celle de la fig. 330. Dans cet exemple, les colonnes sont écartées de 12 m au milieu et de 3 m sur les côtés. La ferme se compose d'une poutre armée à poinçon unique (a, a) dans laquelle la fraction d'entrait comprise entre les colonnes, est formée d'un tirant en fer. Le chevronnage repose sur la panne faîtière (f), sur les pannes (b) et (c) et sur les pannes d'égout. La panne (b) s'appuie sur des contre-fiches qui sont entaillées et boulonnées sur (a), d'une part, et assemblées sur le poinçon de l'autre. La panne (c) est soutenue par les montants verticaux qui

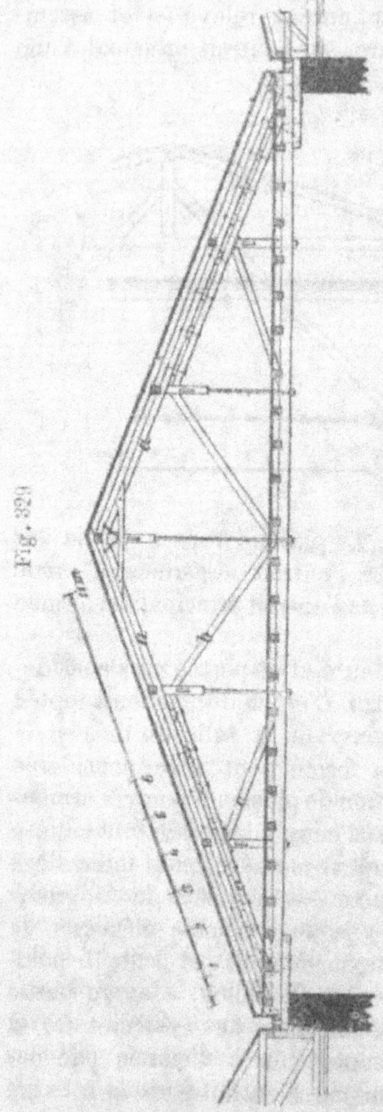

s'appuient sur les colonnes. Les contre-fiches (d, d) n'ont
été ajoutées que pour soutenir le voligeage du plafond.

Fig. 330.

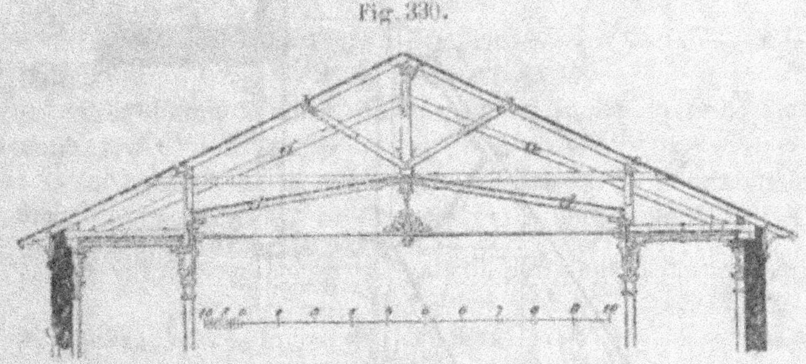

La fig. 331 montre une ferme de construction particulière
employée à l'Hôtel Gurzenich à Cologne. La disposition de la
charpente est simplifiée dans une certaine mesure en raison
de l'appui fourni par les soutiens latéraux ; la ferme n'est, en
somme, qu'une combinaison de poutres armées à un et à deux
poinçons.

Le plafond est suspendu à ces derniers qui sont
prolongés pour supporter des ornements en bois découpé.
L'espace situé sur les côtés est occupé par une large galerie.
Le pied des arbalétriers (s s) est maintenu dans des sabots en
fonte et les amorces de l'entrait sont reliées par deux fers
plats (z) qui traversent le haut du plafond.

Combles à la Mansard

Les combles brisés, appelés combles à la Mansard du nom
de leur inventeur, s'emploient en France depuis longues
années, mais n'ont commencé à se répandre en Allemagne,
que depuis la première Exposition universelle de Paris. Dans
certaines provinces d'Autriche, ces combles sont encore pro-
hibés par ordonnance de police, en raison de ce qu'ils ne don-

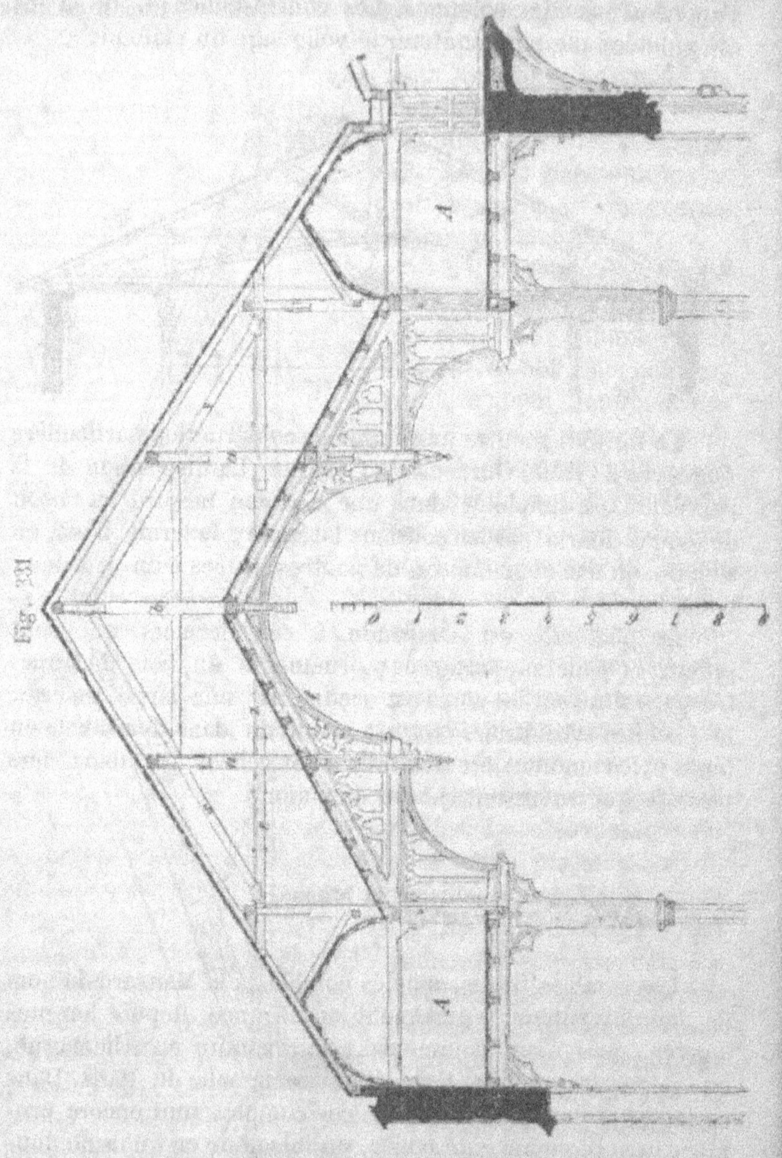

Fig. 331.

nent que des logements incommodes, très exposés à la chaleur et au froid et présentant, en outre, plus de danger en cas d'incendie.

Le profil des combles à la Mansard est fort variable. Ordinairement on fait : $\alpha = 30°$ et $\beta = 60°$ fig. 332.

Fréquemment aussi, on emploie le mode de tracé suivant :

La hauteur de la brisure (aa') au-dessus de l'horizontale étant donnée, fig. 333, on élève en (A) la perpendiculaire (Aa) et l'on fait $aG = a'G' = \dfrac{1}{3} Aa$; puis on porte sur la perpendiculaire passant par le milieu de GG', $DC = \dfrac{1}{3} GG'$. En joignant les points (C,G) et (A) par des droites, on obtient le profil cherché.

Fig. 332   Fig. 333   Fig. 334

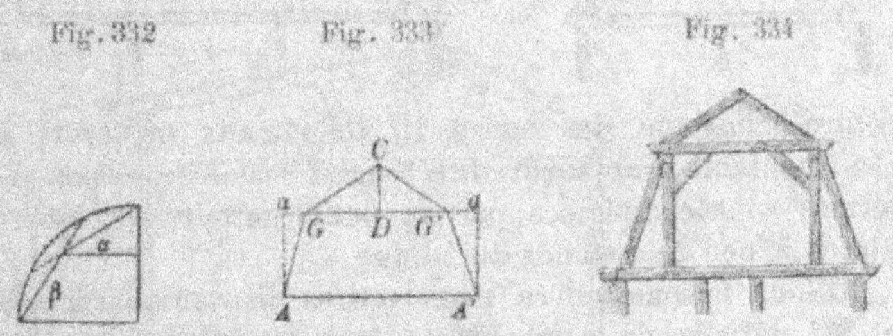

La partie supportante de la charpente peut être formée de montants verticaux ou de contre-fiches inclinées, comme dans les systèmes précédemment étudiés.

La fig. 334 indique une première disposition dans laquelle le soutènement du chevronnage se fait au moyen de poteaux verticaux.

Dans les constructions légères, les combles à la Mansard ont l'avantage de permettre de supprimer la murette d'entablement, celle-ci étant remplacée par un pan de toit incliné, se rapprochant beaucoup de la verticale. En Allemagne, dans les bâtiments agricoles, on recouvre ce pan de chaume, roseaux, bardeaux ou bien même de carton goudronné, tandis que le pan supérieur est recouvert d'ardoises ou de carton goudronné.

Un cas très simple est représenté dans la fig. 335; il se rapproche beaucoup de la disposition déjà donnée dans la fig. 284, avec cette différence toutefois, que le pan inférieur du toit y remplace le petit mur d'entablement. La panne (a) repose sur les montants inclinés (b) qui servent en même temps de chevrons pour la partie inférieure de la charpente. Pour empêcher le déversement de ces montants vers l'intérieur, on les relie aux solives au droit de chaque ferme principale par des aiguilles (d). Ces aiguilles sont assemblées à entaille sur les

Fig. 335.   Fig. 336.

contre-fiches que des moises (f) relient aux montants (a). Ces montants s'appuient directement sur les solives. Les fermes sont complétées par de petits entraits secondaires, placés à peu de distance du faîtage.

Nous faisons suivre deux autres dispositions, fig. 336 et 337, dérivées de la précédente. Dans la première, les pannes intermédiaires sont soutenues par des montants droits; dans la seconde, le chevronnage est indépendant de la ferme et celle-ci est alors munie d'arbalétriers.

Les fig. 338 et 339 représentent deux combles à la Mansard, de forme particulière, employés au-dessus de maisons bourgeoises à Berlin. Dans le premier, on n'a donné la forme brisée qu'à l'un des versants du toit; dans le deuxième, les deux versants sont brisés, mais leurs profils sont différents. La brisure du toit est soutenue par la panne (f) qui s'appuie sur le montant (s). La contre-fiche (t) empêche le renversement du montant et les moises (z) relient les chevrons à ces montants et assurent la rigidité de la partie latérale de la charpente.

Le mode de construction de la charpente, fig. 339, est

Fig. 337.

analogue ; il offre comme dans le cas précédent une très grande solidité.

Dans chacun de ces exemples le profil du toit présente

Fig. 338.

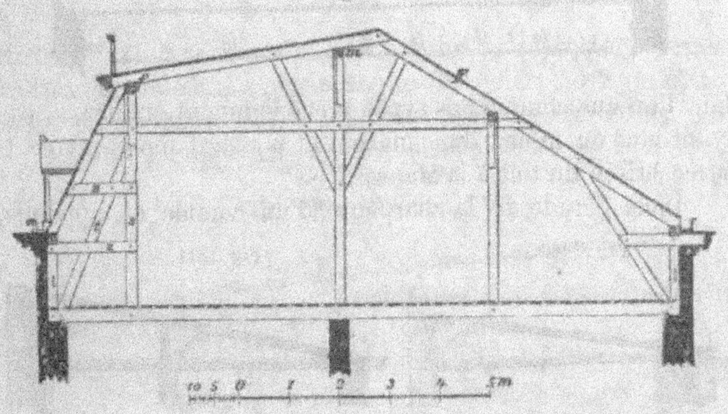

une forme tout à fait irrégulière. Il eut été préférable dans ces conditions, de placer la panne (m) directement sous le faîtage, ce qui aurait pu se faire en diminuant légèrement l'inclinaison des pans (F).

Combles en appentis.

Lorsque le toit ne peut avoir de pente que dans un sens,

le comble n'est plus formé que d'un seul versant et l'on dit
alors qu'il est en appentis. La charpente de ces combles rentre

Fig. 339.

dans l'un quelconque des types précédemment étudiés, le pan
ayant plus ou moins d'inclinaison et pouvant même avoir la
forme brisée du toit à la Mansard.

Dans l'étude de la charpente d'un comble en appentis,

Fig. 340.   Fig. 341.

il faut surtout se préoccuper de contrebuter la poussée sur
l'appui supérieur, ce que l'on fait au moyen de contre-fiches
ou de jambes de force.

Le comble en appentis, sous sa forme la plus simple, est
représenté dans les fig. 340 et 341. Le haut du chevron repose
sur une panne faîtière et le pied est assemblé directement sur
la solive.

Dans la fig. 341 la longueur de ces chevrons oblige à
avoir un point d'appui intermédiaire.

Il est bon de faire reposer la panne faîtière sur des montants, au lieu de l'appuyer simplement sur le mur, afin de réduire l'épaisseur de ce dernier ; quand ces montants ont plus de 2 m de hauteur, on les relie transversalement comme dans un pan de bois (voir fig. 348 et 349).

Deux autres formes très simples sont données aux fig. 342 et 343. La première représente la coupe faite par l'aile d'une

Fig. 342.　　　　　　　　　　Fig. 343

construction qui renfermerait une suite de pièces desservies par un seul couloir. La portée limite des charpentes de cette espèce ne dépend que de la longueur libre des chevrons.

Les toits en appentis peuvent aussi s'employer avec mur

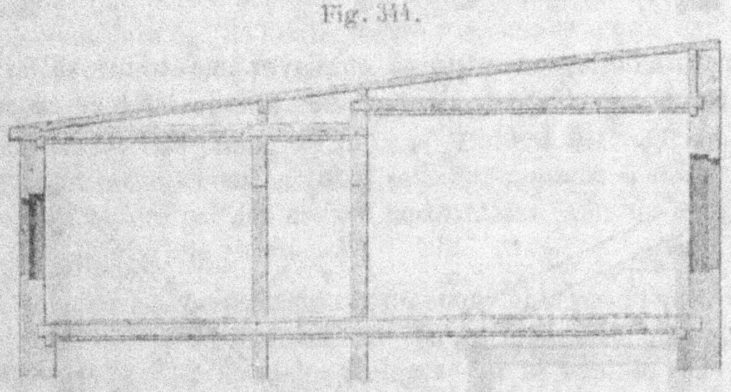

Fig. 344.

d'entablement ou avec attique, ceux-ci formant simplement le revêtement d'une cloison soutenant le comble.

La fig. 343 en donne un exemple (voir aussi la fig. 350). Cette charpente serait plus résistante si une aiguille pendante reliait les jambes de force aux montants latéraux.

Une autre disposition de comble en appentis à faible pente est représentée dans la fig. 344, où un couloir central dessert deux rangées de pièces de hauteur différente. Cette particularité permet de soutenir les pannes d'une manière fort simple. La poussée du comble est ici presque nulle, ce qui fait que l'on a pu supprimer les contre-fiches.

Lorsqu'il s'agit d'une maison attenant à d'autres constructions, il peut arriver que le mur de façade monte plus haut que le mur sur la cour. Si l'on est alors astreint par

Fig. 345.

la nature de la couverture, à employer une toiture à faible pente, on est obligé de donner une grande hauteur au mur

Fig. 346   Fig. 347

d'entablement du côté de la cour. Pour éviter cela, on peut avoir recours à l'artifice employé dans la fig. 345. Le comble se compose de deux appentis, faisant suite l'un à l'autre, mais dont le second est descendu d'une certaine quantité par rapport au premier. Dans l'exemple ci-contre, un couloir central subdivise les combles en deux parties, ce couloir étant éclairé par des jours placés au-dessus de l'appentis inférieur.

Il est clair qu'au point de vue statique, une forte inclinaison est plus défavorable qu'une inclinaison faible ; il sera donc bon, dans le premier cas, de multiplier le nombre des figures triangulaires de la charpente, afin d'augmenter la rigidité de cette dernière.

Un mode de construction que l'on rencontre fréquemment en Autriche, au-dessus des maisons bourgeoises, pour les combles de petite portée, est représenté dans la fig. 346. Les chevrons reposent, d'une part, sur une panne d'égout ou sur une sablière, et de l'autre, sur une panne faîtière portée par des montants. Ces derniers sont réunis entre eux par une sablière ou une traverse, empêchant le mouvement dans le sens longitudinal. Le lien (z) et la contre-fiche (s) relient les chevrons d'une manière invariable avec la cloison d'appui.

Pour une portée supérieure à 4 m, on pourrait adopter la disposition de la fig. 347 dans laquelle les chevrons s'appuient sur plusieurs cours de pannes. Avec un équarissage de 0,16 m $\times$ 0,16 m à 0,18 m $\times$ 0,18 m, on peut leur donner de 3 à 4 m d'écartement. La jambe de force (s) soutient l'arbalétrier en son milieu ; celui-ci est en outre relié au montant d'appui de la panne faîtière par des moises horizontales, afin de donner plus de rigidité à la charpente.

La disposition précédente ne convient pas quand on désire utiliser les combles, soit en y installant un logement, soit en y formant des greniers. En ce cas, le type de ferme représenté dans la fig. 348 est préférable. Il convient aussi pour des portées un peu plus grandes. On augmenterait beaucoup la résistance de cette ferme, si on reliait les contre-fiches et les montants des deux cloisons par des moises.

Pour les appentis de grande portée avec charpente appa-

rente, on pourrait adopter une disposition du genre de celle
indiquée dans la fig. 349.

La ferme se compose principalement d'une poutre armée,
supportant la panne intermédiaire. Des moises (z) relient les

Fig. 348.

chevrons à la cloison d'appui contre le mur et la jambe de
force (s) contre-butte la poussée de la partie supérieure de
l'appentis.

Ce genre de ferme pourrait encore s'employer, si l'entrait

Fig. 349.

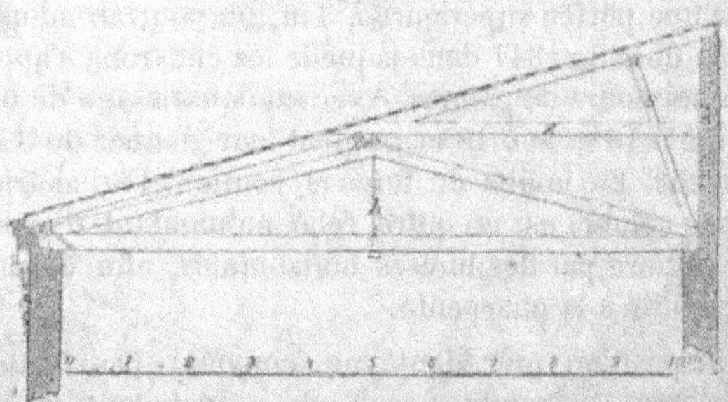

devait supporter la solivure d'un plafond sous-jacent ; mais
alors le poinçon (h), qui ne servait tout à l'heure qu'à supporter l'entrait, recevrait un effort beaucoup plus grand.

Les deux fig. 350, A et B, représentent des cas particuliers que l'on rencontre quelquefois à Vienne. Le premier
diffère très peu d'un comble à deux versants, car il se com-

pose de deux appentis de même grandeur et de même inclinaison, s'appuyant contre un même mur (A), lequel est percé
d'une série de baies en arc. La charpente de chacun des
appentis se compose d'une demi-ferme ordinaire, avec cours
de pannes sur contre-fiche inclinée et entrait relevé. Ici, les

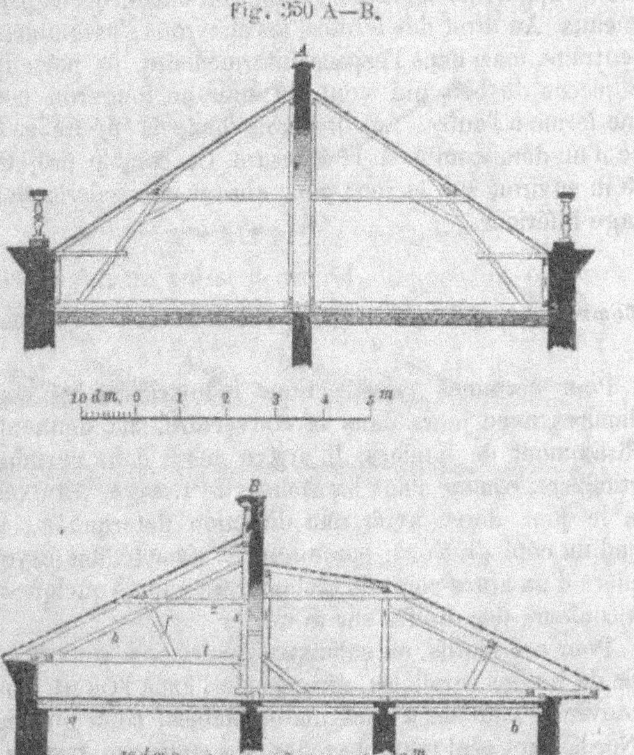

Fig. 350 A—B.

poussées des deux moitiés s'annulent l'une l'autre, ce qui
fait qu'il est inutile de relier la cloison d'appui et les chevrons
par une contre-fiche.

L'exemple indiqué dans la fig. 350, B, se compose de deux
appentis accolés à un même mur, mais tout à fait indépendants l'un de l'autre; aussi a-t-on pu leur donner des formes

toutes différentes. Le versant (a) correspond à la façade principale. Sa ferme se compose d'un entrait (t), d'un arbalétrier (h), d'un entrait relevé (z) et d'une contre-fiche (f). Du côté du mur extérieur, l'entrait s'appuie sur une sablière et du côté du mur de séparation, sur un gousset, fixé au montant de la cloison d'appui; les deux pièces sont, en outre, reliées par des clameaux. Au droit des fermes, les chevrons s'assemblent sur les entraits, mais dans l'espace intermédiaire, ils portent sur des pièces de bois qui vont du mur au longeron courant d'une ferme à l'autre. Le côté droit (b) de la figure se compose d'un demi-comble à la Mansard. Ce comble projette de 1,25 m environ sur le mur pour abriter une galerie placée à l'étage inférieur.

Combles à versants dissemblables, dits combles « sheds ».

Pour certaines constructions industrielles les combles ordinaires avec jours dans la couverture, ne donnent pas suffisamment de lumière. Il arrive aussi, dans certains cas particuliers, comme dans les ateliers de tissage, par exemple, que le jour doive avoir une direction déterminée ; on le prend du côté du Nord, parce que la vivacité des rayons de lumière d'un autre point du ciel pourrait nuire à quelques-unes des couleurs des étoffes sur le métier.

Pour ces motifs, on subdivise la surface à couvrir en une série de bandes parallèles, dirigées de l'Est à l'Ouest, que l'on recouvre de combles à pans dissemblables, celui qui regarde le Nord, étant seul muni de jours. La coupe en travers d'un pareil comble présente donc le profil d'une lame de scie. En Angleterre, où ces combles prirent naissance, ils portent le nom de combles-sheds. Ils se composent, comme on voit, de deux longs pans, de largeur et de pente inégales ; leur portée varie ordinairement de 5 à 8 m. Le pan le plus petit et le moins incliné est toujours tourné vers le Nord et est pourvu de jours aussi grands que possible. Le petit versant pourrait se disposer verticalement, mais comme les rayons de lumière tombent obliquement, il est préférable de l'incliner d'un certain angle. On adopte généralement pour cet angle (y) une valeur comprise entre 15 et 20 degrés, fig. 351.

La surface du vitrage doit être assez grande pour que les

Fig. 351.

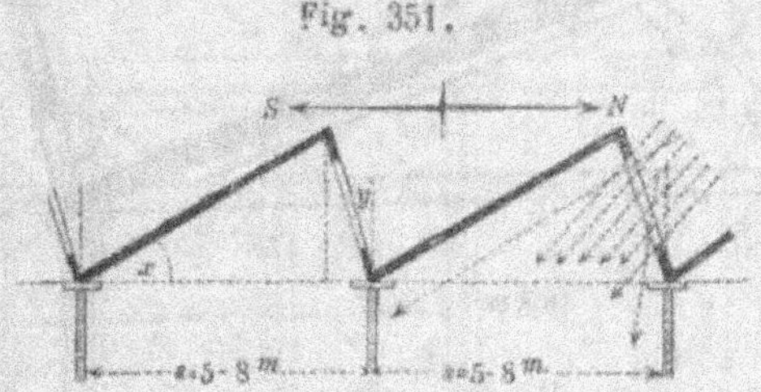

rayons de lumière puissent arriver directement à toutes les

Fig. 352.

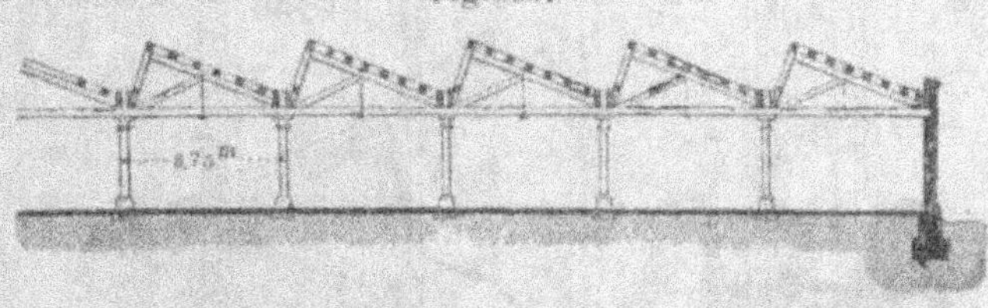

parties du métier. On suppose ordinairement que les rayons

Fig. 353.

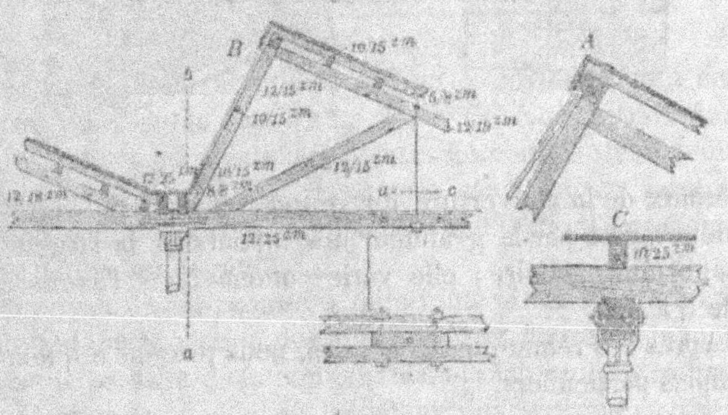

du prisme lumineux font un angle de 45 degrés avec l'horizontale. Ils doivent frapper le métier de façon qu'il n'y ait pas

Fig. 354.

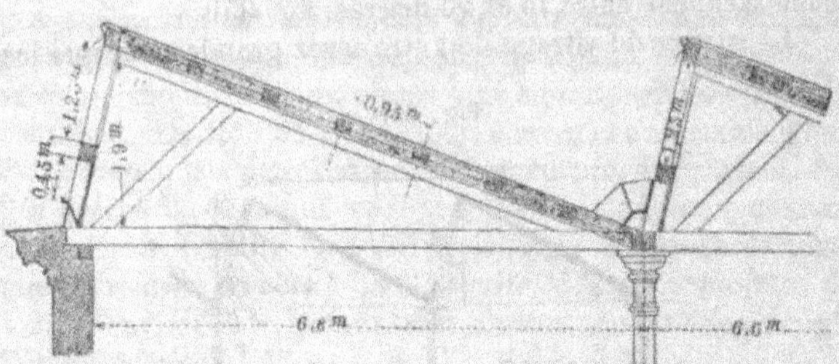

d'ombres portées sur l'outil, pas plus par la charpente du toit, que par l'ouvrier lui-même.

La valeur de l'angle (x), fig. 351, dépend de la nature des

Fig. 355.

matériaux de la couverture du grand versant. La portée (s) est déterminée par la grandeur des métiers et la largeur du passage intermédiaire ; elle varie comme nous l'avons déjà dit de 5 à 8 m.

Après ces remarques générales, nous passons à quelques exemples particuliers.

Les fig. 352 et 353 reproduisent l'élévation et les détails du comble-shed recouvrant les ateliers de tissage de M. Schull à Birkesdorf, près Duren.

Une autre construction du même genre, exécutée à

Fig. 356.

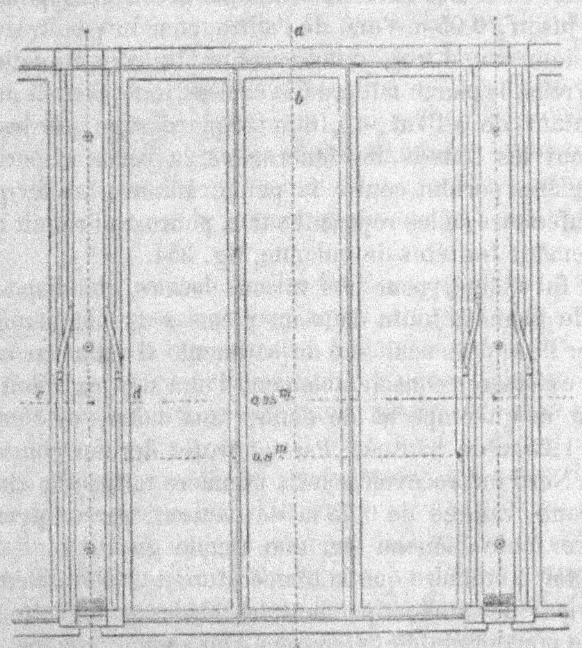

Vienne par M. Koch et publiée par lui avec des détails complets, est représentée dans les fig. 354—356. Nous nous bornons à en reproduire les points principaux. Le comble demandait à être construit avec le plus grand soin, car il devait recouvrir des filatures de soie, où les moindres infiltrations auraient pu causer de graves dégâts.

On avait d'abord songé à faire toute la charpente en fer, afin de réduire la section des membrures et de gêner le moins possible le passage de la lumière. Mais la fabrique se trouvant en un point de la ville où la valeur des terrains augmente journellement, on a pensé qu'il y aurait avantage à déplacer la fabrique au bout d'une vingtaine d'années, et que, par conséquent, il vaudrait mieux adopter le mode de construction le plus économique, c'est-à-dire un comble en bois.

Afin d'augmenter le plus possible l'espace libre sous la charpente, on écarta les fermes de 6,60 m et l'on rapprocha les pannes jusqu'à 0,95 m l'une de l'autre, pour ne pas être obligé de leur donner une trop grande section. Du côté du petit versant, on relia, la panne faîtière à la sablière tous les 0,95 m, par des montants de 0,13 m $\times$ 0,16 m d'équarrissage, sur lesquels s'appuient les châssis des fenêtres. A la partie supérieure, ces dernières portent contre la panne faîtière, tandis qu'à la partie inférieure, elles reposent sur la poutre qui réunit longitudinalement les têtes de colonne, fig. 354.

On fut obligé, pour des raisons locales, de disposer la pente du chéneau toute dans un même sens, de manière à déverser l'eau d'un seul côté du bâtiment. Il fallut en conséquence exhausser considérablement l'une des extrémités du chéneau, ce qui empêcha de donner aux châssis des fenêtres plus de 1,25 m de hauteur. Par contre, le dernier comble du côté du Nord put recevoir, sous la première rangée de châssis, une seconde rangée de 0,45 m de hauteur, parce qu'on put remplacer ici le chéneau par une simple gouttière.

Il était à craindre que la température ne s'éleva beaucoup à l'intérieur des ateliers pendant les chaleurs de l'été, puisqu'on ne pouvait établir de coussin d'air sous le comble. Pour remédier, autant que possible, à cet inconvénient, le constructeur disposa un voligeage de chaque côté des pannes, l'un en-dessus et l'autre en-dessous, et remplit l'intervalle avec de la sciure de bois. De plus, il recouvrit la face intérieure d'un plafonnage au mortier de chaux et au plâtre.

Le contreventement est formé de tirants en fer reliant diagonalement la panne faîtière à la sablière et maintenant aussi les pannes intermédiaires, dans l'intervalle des fermes.

La couverture est faite en zinc n° 12, tandis que les chéneaux sont construits avec du zinc de forte épaisseur. Le constructeur rejeta l'ardoise et le carton goudronné, parce qu'il craignit que ces deux genres de couvertures ne laissassent pénétrer de l'humidité dans la couche de sciure de bois.

Enfin nous signalerons encore les précautions prises pour éviter les infiltrations par les jointures des fenêtres, précautions d'autant plus nécessaires que le vitrage est entièrement exposé aux fortes tempêtes du Nord. La disposition qui fut adoptée est représentée dans la fig. 355, A et B.

Le cadre des châssis des fenêtres est formé de cornières s'appuyant sur les montants qui relient la sablière à la panne faîtière ; des plaques en fer, fixées sur les montants par des boulons, recouvrent les bords des cornières. Le joint supérieur du cadre avec la panne est protégé par des bavettes en zinc.

Lorsqu'on veut ouvrir les fenêtres, on défait d'abord les boulons, puis on enlève les plaques. On peut alors soulever le châssis au moyen des poignées indiquées sur la fig. 356, A. Les châssis sont vitrés avec du fort verre ordinaire, et leur hauteur est subdivisée en trois rangs de carreaux. Les extrémités de ceux-ci se recouvrent l'une l'autre et sont soutenues par des fils de fer tendus entre les petits bois. Un bourrelet de mastic, introduit entre les deux vitres, empêche l'eau de remonter dans le joint par capillarité.

Afin de recueillir et de rejeter au dehors l'eau de condensation qui se dépose sur les châssis pendant l'hiver, la traverse inférieure porte intérieurement une petite gouttière, que des trous percés dans son épaisseur de distance en distance, font communiquer avec l'extérieur.

L'expérience a montré que, même dans les conditions les plus défavorables, l'étanchéité de la couverture était complète.

Combles en arc.

Généralement la couverture est supportée par des fermes

de forme triangulaire, ayant par conséquent des arbalétriers rectilignes. Mais on peut aussi donner à ces fermes un profil courbe et cette forme était même très employé au commencement de ce siècle, notamment par l'architecte Gylli. Actuel-

Fig. 357　　　　　Fig. 359　　Fig. 360

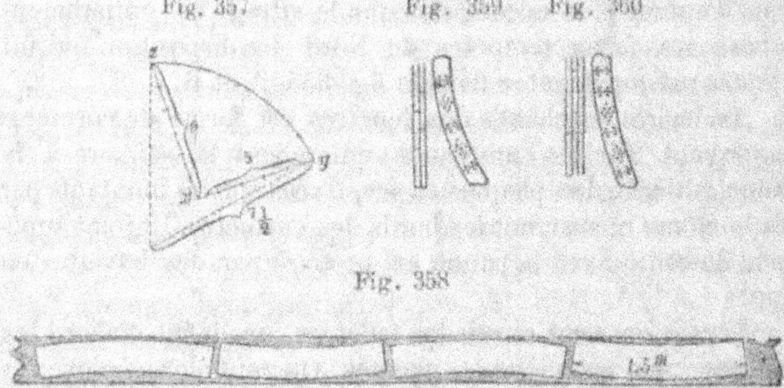

Fig. 358

lement les fermes en arc ne se rencontrent plus qu'exceptionnellement au-dessus de maisons d'habitation.

On distingue deux sortes de fermes en arc :

1° Celles qui se composent de pièces épaisses et courtes (madriers) ;

2° Celles qui sont formées de pièces longues et minces (planches).

Le premier mode de construction est dû à de Lorme, le second au colonel Emy. [1]

Fermes en arc de de Lorme.

Gylli recommande pour l'arc la forme ogivale dont le tracé est indiqué dans la fig. 357. On prend une longueur (x y)

---

[1] Une autre caractéristique de ces deux systèmes consiste en ce que dans le premier, les pièces sont placées sur champ, tandis que dans le second, elles sont disposées à plat.

égale à la demi portée du toit et on donne à l'arc une flèche égale à $\dfrac{6}{5}$ de (x y) ; puis on trace l'arc avec un rayon égal à une fois et demie (x y), c'est-à-dire avec un rayon égal à $7\,\dfrac{1}{2}$ divisions. [1])

On fait l'épure sur l'aire de traçage, puis on subdivise l'arc en parties égales d'environ 1,50 m de longueur. L'une quelconque de ces parties peut servir alors de gabarit pour le découpage des segments, lesquels se prennent dans une planche ou dans un madrier, comme l'indique la fig. 358.

Les diverses parties sont ensuite réunies par des chevilles en bois ou, ce qui vaut mieux, par des clous en fer, la seule précaution à prendre étant de bien croiser les différents joints.

Dans la fig. 359, l'arc se compose de deux et dans la fig. 360, de trois épaisseurs de planches ou de madriers.

Leur nombre et leur épaisseur suivant les portées, sont indiquées dans le tableau ci-dessous :

Portée	Nombre de planches ou de madriers	Épaisseur des planches ou des madriers
de 7,5 m à 11,5 m	2 planches.	4 centimètres.
11,5 à 12,5	2 »	5 »
12,5 à 14,0	3 »	4 »
14,0 à 14,75	Un madrier au milieu, une planche de chaque côté.	6 » 4 »
15,75 à 17,25	3 madriers.	6 »

Pour chaque augmentation de portée de 5 m, l'augmentation d'épaisseur sera au moins de 0,015 m. Quant à la hauteur des bois, elle ne doit pas être moindre que 0,15 m, même quand la portée du comble est inférieure à 7,50 m. Au droit du faîte les pièces s'entrecroisent, fig. 361, C, et les arcs

---

2) Pour déterminer le centre de l'arc, il suffit de tracer deux arcs de cercle de (z) et (y) comme centre, avec un rayon égal au rayon donné ; le point d'intersection de ces arcs détermine le centre cherché.

sont maintenus par une panne faîtière (r), formée d'un simple
madrier reposant sur de petites moises, reliant les deux côtés
de la ferme. Le pied de l'arc est assemblé à tenon et mortaise
sur la solive du plancher des combles, fig. 361, D. Le coyau

Fig. 361 A—F.

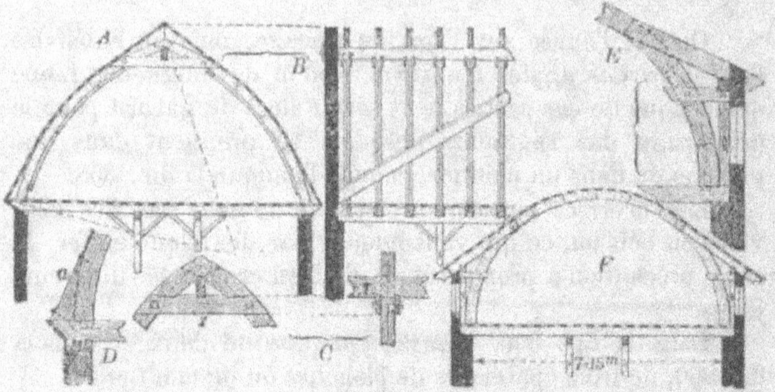

(a) remplit le vide angulaire laissé à l'extrémité de la solive.

Fig. 362

La forme courbe de la toiture exclue les couvertures en
ardoises et celles en bardeaux. Par contre le chaume et le

Fig. 363

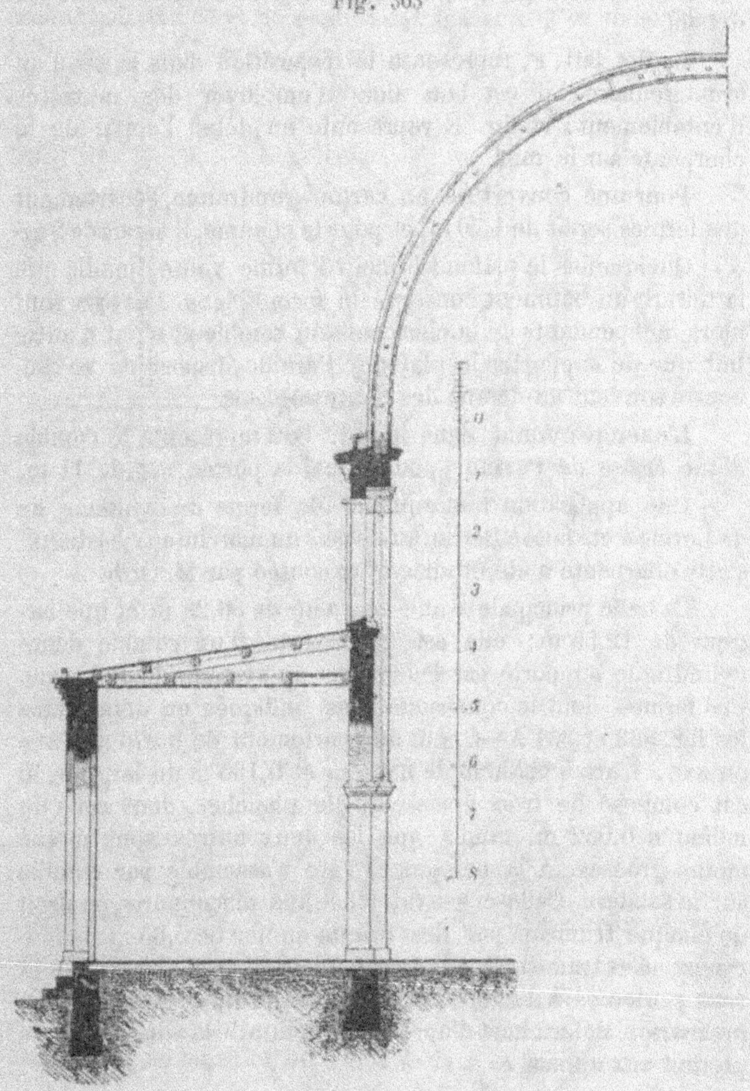

carton goudronné conviennent bien à cette forme de comble.

Dans la fig. 361, A—B, nous avons un exemple de ferme en arc, de forme ogivale ; les figures C et D en donnent les détails.

La fig. 361, F, représente la disposition dans le cas d'un arc circulaire ; il est bon alors d'employer des murettes d'entablement ; la fig. E représente en détail l'appui de la charpente sur le mur.

Pour une couverture en carton goudronné, l'écartement des fermes serait de 1,50 m. et pour le chaume, il serait de 2 m·

Quelquefois le plafond principal forme voûte, tandis que la toiture du bâtiment conserve la forme plane. Les arcs sont alors indépendants de la charpente du comble et n'ont d'autre but que de supporter le plafond. Pareille disposition se rencontre souvent au-dessus des petites églises.

L'exemple donné dans la fig. 362 représente le comble d'une église de Passau, pour lequel la portée est de 11 m.

Une application remarquable de ferme du système de de Lorme a été faite à Berlin, au-dessus du marché aux bestiaux. Cette charpente a été étudiée et exécutée par M. Orth.

La halle principale a une longueur de 56,28 m et une largeur de 12,55 m ; elle est recouverte d'un comble demi-cylindrique supporté par des fermes du système de de Lorme. Ces fermes, dont la construction est indiquée en détail dans les fig. 363 et 364 A—C, ont un écartement de 0,876 m d'axe en axe. L'arc à 0,236 m de hauteur et 0,105 m de largeur. Il est composé de trois épaisseurs de planches, dont celle du milieu a 0,052 m, tandis que les deux autres sont moitié moins grosses. A la naissance, l'arc s'assemble par entaille sur la sablière. Celle-ci est rattachée à la maçonnerie, au droit de chaque trumeau, par des tirants en fer de 5,65 m de longueur. Ces trumeaux sont écartés de 3,51 m d'axe en axe et sont renforcés à l'extérieur de contre-forts, présentant une inclinaison déterminée d'après la direction de la poussée qui se produit aux appuis.

Le contreventement longitudinal se compose d'abord d'un double voligeage, de 0.026 m d'épaisseur, cloué de chaque côté de l'arc; en suite d'une série de fers plats s'entrecroisant, entaillés et boulonnés sur les arcs. Ces liens furent

Fig. 364 A—C.

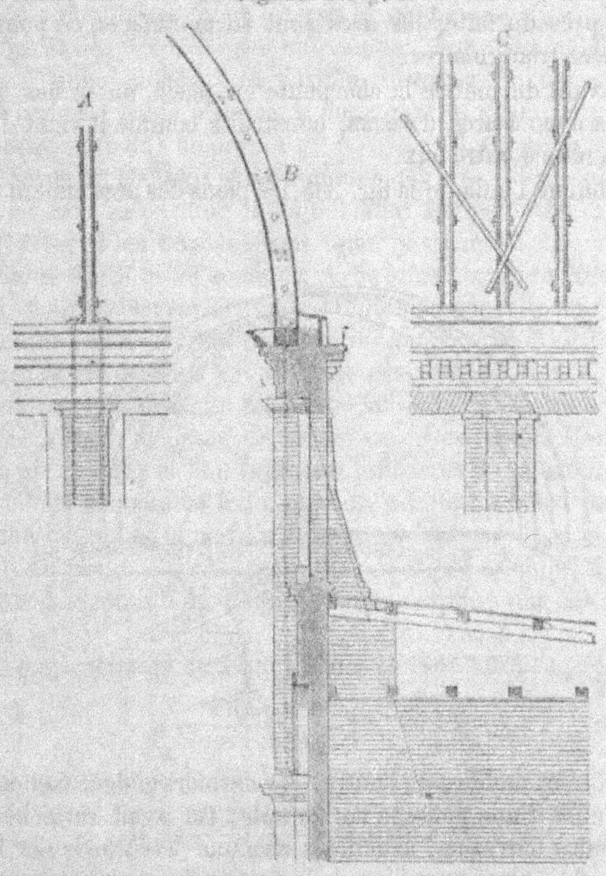

surtout utiles pendant le montage de la charpente. Pour faire ce montage, on assembla les diverses pièces de l'arc sur un échafaudage, régnant à hauteur de l'entablement, puis on leva l'arc tout d'une pièce et on l'amena dans sa position.

Les fermes principales, c'est-à-dire celles qui sont situées dans l'axe des trumeaux, sont reliées diagonalement par des planches de 0,21 m $\times$ 0,026 m fixées par des clous et par des chevilles sur le voligeage extérieur. La couverture est faite en carton goudronné et pour donner au toit une pente suffisante près du faîte, les arcs sont surmontés, en ce point, de fourrures triangulaires.

Avant de mettre la charpente en place, on fit des expériences avec 4 arcs d'essais, construits comme il vient d'être dit, et réunis entre eux.

Comme l'indique la fig. 365, les pieds des arcs étaient fixes

Fig. 365.

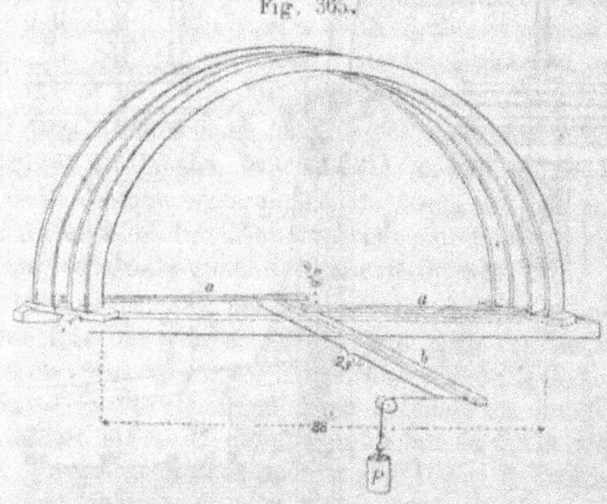

d'un côté et mobiles de l'autre, ces derniers cédant facilement sous l'effet d'une poussée horizontale. On avait rattaché aux appuis des barres (a), articulées chacune avec le levier horizontal (b), placé au milieu de la portée. La distance entre les deux points d'articulation était de 0,248 m et cette longueur constituait le petit côté du levier, dont le grand côté était formé par la longueur restante, mesurant 7.22 m. Ce levier pouvait être maintenu dans sa position primitive par des poids, dont le nombre indiquait alors la grandeur de la poussée qui se produisait aux appuis.

Les arcs d'essai étaient entourés d'un échafaudage servant à placer les charges et à mesurer les déflexions. Cet échafaudage, qui ne présentait rien de particulier, n'a pas été indiqué sur la figure, pour ne pas la compliquer inutilement.

On fit les expériences suivantes : on commença par amener l'appui mobile à sa position normale, en faisant agir sur le levier le poids nécessaire pour contre-balancer la poussée horizontale due au propre poids des arcs. On plaça ensuite une charge de 1500 kg sur le sommet des arcs. Pour maintenir le levier dans sa position initiale, il fallut alors ajouter un poids de 27,5 kg et les arcs subirent dans ces conditions une déflexion de 0,016 m au sommet. Avec une charge de 2050 kg il fallut, pour conserver l'équilibre initial, un poids de 32,5 kg à l'extrémité du levier. Enfin, pour une charge de 2600 kg, le poids nécessaire fut de 47,5 kg. Dans la seconde expérience, on ne mesura pas la déflexion, mais dans la dernière, on trouva que la clef s'était abaissée de 0,026 m. Ces essais faits, on retira les charges et l'on supprima les barres de tension. L'appui mobile, abandonné à lui-même, s'écarta de 0,157 m de sa position initiale et la clef s'abaissa de 0,052 m.

Il est facile, d'après les chiffres cités, de calculer la composante horizontale de la poussée dans chacun des cas précédents.

Pour la charge de 1500 kg à la clef, on aurait :

$$H = \frac{27,5 \times 7,22}{0,248} = 799 \text{ kg.}$$

Pour la charge de 2050 kg,

$$H = \frac{37,5 \times 7,22}{0,248} = 1089,5 \text{ kg.}$$

Enfin, pour la charge de 2600 kg,

$$H = \frac{47,5 \times 7,22}{0,248} = 1380 \text{ kg.}$$

La seconde des valeurs ci-dessus est celle qui correspond

aux charges agissant réellement sur la toiture dans les cas ordinaires. Cette poussée comprend celle correspondant à un vent violent, soufflant dans une direction presque horizontale. On s'est donc basé sur cette dernière pour le calcul de l'épaisseur des murs et de la section des ancrages.

Au point de vue de la stabilité de l'ensemble de la construction, les poussées produites par les charges verticales sont sans effet, puisque leurs composantes horizontales sont égales et dirigées en sens contraire [1]. On admit pour le vent une pression de 1,83 kg par centimètre carré et l'on supposa sa direction horizontale. L'effort qui se produirait sur une bande de largeur égale à l'intervalle compris entre 4 fermes, depuis le faîte du toit jusqu'à hauteur des contreforts, serait alors de 4850 kg et le moment de renversement devrait se prendre par rapport au joint correspondant au sommet des contreforts. Le point d'application de la résultante des pressions se trouverait environ à hauteur de l'appui des fermes. Dans ces conditions, le moment de renversement dû au vent serait de 25000 kg. Afin de résister à la poussée considérable que cela représente aux appuis, on a disposé, comme nous l'avons dit, des ancrages descendant fort bas dans la maçonnerie et l'on a donné aux contreforts une inclinaison notable et une grande épaisseur. Ces dispositions furent jugées suffisantes pour résister aux plus grandes pressions qui pourraient se présenter. Et en effet, des tempêtes extrêmement violentes qui survinrent en septembre 1869, après achèvement du bâtiment, ne causèrent aucun dommage à la toiture.

Tandis que dans l'exemple précédent, la ferme est de forme demi-circulaire et que le toit conserve le même profil, dans la fig 366, l'arc n'est formé que d'un segment de cercle et la toiture se compose de deux versants plans, faiblement inclinés. La portée de cette ferme est de 14,50 m. Les arcs reposent, aux naissances, dans des sabots en fonte et, pour éviter la poussée qu'ils tendent à exercer contre les murs, les

---

[1] Cela n'est vrai qu'autant que les charges sont symétriques par rapport au milieu de l'arc.

sabots sont reliés par un fort tirant, en sorte que les appuis n'ont à supporter qu'une pression verticale. Les fermes sont écartées de 4 m et supportent le chevronnage au moyen de

Fig. 366.

pannes, de montants et de contre-fiches. Le mur d'entablement se compose d'un simple revêtement en briques, dissimulant le pan de bois. Quant à la couverture, elle est faite en mastic goudronneux.

Fermes en arc du système Emy.

Dans ce mode de construction, les arcs sont formés de pièces disposées à plat, au lieu de l'être sur champ. Elles sont courbées suivant le profil de l'arc, puis réunies par des boulons et par des frettes, fig. 367.

Les fermes du système Emy ont ordinairement de 3 à 5 m d'écartement; elles supportent le chevronnage comme d'habitude à l'aide de pannes.

Les fermes en arc ne sont plus guère employées dans les constructions civiles, parce que, pour de grandes portées, les fermes mixtes en bois et fer sont plus solides, moins lourdes et plus économiques.

Fermes en treillis.

Dans ces derniers temps, on a quelquefois remplacé les

types de fermes ordinaires par de véritables poutres en treillis, de forme triangulaire, construites d'après les principes des

Fig. 367.

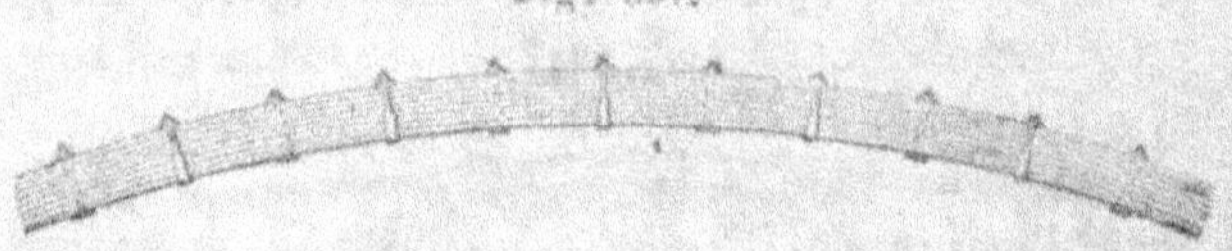

poutres en treillis métalliques. La fig. 368, A et B, en donne
un exemple.

Cette charpente, formée d'un treillis en madriers, a été
exécutée à Hanovre par l'architecte Raven. L'écartement
des fermes est de 3,05 m. Sur le soubassement en pierre
repose une sablière (d), de 0,12 m $\times$ 0,15 m d'équarrissage,
sur laquelle s'assemble le côté extérieur des poteaux, formés
de deux pièces jumellées. La panne (f) a 0,12 m $\times$ 0,15 m
d'équarrissage et les chevrons ont 0,08 m $\times$ 0,20 m. La ferme
se compose de l'entrait moisé (z), dont chacune des parties a
0,08 m $\times$ 0,20 m, des arbalétriers (b) formés de deux pièces de
même équarrissage et enfin du treillis. Celui-ci est formé de
pièces de bois simples, de 0,12 m $\times$ 0,15 m, disposées en
triangles dont un des côtés est vertical. Les contre-fiches sont
embrevées sur les montants et les extrémités de ces pièces
sont embrassées, haut et bas, par les moises composant les arbalétriers et l'entrait. La jambe de force (s) a 0,15 m $\times$ 0,17 m
d'équarrissage et l'aiguille pendante (c) a 0,12 m $\times$ 0,15 m.
Les pannes sont rattachées aux montants et sont soutenues
par des aisseliers. La panne faîtière se compose de deux
pièces indépendantes, placées de part et d'autre du montant
du milieu. La portée totale de ce comble est de 14,80 m.

Combles retroussés.

Les fermes retroussées servent à donner plus de dégagement aux combles, ou s'emploient quand la charpente doit

Fig. 368

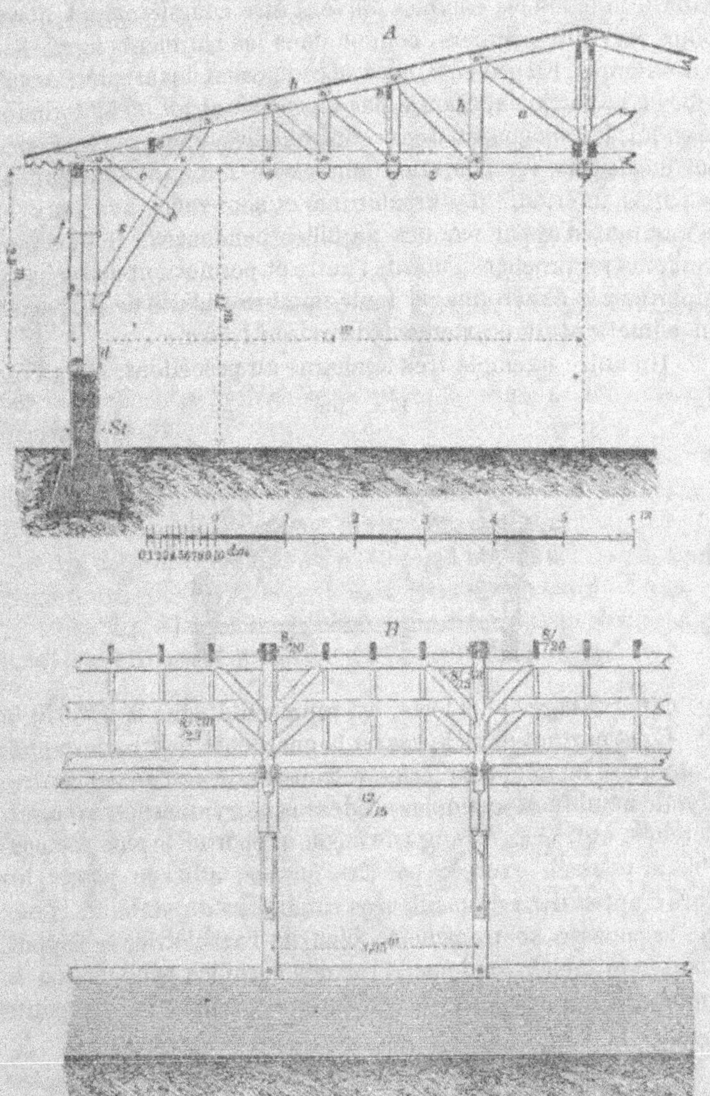

rester apparente. Elles conviennent aussi aux constructions dans lesquelles les combles doivent être complètement libres pour servir de greniers, comme dans les bâtiments agricoles, par exemple. En principe, elles se composent des arbalétriers(a), reliés à la partie supérieure par un faux entrait (c) et formant avec lui, le poinçon et deux contre-fiches, une poutre armée par en-dessus, fig 369. Des jambes de force (b) soutiennent la partie inférieure des arbalétriers et sont reliés avec eux et le montant d'appui par des aiguilles pendantes. Les pannes sont plus rapprochées l'une de l'autre et permettent souvent de supprimer le chevronnage. Leur nombre résulte de la portée en admettant un écartement d'environ 1,50 m.

Un autre exemple très analogue au précédent, mais avec

Fig. 369.

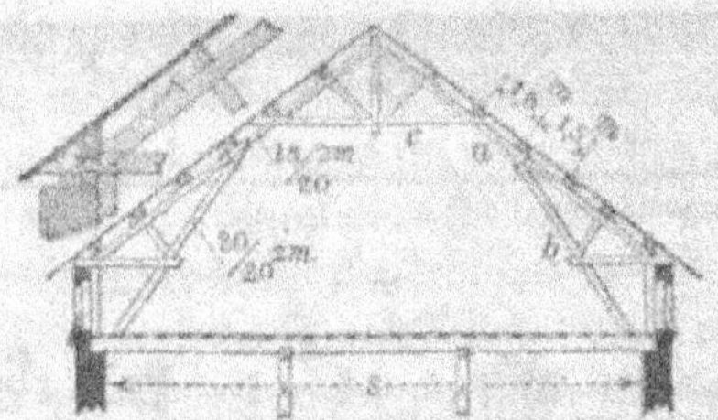

des équarrissages plus forts, est représenté dans la fig° 370 [1].

C'est surtout dans le cas où la charpente doit rester apparente que l'on adopte la ferme retroussée. Aussi en rencontre-t-on de nombreux exemples au-dessus de gymnases, manèges, marchés, etc. On s'arrange de façon à reporter le plus bas possible la poussée exercée par les fermes, afin de placer les murs d'appui dans de meilleures conditions de stabilité. Pour que la poussée se transmette bien de l'arbalétrier à l'appui, il faut le rattacher solidement par des aiguilles pendantes à la jambe de force. Celle-ci s'assemble sur le montant à une petite

---

[1] Les combles des figures 369 et 370 ne sont, à proprement parler, des combles retroussés, que si la jambe de force et le montant ne s'assemblent pas sur la solive sous-jacente.

distance de l'appui. Les montants penchent un peu vers l'intérieur, afin de mieux résister à la poussée et de ne pas dépas-

Fig. 370.

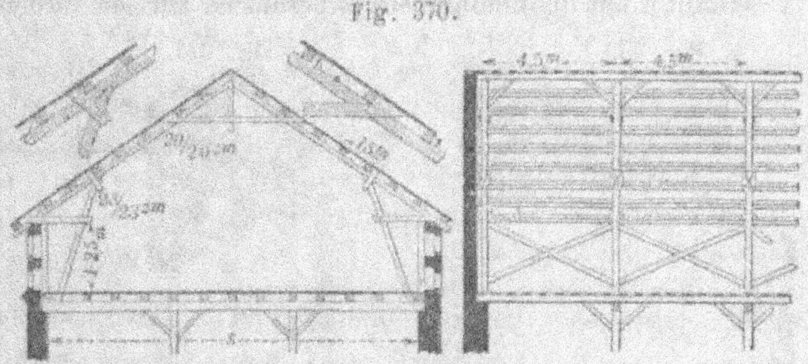

ser la verticale si le fléchissement de la ferme devenait considérable, fig 371.

Ordinairement les combles retroussés sont dépourvus de
chevrons, les pannes supportent directement le voligeage.
L'écartement des fermes est alors d'environ 3 m.

La fig 372 reproduit un exemple dans lequel le chevronnage a été conservé; la portée de cette ferme est de 14 m.

Les fig. 373—375 représentent diverses dispositions de
combles retroussés applicables à de grandes portées.

Fig. 371   Fig. 372

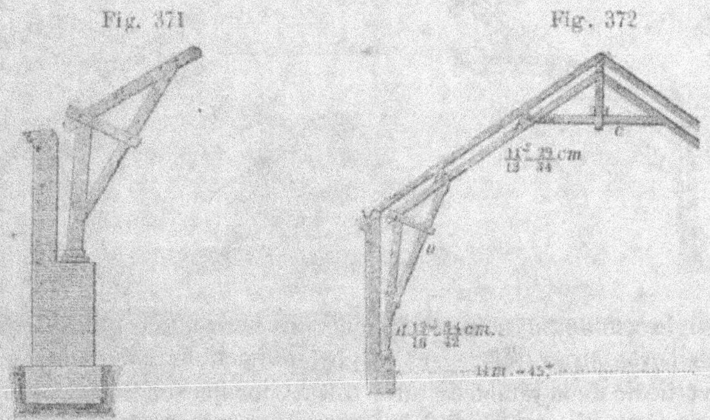

Le montant (d) fig 372, reçoit toujours un effort considérâble ; aussi vaut-il mieux le composer de deux pièces de bois dans le cas de portées un peu grandes, fig 377.

Ardant a fait de nombreuses expériences sur les fermes

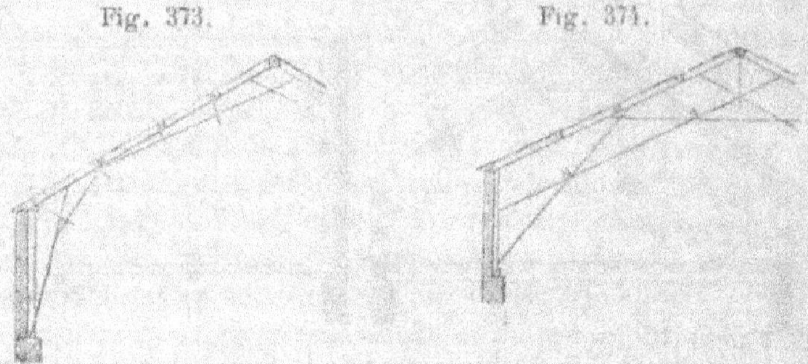

Fig. 373.   Fig. 374.

retroussées. Il donne la formule suivante pour calculer la poussée horizontale qu'elles exercent aux appuis.

$$H = \frac{1}{8} P \frac{m^3 w(5m + 12p) + 8p^4 n}{m^3 w(3w + 2n) + 2p^3 nw}$$

Dans cette formule (P), désigne la charge totale agissant

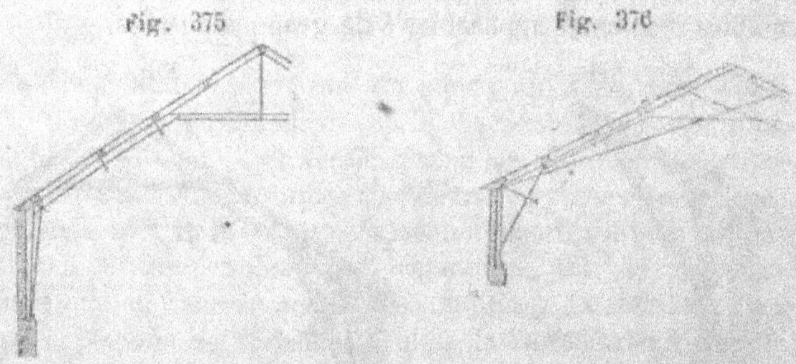

Fig. 375.   Fig. 376.

sur le comble ; (m) et (n), les projections horizontale et verticale de l'arbalétrier (RT) ; (p) et (w), les projections horizontale et verticale de la jambe de force (ZR). L'inclinaison de cette dernière ou l'angle qu'elle fait avec la verticale est d'environ 3 degrés, ce qui donne p = 0,052w.

Lorsque les pièces de la charpente sont disposées de façon
à ce que la jambe de force et l'arbalétrier soient tangents à un

Fig. 377.   Fig. 378.

même cercle, fig 378, la poussée horizontale est ordinairement
comprise entre $\frac{1}{5}$ et $\frac{1}{4}$ de la charge, en supposant que celle-ci
soit uniformément répartie.

Pour déterminer l'épaisseur des murs d'appui, Ardant
donne le tableau suivant, mais il fait remarquer à son égard :

Fig. 379.

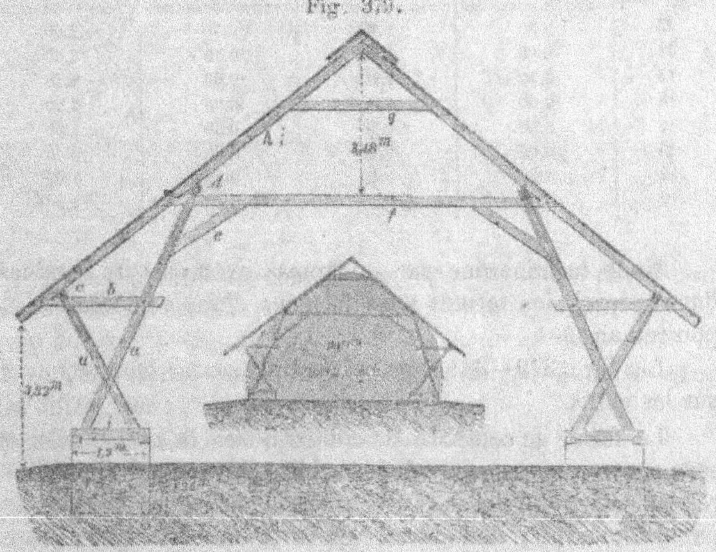

1° Que les épaisseurs qui y sont indiquées ne sont applicables que dans l'hypothèse d'un terrain cohérent ;

2° Que les empattements de la base et même l'épaisseur du mur entre le sol et l'appui de la charpente, seraient à augmenter, s'il était à craindre que le terrain cédât sous le poids de la maçonnerie.

3° Que la partie de maçonnerie comprise entre l'appui de la charpente et la corniche de couronnement ne doit point recevoir de poussée horizontale. Il faut donc placer le montant à une certaine distance du mur d'entablement, afin qu'il ne transmette pas de poussée à ce mur, fig 371.

Tableau donnant l'épaisseur des murs extérieurs dans les bâtiments dont la couverture repose sur des charpentes sans entrait.

Portée des fermes en mètres	Hauteur de l'appui des fermes au-dessus du sol en mètres	Epaisseur du mur depuis le sol jusqu'à l'appui des fermes, en mètres	Epaisseur du mur de l'appui des fermes jusqu'à la corniche du couronnement, en mètres	Largeur de la fondation à 1 m de profondeur
23	3,50	1,70	0,70	2,20
23	6,00	1,90	0,70	2,40
18	3,50	1,60	0,65	2,10
18	6,00	1,80	0,65	2,30
15	2,50	1,50	0,60	1,90
15	6,00	1,70	0,60	2,10
12	3,50	1,40	0,50	1,90
12	6,00	1,50	0,50	2,00

Nous terminerons par quelques exemples de combles, dans lesquels les fermes sont formées d'une combinaison de poutres armées.

Les fig. 379—381 représentent un grand hangar ouvert sur les côtés.

La ferme se compose de contre-fiches (a,a) inclinées en sens contraire, reposant sur des sablières en bois de chêne (i) et reliées par des moises (b), ces contre-fiches supportant les pannes (c) et (d) ; de l'entrait relevé (f) formé de deux pièces moisées, réunissant deux des contre-fiches et rattachées avec elles par des aisseliers. Les chevrons reposent sur deux cours de pannes et sont réunis près du faîtage par un entrait secondaire (g). Comme le montre la fig. 380, l'écartement des fermes est de 4,75 m. Elles reposent à la base sur des petits massifs en maçonnerie de 1,90 m de longueur sur 0,63 m de largeur. A chaque travée de fermes correspondent trois paires de chevrons, d'où un écartement de 1,58 m pour ces derniers.

Fig. 380.

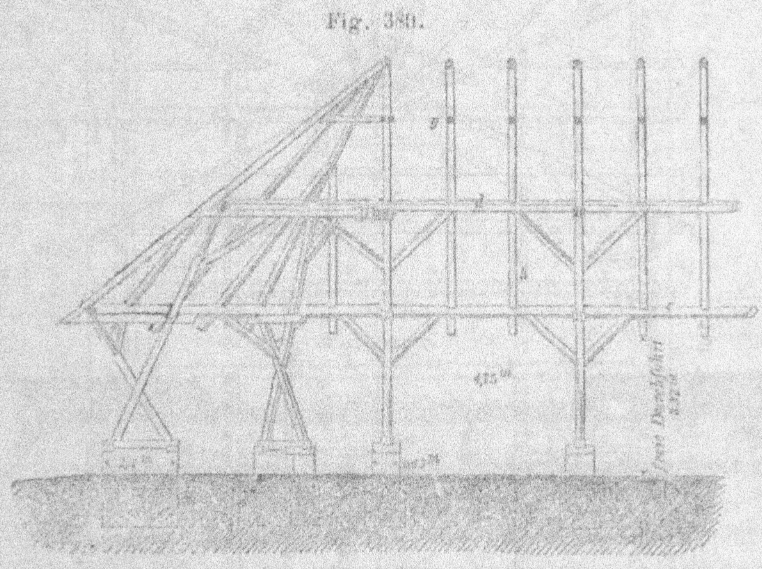

Les extrémités du comble ont une forme en pavillon et la charpente y est composée de 4 demi-fermes, comme le montrent en plan les fig. 381, A et B. La hauteur libre entre le sol et l'égout des versants est de 3,32 m. Les équarrissages des différentes pièces sont :

Contre-fiches (a,a) 0,20 m $\times$ 0,23 m.

Moises (b), l'une 0,10 m $\times$ 0,26 m.

Pannes (c) et (d) 0,18 m $\times$ 0,18 m.

Aisseliers (e) 0,13 m $\times$ 0,16 m.

Entrait relevé (f), formé de deux moises, l'une 0,10 m $\times$ 0,26 m.

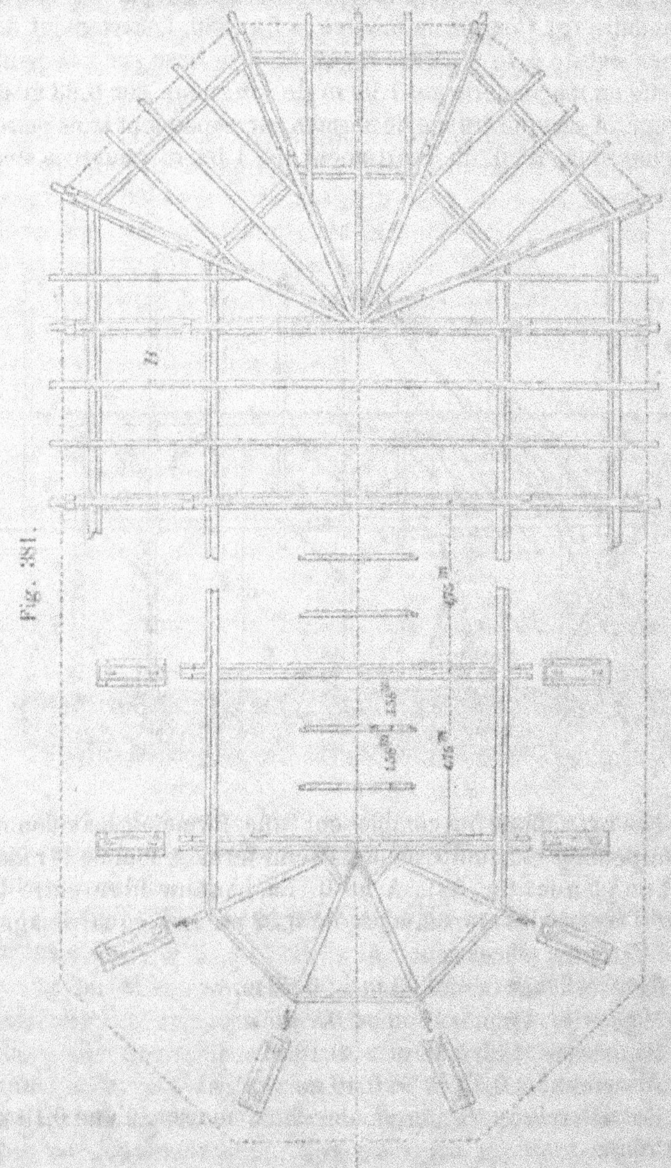

Fig. 381.

Entrait secondaire (g) 0,13 m $\times$ 0,16 m.

Chevrons (h) 0.16 m $\times$ 0,16 m.

Enfin la semelle (i) 0,20 $\times$ 0,25 m.

Une disposition toute autre employée pour couvrir un hangar de locomotives, à la gare de Kœnigsberg, est représentée dans la fig. 382. La ferme se compose de deux poutres armées

Fig. 382.

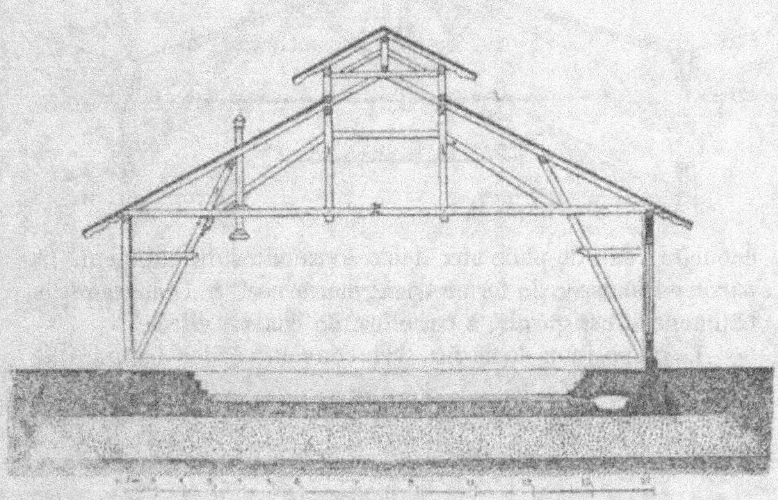

circonscrites l'une à l'autre. Des contre-fiches, partant du point d'appui inférieur, viennent soutenir les extrémités de la poutre intérieure et se prolongent pour supporter directement l'un des cours de pannes. L'entrait est formé de deux pièces moisées. Enfin le comble est pourvu d'une lanterne permettant le dégagement de la fumée et de la vapeur.

Une ferme de forme fort originale est représentée dans la fig. 383. L'entrait y est formé d'un tirant en fer. Des jambes de force (ss) consolident la partie inférieure de la ferme, tout en lui procurant un meilleur appui. Ces jambes de force sont composées de deux moises dont le prolongement supporte la panne intermédiaire. L'ensemble de la toiture se compose de dix de ces combles, disposés l'un contre l'autre, et recouvre

un hangar servant au remisage des wagons. Les combles
consécutifs sont séparés par de grands chéneaux en zinc,

Fig. 383.

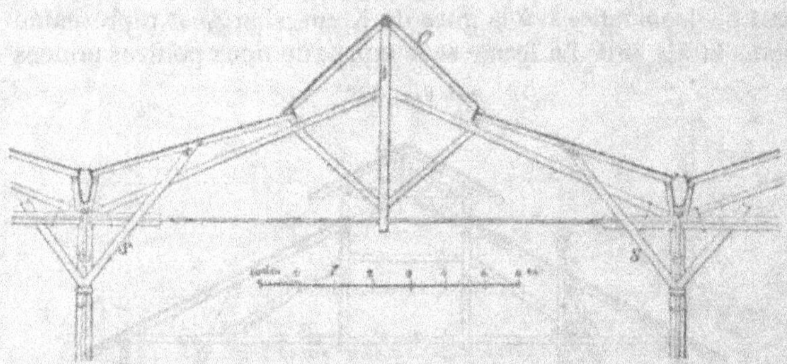

écoulant l'eau de pluie aux deux extrémités du bâtiment. La
partie surhaussée de forme triangulaire sert à l'éclairage du
bâtiment et est garnie, à cet effet, de châssis vitrés.

La disposition de la fig. 384 convient à des hangars de

Fig. 384.

grande largeur, comme on en rencontre quelquefois dans les
exploitations agricoles. La charpente se compose de trois parties distinctes, supportées par 4 files de poteaux. La partie
centrale est surélevée de manière à permettre une prise de
jour sur les côtés. On avait adopté des fermes de ce type à

l'Exposition de Vienne, au-dessus des hangars dans lesquels étaient placées les machines agricoles.

La charpente de la fig. 385 se recommande par sa simplicité et sa solidité ; elle a été appliquée à la nouvelle fonde-

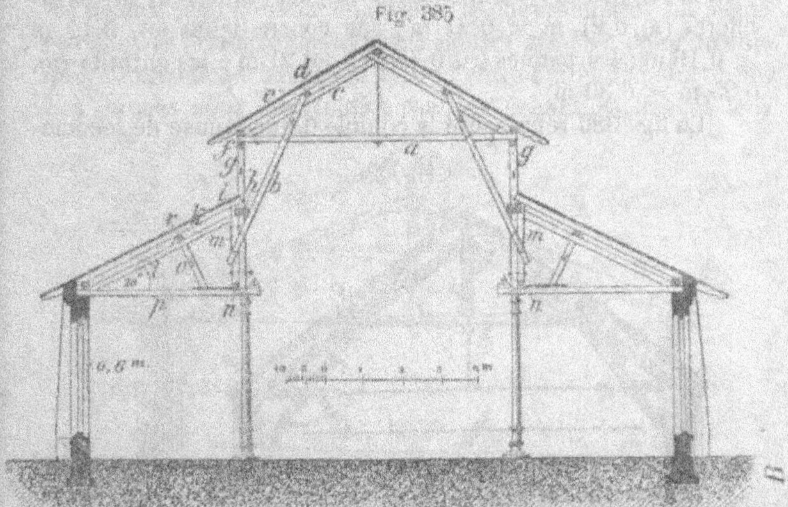

Fig. 385

rie des forges de George-Marie, près d'Osnabruck. Il fallut, dans le cas particulier, prévoir l'installation d'un chariot roulant pour le transport de la fonte et des pièces lourdes. Cette installation obligea de surélever la partie centrale du comble, ce qui permit, en même temps, de ménager des ouvertures sur les côtés. Le milieu de la ferme se compose d'une poutre armée à poinçon unique, formé d'un tirant en fer. Deux contre-fiches la viennent renforcer sur les côtés. Quant aux parties latérales de la ferme, elles sont disposées comme dans un appentis ordinaire. L'écartement des fermes est de 5 m et le chariot roulant peut recevoir une charge maximum de 20 T.

Les pièces de la ferme ont les équarrissages suivants : l'entrait (a), 0,18 m $\times$ 0,21 m ; les jambes de force (b), deux moises de 0,10 m $\times$ 0,21 m chacune ; l'arbalétrier (c), 0,16 m

$\times$ 0,21 m ; les pannes (d), 0,16 m $\times$ 0,21 m ; les chevrons (e), 0,10 m $\times$ 0,10 m ; la panne (f), 0,18 m $\times$ 0,18 m ; les montants (g), 0,21 m $\times$ 0,21 m ; les moises (h) et (i), 0,10 m $\times$ 0,21 ; les chevrons (k), 0,10 m $\times$ 0,10 m ; les arbalétriers (l), 0,15 m $\times$ 0,21 m ; les montants (m), 0,21 m $\times$ 0,21 m ; les sablières (n), 0,21 m $\times$ 0,21 m ; les contre-fiches (o), 0,12 m $\times$ 0,16 m ; les pannes (r), 0,16 m $\times$ 0,21 m ; les entraits (p), 0,25 m $\times$ 0,30 m.

La fig. 386 représente le comble d'une remise de locomo-

Fig. 386.

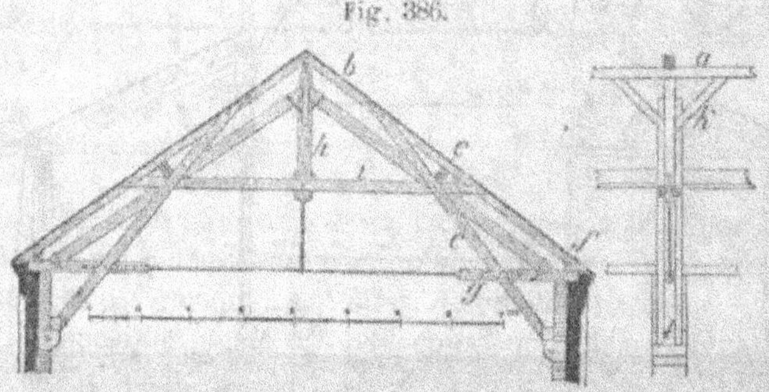

tives du chemin de fer d'Heppe-Oldenbourg. Les fermes sont formées de poutres armées à poinçon unique, renforcées de jambes de force (c) et d'un entrait relevé (i). Les pannes reposent sur les arbalétriers en leurs points de croisement avec les pièces (e) et (i). Les jambes de force s'appuient sur des semelles (b, partiellement encastrées dans la maçonnerie, et reliées avec elles par des boulons. Ces semelles reposent sur des corbeaux en granit de 0,40 m d'épaisseur et de 0,50 m de largeur. Au droit de chacune des fermes le mur est renforcé de pilastres ; leur épaisseur est de trois briques et celle du mur d'une brique et demie. Les dimensions des bois sont : panne faîtière (a), 0,20 m $\times$ 0,24 m ; chevrons (b), 0,16 m $\times$ 0,19 m ; jambes de force (c), deux moises de 0,15 m $\times$ 0,24 m ; pannes (e), 0,20 m $\times$ 0,20 m ; pannes (f, 0,16 m $\times$ 0,20 m ; amorces d'entrait 0,24 $\times$ 0,24 m ; poinçon (h), 0,16 m $\times$ 0,24 m ; moises (i), 0,11 m $\times$ 0,24 m ; aisseliers (k),

0,16 m × 0,16 m ; semelle (l), 0,22 m × 0,22 m. La couverture de ce comble est faite en ardoises.

La fig. 387 donne une disposition qui diffère peu de la précédente quant aux fermes ; on y a suffisamment rapproché les pannes pour pouvoir supprimer le chevronnage. La ferme se compose principalement d'une poutre armée à poinçon unique, formée des arbalétriers (s), de l'entrait (z) et du poinçon (h). Les pannes sont maintenues par des échantignolles et leur

Fig. 387.

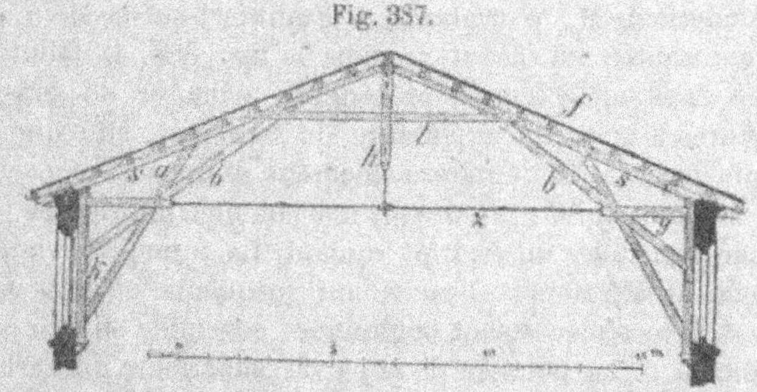

écartement est de 1,50 m. Des jambes de forces (a) et (b) supportent les arbalétriers en deux points intermédiaires et s'ap-

Fig. 388.

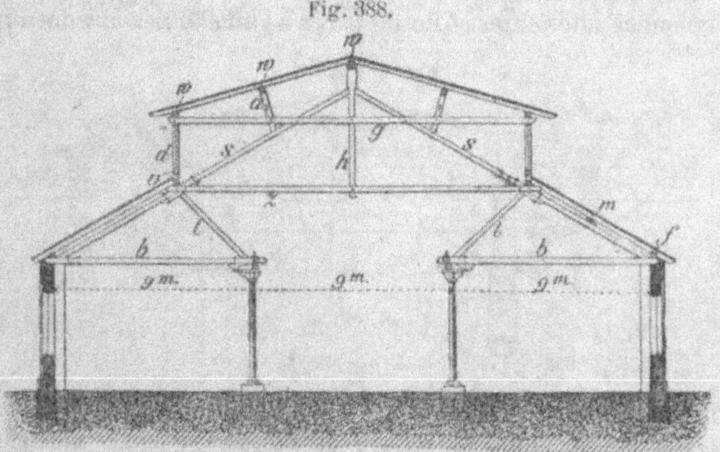

puient contre un même montant, lequel est adossé à la maçonnerie et repose sur un corbeau en pierre de taille. Afin de bien
maintenir l'extrémité des contre-fiches, on a relié les deux
arbalétriers, à hauteur correspondante, par un entrait secondaire (t) lequel se compose de deux pièces moisées. Dans cet
exemple, de même que dans le précédent, on a multiplié le
nombre des figures triangulaires pour augmenter la rigidité
de la ferme.

Une charpente de forme toute particulière a été employée
à la fonderie de M. Wurmbach, à Frankfort-sur-le-Mein. Elle
est représentée en élévation dans la fig. 388. Il fallut ici,
comme dans un exemple précédent, ménager de grandes
ouvertures à la partie supérieure du bâtiment, afin que les
vapeurs puissent se dégager facilement et de plus conserver
assez de hauteur libre, au-dessus des colonnes intérieures, pour
pouvoir y installer un chariot roulant. La ferme se compose
de deux arbalétriers (s) descendant jusqu'aux entraits frac-
tionnés (b); ces pièces sont boulonnées ensemble en leur point
de rencontre. La poussée de la partie supérieure des arbalétriers est reçue par l'entrait relevé (z), qui se compose de deux
pièces moisées. Aux mêmes points, les arbalétriers sont soutenus par des contre-fiches (t), prenant leur appui sur les
colonnes intérieures. Afin de parer à l'affaiblissement dû aux

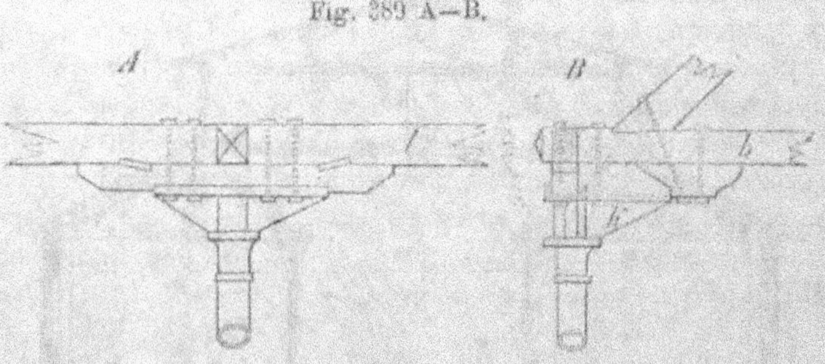

Fig. 389 A—B.

divers assemblages, des sous-poutres renforcent les arbalétriers en ces points. La toiture du milieu est moins inclinée

que celle des bas côtés. Dans ces derniers, elle est supportée par des pannes (m) et (f) reposant sur la partie inférieure des arbalétriers. Afin d'augmenter la rigidité transversale du haut de la charpente, on a réuni toutes les pièces montantes par des moises horizontales (g). La tête du poinçon (h) est renforcée de pièces rapportées. Les fig. 389, A et B, donnent le détail de l'appui de la ferme sur les colonnes intérieures. (k) est un sabot en fonte dans lequel s'engagent les poutres (b) et les longerons (l).

Les pièces de bois ont les dimensions suivantes : poutre (b), 0,19 m $\times$ 0,23 m ; contre-fiche (t), 0,19 m $\times$ 0,23 m ; arbalétriers 0,19 m $\times$ 0,29 m ; poinçon (h), 0,19 m $\times$ 0,29 m ; entrait (z), deux moises de 0,15 m $\times$ 0,21 m ; pannes (m), 0,16 m $\times$ 0,19 m ; pannes (f), 0,16 m $\times$ 0,16 m ; pièces (g), deux moises de 0,15 m $\times$ 0,21 m ; montants (d), 0,16 m $\times$ 0,16 m ; longerons (v), 0,16 m $\times$ 0,16 m ; panne (w), 0,16 m $\times$ 0,19 m ; contre-fiches (a), 0,13 m $\times$ 0,16 m ; enfin chevrons, 0,08 m $\times$ 0,12 m. La couverture est faite en carton bitumineux.

Quand on peut placer des supports intermédiaires dans l'enceinte à couvrir, la disposition des pièces de la ferme dépend de la position de ces supports. Nous en trouvons un exemple dans la fig. 390. Le bâtiment a 20 m de largeur et

Fig. 390.

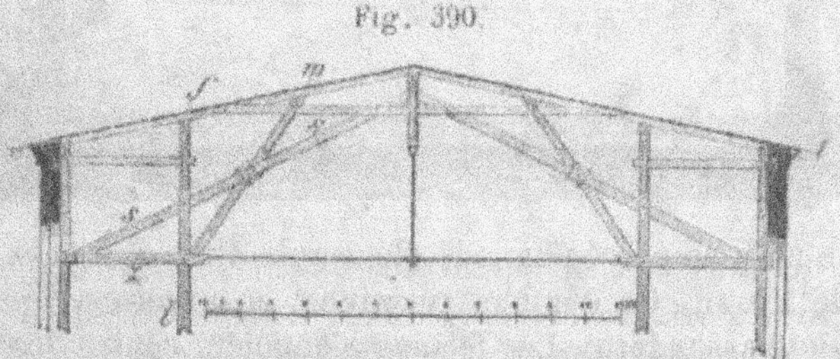

les supports intermédiaires sont à 3,70 m du mur extérieur. La panne faîtière repose directement sur la poutre armée à poinçon unique qui forme la partie principale de la charpente. Les arbalétriers s'assemblent à entaille sur les supports (t) et leur poussée est reçue par un tirant en fer, reliant les amorces

d'entrait (z). La panne (f) s'appuie directement sur le support
(t), tandis que la panne (m) repose sur une contre-fiche qui se
trouve divisée en deux parties égales par l'arbalétrier (s). Des
tasseaux maintiennent les abouts des deux parties de la contre-
fiche.

La fig. 391 représente une ferme retroussée de forme

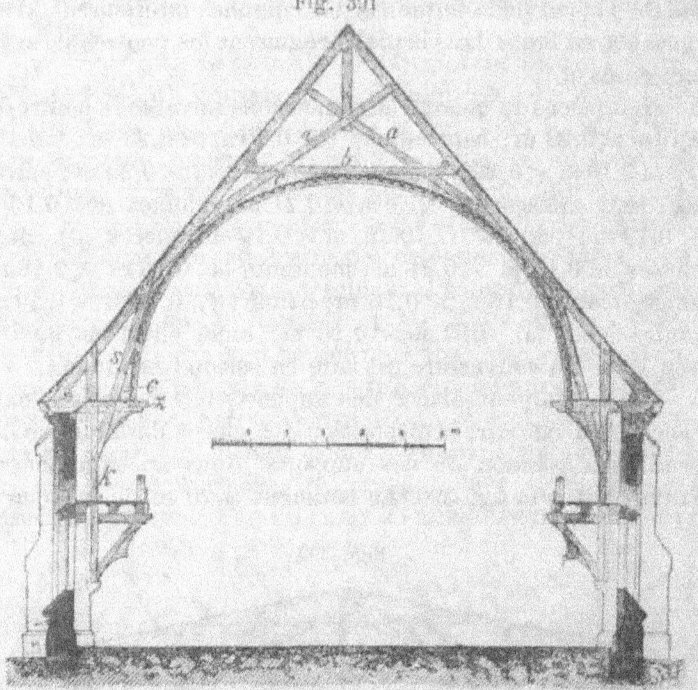

Fig. 391

particulière, employée dans la charpente d'un gymnase de la
ville de Brunn. Ce comble, recouvert en ardoises, présente
une pente assez forte. Les fermes s'appuient contre des montants doubles (k), partiellement encastrés dans des pilastres en
briques et reposant sur des consoles en pierre. Ces montants
embrassent entre eux les arbalétriers, les petites moises (z) et
les contre-fiches (s). Toutes ces pièces sont solidement assemblées en leur point de croisement par joint à entaille, avec serrage

par boulons. La partie supérieure des arbalétriers est soutenue par le faux-entrait (b) et par les contre-fiches (a'), s'entretoisant près du faîtage. Afin de mieux relier les pièces (a'), (b), (s) et (z), on a rempli les angles qu'elles forment entre elles par des fourrures triangulaires dont le côté intérieur est taillé suivant un arc de cercle de même rayon. De cette façon, le voligeage cloué à l'intérieur des fermes forme une voûte demi-cylindrique. Le faîtage est soutenu par une panne faîtière reposant sur le poinçon. Les côtés du bâtiment portent, à peu de distance du sol, deux petites galeries dont le mo le de construction ressort de la figure.

Pour résister à la forte poussée qui se produit aux appuis, on a renforcé le mur extérieur, au droit de chaque ferme, de

Fig. 392

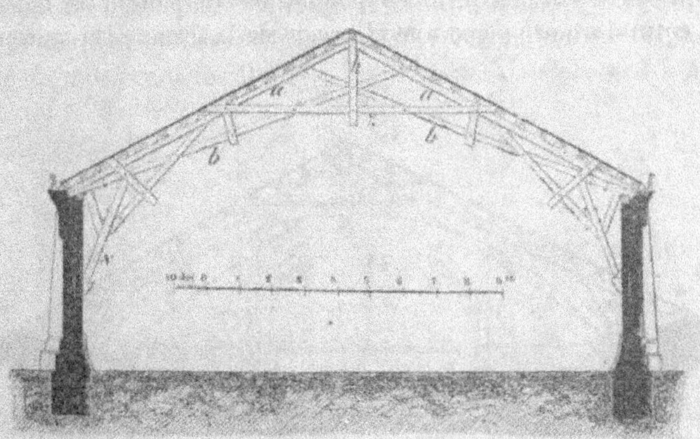

contreforts qui relèvent en même temps l'aspect des façades latérales. Cette construction est l'œuvre de l'architecte Prokop.

Nous citerons maintenant trois combles couvrant des enceintes servant de manège.

Le premier exemple, fig. 392, reproduit la ferme d'un des manèges de Vienne. La portée de cette ferme est de 22,75 m et elle est construite d'après le système Moller, qui est une forme particulière de ferme retroussée. Elle se compose prin-

cipalement de deux arbalétriers (a), sur lesquels on a suffisamment rapproché les pannes pour pouvoir supprimer les chevrons, et de deux longues contre-fiches (b), partant du pied
des arbalétriers, où elles sont réunies avec eux par des crans
et des boulons, et montant jusque près du faîtage. Ces quatre
pièces forment ensemble deux grands triangles, s'entrecroisant au sommet et renforcés par un poinçon (b). Ce premier
réseau est à son tour renforcé par des moises horizontales (z),
formant avec les arbalétriers et les contre-fiches une nouvelle
série de triangles. Ces moises résistent à la poussée exercée
par la partie supérieure des arbalétriers. Pour réduire et même
annuler celle qui provient de la partie inférieure, on soutient
l'extrémité des deux grands triangles par une jambe de force
(s), reposant sur des corbeaux scellés dans la maçonnerie. Des
contre-fiches et des aiguilles pendantes complètent la liaison
de cette dernière pièce avec le reste de la ferme. On voit que

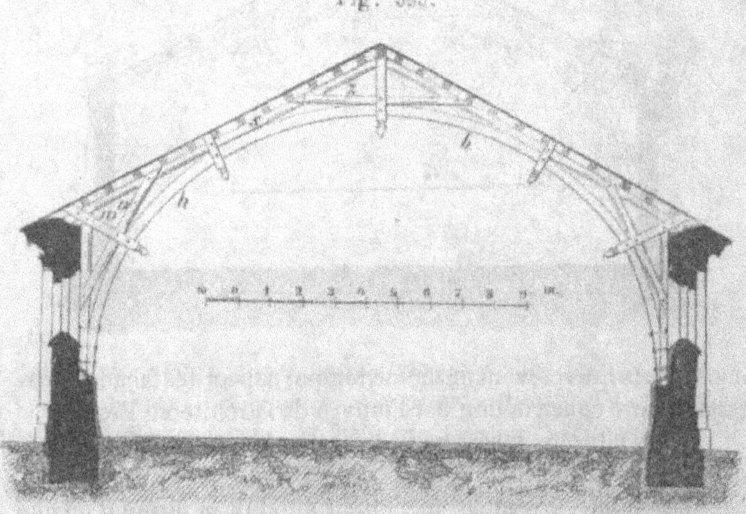

Fig. 393.

de la sorte, les pièces principales s'entrecroisent plusieurs fois,
ce qui donne une grande rigidité à la charpente et perme

de réduire dans une certaine mesure l'épaisseur des murs d'appui.

La fig. 393 représente la disposition **des** fermes du comble d'un autre manège de Vienne. Cette ferme est construite également d'après le système Moller qui repose en principe, comme nous venons de le voir, sur la multiplication du nombre des figures triangulaires que les pièces forment entre elles par leur entrecroisement. Deux arbalétriers droits (s) limitent la ferme par en-dessus et supportent les pannes, dont l'écartement est assez faible pour qu'il soit permis de supprimer le chevronnage. Elles sont entaillées puis clouées sur les arbalétriers. Au point de vue de la résistance, il eut été préférable de les maintenir par des échantignolles, comme dans la fig. 392. Le pied des arbalétriers repose sur un montant appliqué contre les murs de pourtour et descendant jusqu'à peu de distance du sol, et leur sommet est assemblé avec un poinçon formé de deux pièces moisées. Près du faîte, les deux arbalétriers sont réunis

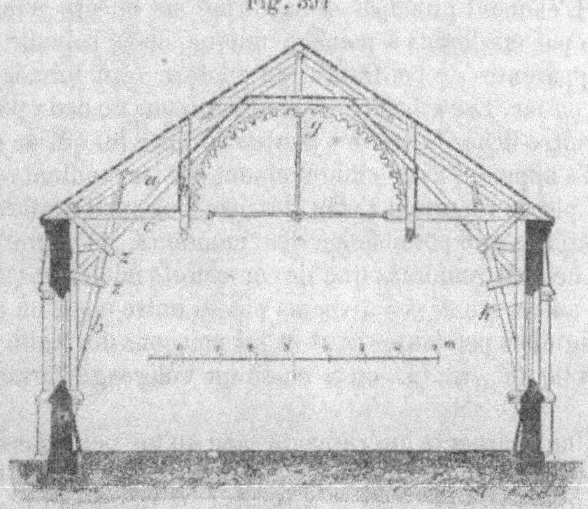

Fig. 394

par des moises horizontales (z), embrassées à leur tour par les moises du poinçon. Il est donc formé un premier triangle indé-

formable au sommet de la ferme. Le bas des arbalétriers est,
de même, relié aux montants par des moises (v) qui engendrent
de chaque côté un triangle, renforcé comme celui du sommet
par des moises (w), disposées en aiguilles pendantes. Pour augmenter la résistance du réseau ainsi formé et pour mieux
réunir les diverses pièces entre elles, on a soutenu les moises
(v) et (z) et le milieu des arbalétriers par un arc presque semi-
circulaire, que des aiguilles pendantes viennent saisir entre
elles et qui s'assemble à l'appui contre le pied des montants.
L'arc et les arbalétriers sont réunis en leur point de tangence
par des aiguilles pendantes, formées également de pièces moisées. L'adoption de la forme arquée pour l'une des membrures
de la ferme, fait paraître celle-ci plus légère et augmente en
même temps sa résistance. Ce mode de construction peut donc
se recommander à tous égards.

Tandis que dans les deux exemples précédents la charpente restait apparente, dans la fig. 394, nous avons une disposition où les fermes sont partiellement cachées par un plafond. L'élément principal de la ferme est encore une poutre
armée par en-dessus à poinçon unique, dans laquelle les parties apparentes de l'entrait et du poinçon sont formées de tirants en fer. Les arbalétriers sont soutenus en deux points par
des contre-fiches (a) et des jambes de force (b) qui se croisent
et qui s'appuient avec embrèvement sur les montants (k). Ces
deux pièces reportent l'effet des charges aussi uniformément
et aussi bas que possible sur les montants, de sorte que les
murs ne sont renforcés que de contreforts faiblement accusés.
Pour mieux réunir ces diverses pièces entre elles, on a ajouté
des aiguilles pendantes (z,z) et les poinçons (h). Enfin sur les
pièces (a), (c), (h), (g), on a cloué un voligeage formant plafond.

Une charpente intéressante bien qu'un peu massive, est
représentée dans la fig. 395 ; elle fut exécutée en 1864 par
l'architecte Hauer, pour le gymnase de Hanovre. L'enceinte
qu'il s'agissait de recouvrir a 30 m de longueur et 19,70 m de
largeur. Un voligeage cloué sur l'une des membrures des fer-

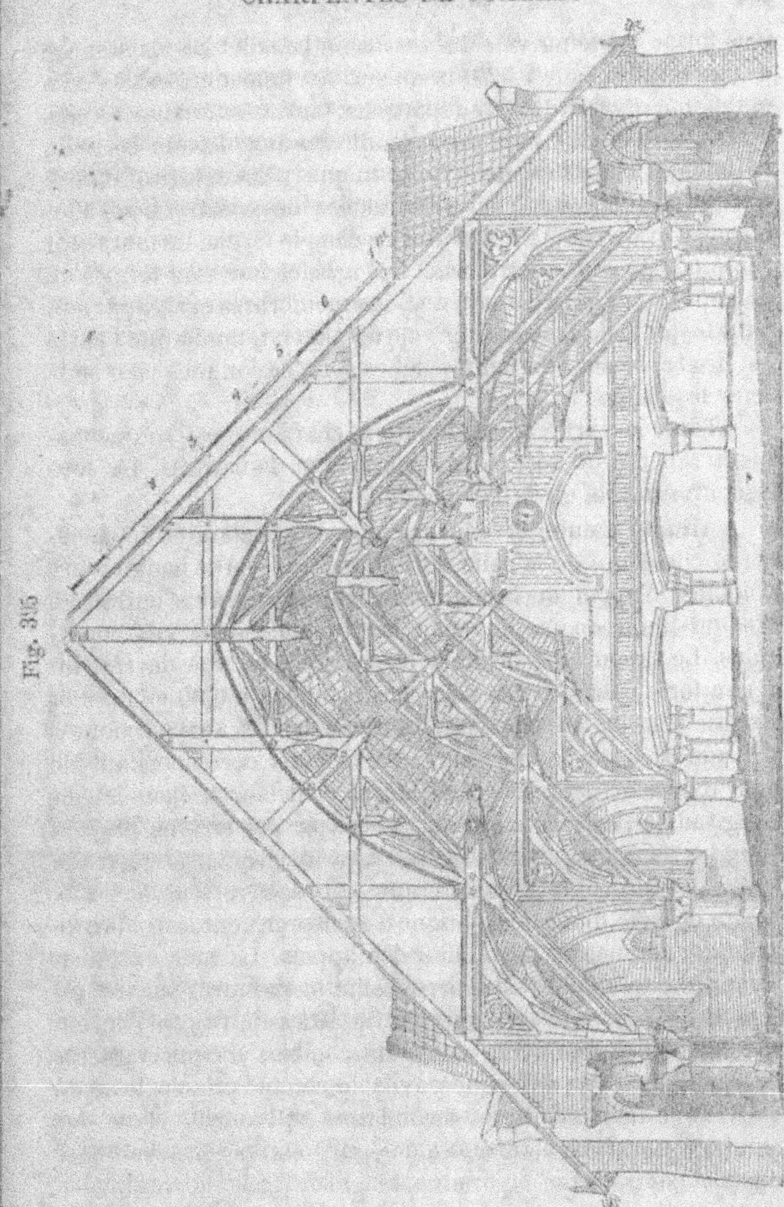

Fig. 395

mes forme voûte ogivale au-dessus de la salle. Les naissances de cette voûte sont à 5,90 m du sol. Au fond de la salle, on a établi une galerie de 3 m de largeur, destinée à recevoir des spectateurs et en communication directe avec l'avant-corps du bâtiment. Celui-ci est de style gothique ; il est construit en briques et présente tout à fait le caractère des constructions allemandes du Moyen-Age. Au droit de chaque ferme, les murs sont renforcés de gros contreforts. Les arbalétriers sont formés de deux poutres armées, dont l'une des membrures est arquée suivant le profil de la voûte ogivale du plafond, tandis que l'autre est droite, et dont les contre-fiches sont prolongées pour soutenir les pannes.

Toute la partie apparente de la charpente est soigneusement rabotée et décorée de peinture et de dorures. La couverture est faite en tuiles flamandes.

Afin de réduire la dépense de construction et de faciliter le chauffage de la salle, on a donné très peu de hauteur aux colonnes d'appui de la charpente. Une ferme avec entrait en bois ou tirant en fer devenait inadmissible dans ces conditions. Les appuis durent donc être étudiés en vue de résister à une forte poussée. On plaça des colonnes à 0,90 m du mur extérieur et on les relia avec lui par de petits arcs surmontés de murettes de remplissage. Aux points correspondants le mur extérieur est renforcé de larges contreforts. Dans le sens longitudinal, les colonnes sont reliées par des arcs en briques dont les tympans s'élèvent jusqu'à la charpente. L'intervalle entre ces arcs et le mur extérieur est recouvert d'une petite voûte ogivale, d'une demi-brique d'épaisseur, dont le poids contribue à augmenter la stabilité des appuis. Le mur extérieur ayant une très faible hauteur, il fallut le surélever par des pignons dans les travées pourvues de baies de fenêtre ; la toiture de ces parties forme de petits combles à deux versants se raccordant par des noues avec le comble principal. L'eau provenant de ces toitures secondaires se recueille dans des gouttières, qui la conduisent à des gargouilles placées au-dessus des contreforts.

Le mode de construction des appuis, fait que la portée des fermes est un peu moindre que la largeur du bâtiment. L'espace compris derrière la rangée de colonnes sert de passage pendant les réunions et permet de vider rapidement la salle à la fin des exercices.

La fig. 396 représente une autre forme de comble re-

Fig. 396

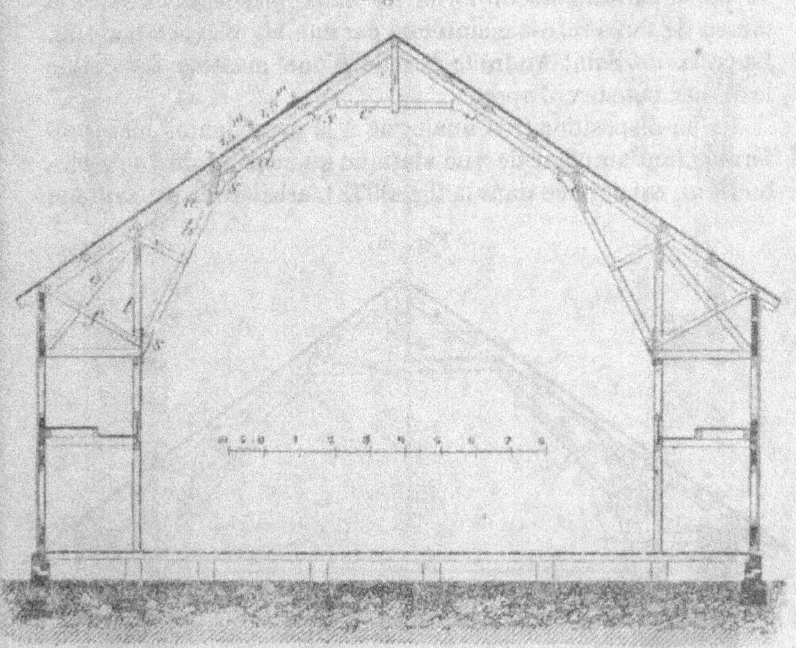

troussé. Cette charpente recouvre une grande salle sur les côtés de laquelle se trouvent deux galeries surélevées. On profita de cette particularité pour supprimer les butées en maçonnerie des appuis des fermes. La couverture repose sur cours de pannes sans chevronnage intermédiaire. Ces pannes sont écartées de 1,50 m et sont maintenues par des échantignolles. Le réseau élémentaire de la ferme se compose des arbalétriers (a), des jambes de force (b) et des sous-poutres (d), renforçant le milieu des arbalétriers et réunis avec eux par des clefs et des boulons. Afin que les extrémités des pièces (c) et (b) soient parfaitement maintenues, elles s'emboîtent dans des sabots en fonte (s), boulonnés sur l'arbalétrier et sur le poteau (t). Entre les abouts des pièces (b), (d) et (d), (c), on a interposé des feuilles de plomb. Le faux-entrait (c) est supporté par un poinçon formé de deux pièces moisées et la jambe de force (b) est maintenue par une aiguille pendante (z). La croix de Saint-André (e, f) relie d'une manière invariable les deux poteaux d'appui.

Une disposition très analogue à la précédente, mais préférable, tant au point de vue statique qu'au point de vue architectural, est donnée dans la fig. 397. L'arbalétrier est soutenu

Fig. 397

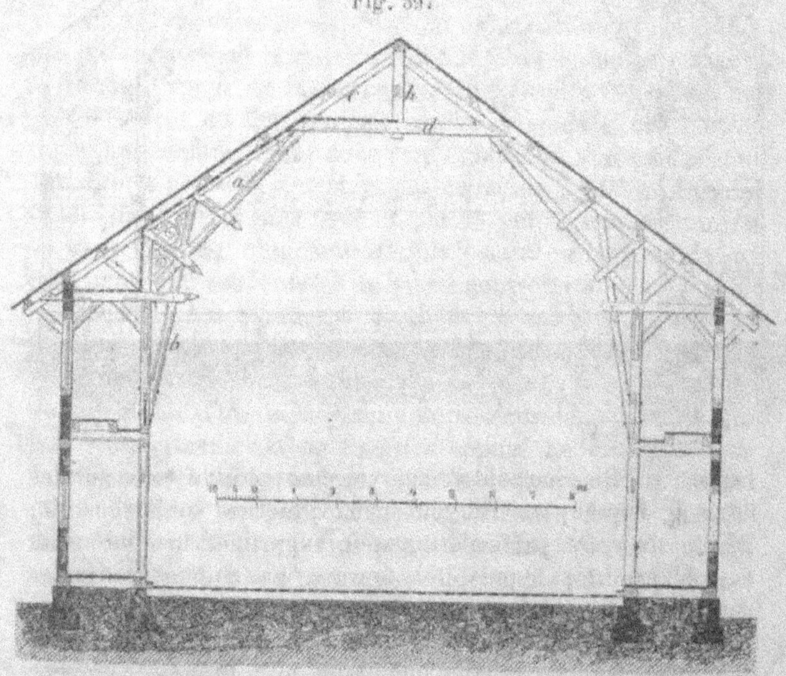

Fig. 398

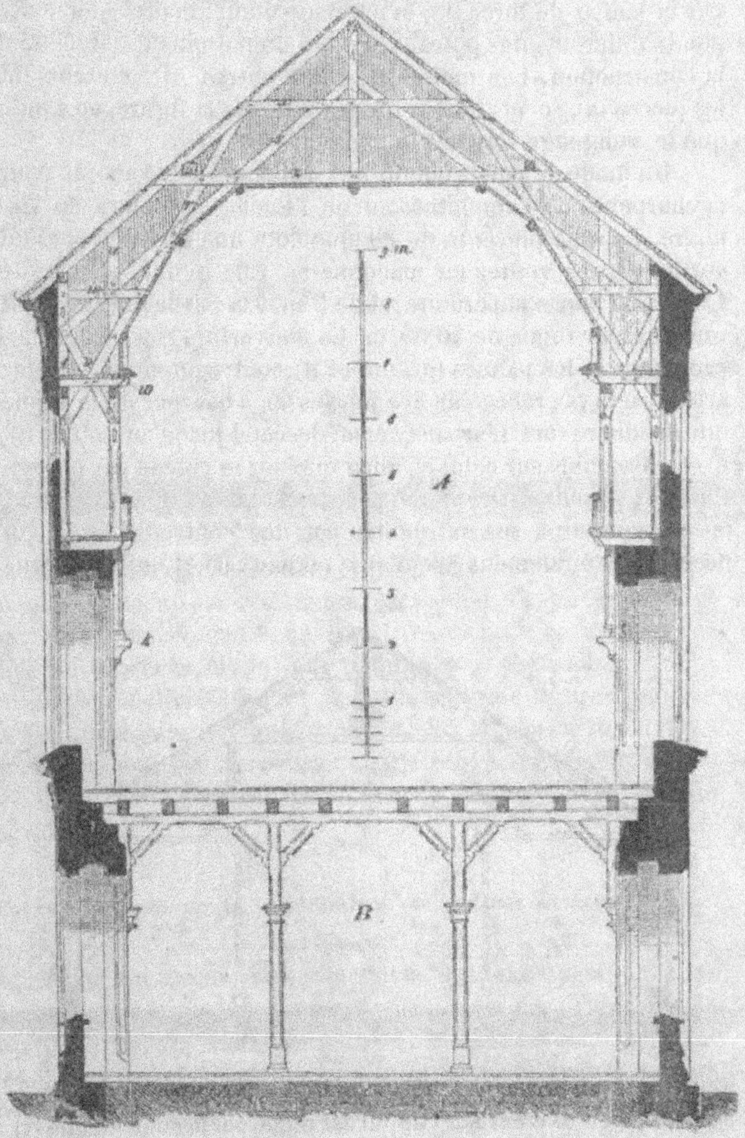

directement en deux de ses points par la contre-fiche (a) et
par la jambe de force (b), la poussée étant reportée en deux
points différents des poteaux, ce qui donne plus de stabilité à
la construction. Les moises du faux-entrait (d), embrassent
les pièces (a), (c) et (b). Sur un des côtés de la figure, on a indiqué le voligeage formant le plafond.

Un mode de construction fort rationnel a été adopté pour
la charpente de l'amphithéâtre de l'École supérieure de Hanovre. La salle présente de chaque côté une galerie reposant
sur de petites voûtes en maçonnerie. Elle a une largeur de
11 m. à la partie supérieure, et de 9 m. à la partie inférieure, et
une hauteur totale de 10,50 m. La couverture repose sur chevronnage et les pannes (p), (m) et (f) sont soutenues par des
arbalétriers (s), reliés par des moises (z), à hauteur de la panne
intermédiaire (m). L'arbalétrier (s) descend jusqu'au poteau (t);
il est assemblé sur celui-ci, ainsi que sur le poteau (u), par entaille, et le joint est renforcé par des boulons. Le faux-entrait
(z) est soutenu à ses extrémités par des contre-fiches (r), qui
descendent également jusqu'aux poteaux (t) et qui sont bou-

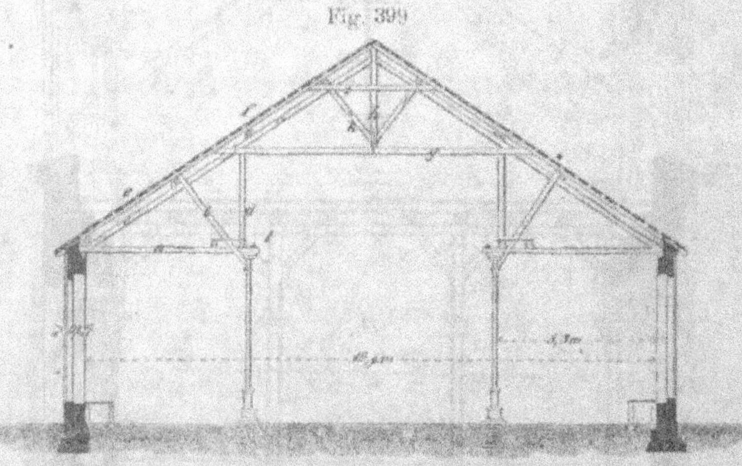

Fig. 399

lonnées sur les pièces (t), (u), (s) et (z). La poussée que l'arbalétrier tend à exercer sur l'appui est reçue par la contre-fiche (v)

qui est elle-même assemblée avec les poteaux (u) et (t). Enfin
les moises (w, w) relient ces dernières pièces entre elles d'une
manière invariable. Quant à la partie supérieure de la char-

Fig. 400

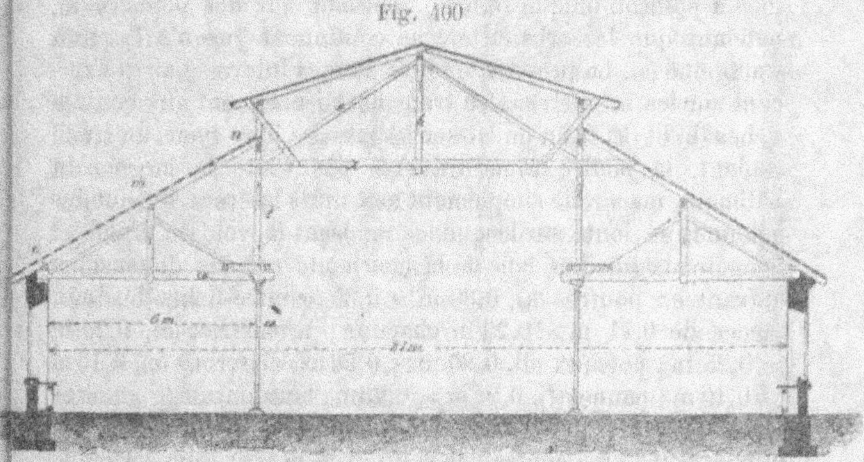

pente, elle est renforcée d'un entrait secondaire (x) qui en augmente beaucoup la résistance, en venant s'appuyer sur les
extrémités des contre-fiches (r). Il résulte du croisement des
différentes pièces et de leur réunion par des moises, que la
ferme est subdivisée en un grand nombre de figures triangulaires qui assurent l'indéformabilité de la charpente. Le poteau (u) repose sur un corbeau en granit (k), solidement encastré dans la maçonnerie. La salle sous l'amphithéâtre sert de
bibliothèque.

Fermes formées de la combinaison de poutres armées simples.

Nous en avons déjà rencontré des exemples dans les
fermes précédemment données, mais dans ces divers cas, la
charpente s'appuyait toujours sur un plancher des combles. Dans
les quelques exemples que nous citerons maintenant, la charpente reste apparente.

Une disposition fort simple fut adoptée pour les ateliers de réparation de l'usine George Marie à Osnabruck fig. 399. La partie supérieure de la ferme se compose d'une poutre armée à poinçon unique (c,h,g), reposant sur des poteaux (d), pendant que les arbalétriers se continuent jusqu'à l'entrait fractionné (a). La pression que les pannes intermédiaires exercent sur les arbalétriers se transmet directement aux contre-fiches (b) et (k). Afin de laisser le passage libre pour un treuil roulant, la poutre (a) ne traverse pas toute la largeur du bâtiment, mais relie simplement aux murs latéraux le haut des colonnes en fonte sur lesquelles reposent la voie du treuil et les poteaux (d). Les bois de la charpente ont les dimensions suivantes : poutres (a), $0,30$ m $\times 0,30$; contre-fiches (b), deux pièces de $0,11$ m $\times 0,23$ m chacune ; arbalétrier (c), $0,20$ m $\times 0,25$ m ; poteaux (d), $0,20$ m $\times 0,20$ m ; chevrons (e), $0,10$ m $\times 0,10$ m ; pannes (f), $0,21$ m $\times 0,23$ m ; faux-entrait (g), moises de $0,11$ m $\times 0,23$ m ; poinçon (h), $0,25$ m $\times 0,25$ m ; moises (i), $0,08$ m $\times 0,15$ m ; contre-fiches (k), $0,15$ m $\times 0,15$ m ; semelle (l), $0,21$ m $\times 0,23$ m.

L'écartement des fermes est de $4,50$ m.

La ferme de la fig. 400 est formée de trois poutres armées indépendantes, supportant une toiture composée d'un comble surélevé à deux longs pans et de deux appentis latéraux. La panne faîtière repose sur le poinçon de la poutre du milieu qui se compose des arbalétriers (s), du poinçon (h) et de l'entrait moisé (z). Le chevronnage des appentis s'appuie d'une part sur la panne (n), et d'autre part sur les pannes (m) et (o) qui reposent sur les poutres armées latérales. Celles-ci sont supportées par les murs longitudinaux et par les colonnes (u) sur lesquels s'appuient aussi les poteaux (t) qui soutiennent la partie supérieure de la charpente. L'écartement des fermes est de 5 m et la longueur totale du bâtiment est de 21 m.

Une disposition très analogue à la précédente et tout aussi simple est donnée en coupes transversale et longitudinale dans la fig. 401. Elle reproduit la charpente du hangar à charbon de l'usine à gaz de Magdebourg. Ce hangar terminé

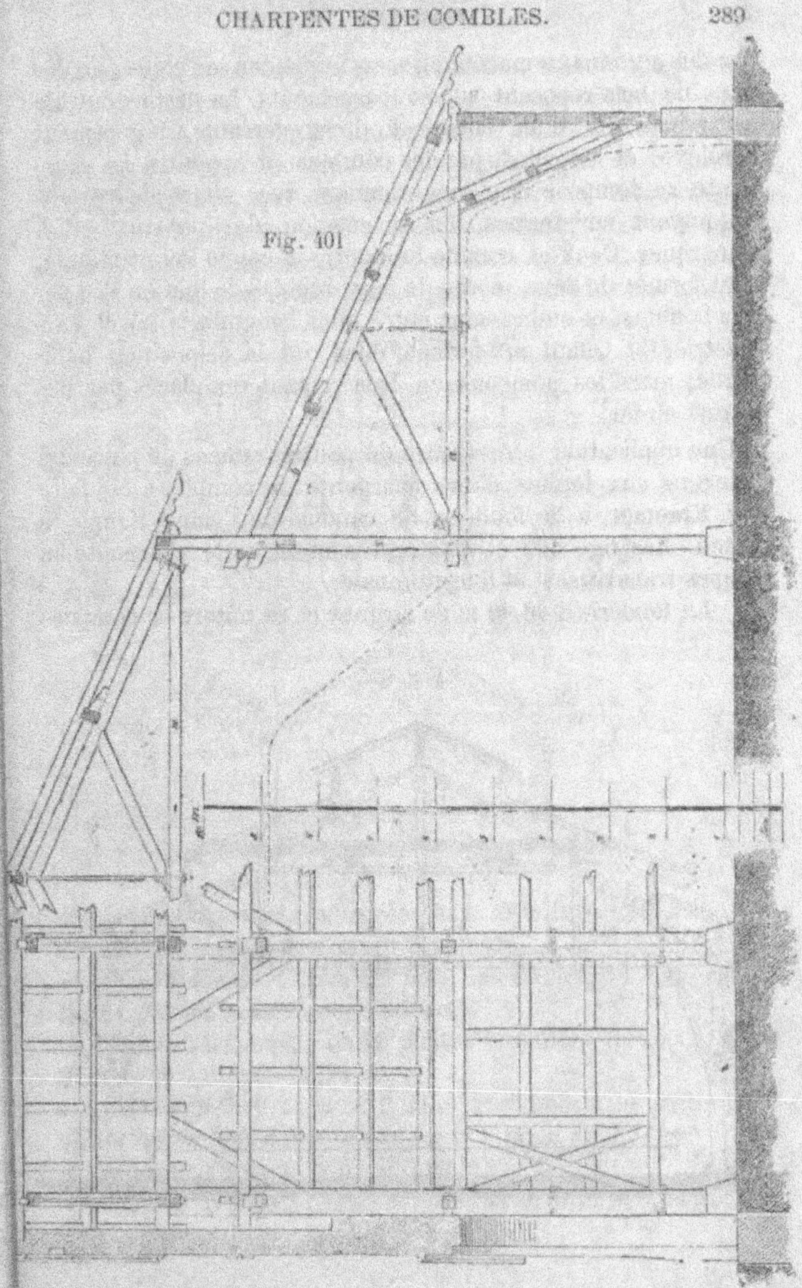

Fig. 401

par des pignons en maçonnerie, est fermé sur ses côtés par des
pans de bois reposant sur soubassements. La partie centrale
est recouverte d'un comble à deux versants, légèrement
surélevé, et les côtés, par des combles en appentis. La charpente se compose d'un chevronnage avec cours de pannes
s'appuyant sur fermes. La disposition des poteaux est à
remarquer. Ceux-ci, comme le montre la coupe longitudinale,
sont formés de deux pièces de bois, réunies de loin en loin par
des boulons, et embrassant entre elles les entraits (a) et l'arbalétrier (b). Quant aux fermes, elles ont la disposition habituelle, mais les poinçons en bois y sont remplacés par des
tirants en fer.

Une application intéressante de poutres armées de plusieurs
poinçons aux fermes d'une charpente de comble, a été faite
par Kraemer, à la fonderie de canons de l'usine Krupp, à
Essen. Les fig. 402 et 403 représentent cette charpente en
coupes transversale et longitudinale.

La fonderie a 46,40 m de largeur et sa toiture se compose

Fig. 402.

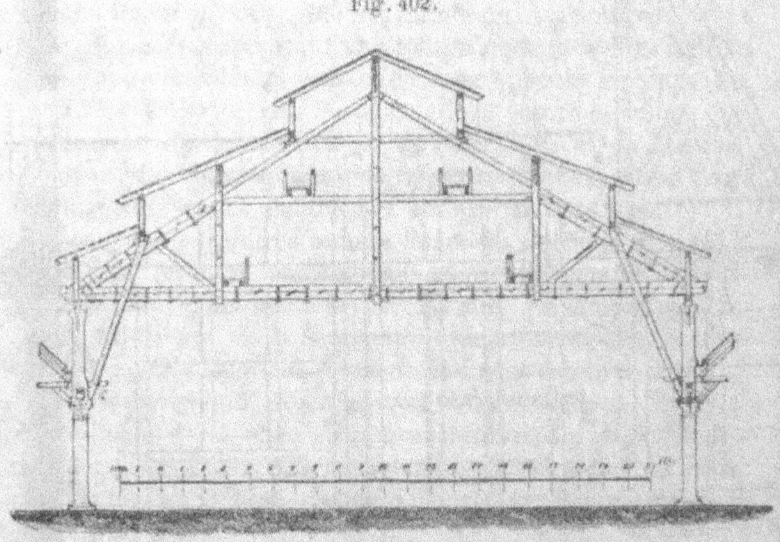

de trois combles contigus, celui du milieu mesurant à lui seul 26,89 de largeur. L'écartement des fermes principales est de 13,445 m et dans l'intervalle se trouve une ferme semblable, mais reposant sur poutres au lieu de s'appuyer sur colonnes. Cette charpente, qui sort un peu des formes habituelles, a parfaitement réussi. Quatre passerelles, régnant sur toute la longueur du bâtiment, relient les entraits des fermes entre eux et servent en même temps de contreventement longitu-

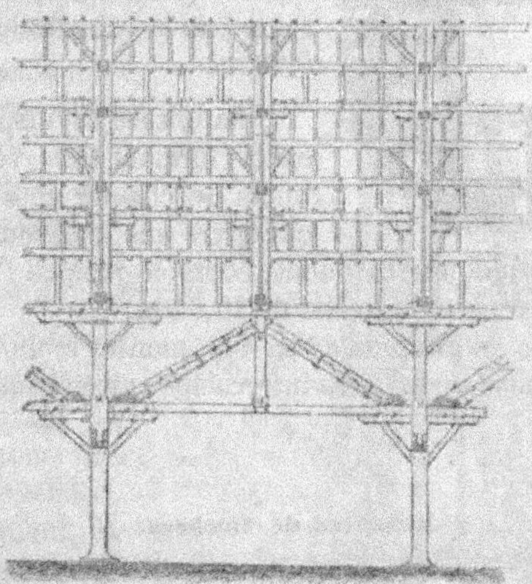

Fig. 403

dinal. Les ouvertures ménagées dans la toiture sont disposées de manière à pouvoir s'ouvrir à volonté.

Les diverses pièces de bois des fermes du hangar du milieu ont les équarrissages suivants :

Entrait principal, deux pièces jumellées de 0,21 m $\times$ 0,24 m et 0,21 m $\times$ 0,21 m.

Arbalétriers 0,21 m $\times$ 0,24 m, renforcés à la partie inférieure de sous-poutres jumellées de 0,21 m $\times$ 0,31 m.

Entrait relevé 0,18 m $\times$ 0,29 m ;

Jambe de force, pièces moisées de 0,10 m $\times$ 0,24 m ;

Contre-fiche (c) 0,15 m × 0,25 m, contre-fiche (d) 0,15 m × 0,15 m ;

Pannes 0,125 m × 0,25 m ; chevrons 0,075 m × 0,175 m ;

Sous-poutre des longerons 0,075 m × 0,20 m ; poinçons, deux pièces de bois de 0,21 m × 0,21 m ; entrait secondaire près

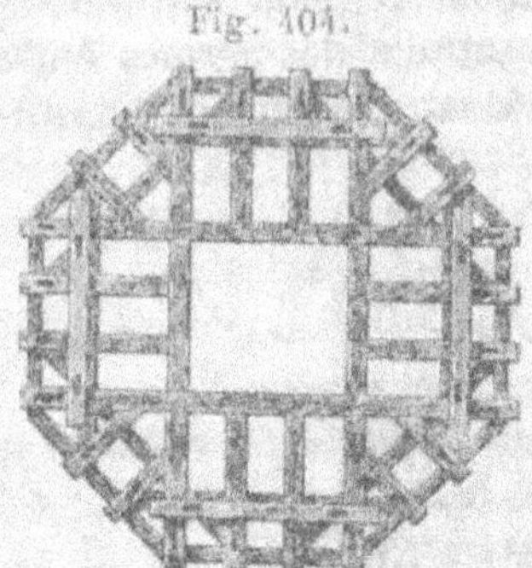

Fig. 404.

du faîtage 0,18 m × 0,24 m : pannes secondaires 0,13 m × 0,13 m ; poteaux sous les fermes intermédiaires 0,18 m × 0,21 m ; poutres des passerelles 0,13 m × 0,14; rampe de la balustrade 0,08 m × 0,08 m.

La toiture est disposée en escalier, formant trois versants distincts de chaque côté du faîtage et couvre une longueur de 130 m.

La hauteur totale du bâtiment, comptée jusqu'à l'arête supérieure de la panne faîtière est de 19,64 m.

La coupe longitudinale fig. 403, montre le mode de support des fermes secondaires intercalées entre chaque paire de colonnes.

Combles de clochers.

Le mode de construction des charpentes de clochers est resté pendant fort longtemps ce qu'il était au XIIIme siècle; il n'y a qu'une soixantaine d'années qu'on a commencé à chercher des dispositions nouvelles, notamment l'architecte Moller, de Darmstadt, qui imagina un mode de construction qui porte encore son nom.

Les anciennes charpentes se composaient d'une série d'étages indépendants, formés suivant les pans, de montants et de croix de St-André, et séparés l'un de l'autre par des planchers. Dans l'axe de la flèche se trouvait un fort poteau ou mât, reliant les divers étages et s'élevant jusqu'à la pointe

du clocher. Sur ce poteau s'assemblaient les poutres des divers
planchers, à tenon et mortaise ou à entaille. Le plancher inférieur reposait sur une sablière que l'on encastrait de ce qu'il fallait dans la maçonnerie pour faire affleurer sa face supérieure avec le mur. Sur la charpente ainsi formée s'appuyaient les chevrons, dont la partie supérieure s'assemblait également sur le poteau central.

La disposition imaginée par Moller offre l'avantage de prendre moins de bois et de rendre, par conséquent, la charpente plus légère et plus économique. Elle donne aussi la facilité de remplacer les pièces défectueuses, quand le besoin s'en fait sentir.

Fig. 405

La fig. 405 re-
présente en coupe la charpente d'une flèche construite d'après
ce système.

Ordinairement le rapport entre la hauteur totale de la flèche et la largeur de la base varie de 3,5:1 jusqu'à 5:1. Sur la partie supérieure de la maçonnerie, on pose deux séries de sablières, dont les extrémités sont assemblées par entaille. Ces bois ne sont pas encastrés dans la maçonnerie, mais reposent simplement sur elle, afin d'être moins exposés à se détériorer. Sur ces sablières s'appuient deux poutres parallèles, disposées de façon à ce que leurs arêtes extérieures concordent avec les angles correspondants de l'octogone représentant le plan de la flèche, fig. 404. On place de même, dans la direction perpendiculaire, deux autres poutres formées de parties s'assemblant à tenon et mortaise sur les deux premières. Sur cette ossature viennent s'assembler des soliveaux

Fig. 406 A—C.

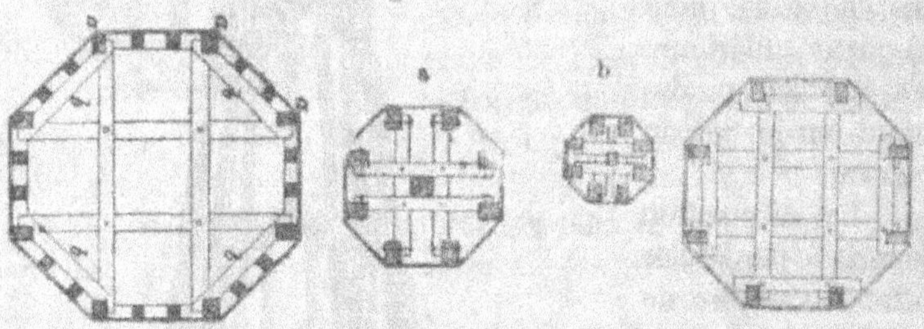

à des distances de 1 m ou 1,50 m l'un de l'autre. L'ensemble de cet empoutrement constitue la base de la charpente du clocher et repose simplement sur la maçonnerie, sans être rattaché avec elle par des ancrages, afin d'éviter qu'il n'y ait transmission des vibrations accidentelles de la flèche.[1]

On subdivise ensuite la hauteur totale de la charpente en étages de 3 m à 4,50 m, chaque étage étant composé, pour une flèche de forme octogonale, de quatre tréteaux formés d'une croix de St-André et de deux sablières, placés, deux

[1] Il est essentiel, avec une pareille disposition, de s'assurer, par le calcul de la stabilité de la flèche du clocher. A cet effet, on déterminerait la valeur maximum du moment que le vent engendrerait, en tendant à renverser la flèche autour de l'un des côtés de sa base, et l'on verrait si le moment du poids de la flèche, pris par rapport à cette même arête, l'emporte sur le premier.

par deux, dans des plans diamétralement opposés. Les sablières supérieures supportent deux poutrelles, aboutissant aux angles de l'octogone et se croisant à angle droit avec celles reposant sur les deux autres tréteaux, fig. 404. Ces poutrelles sont disposées de façon à soutenir les chevrons d'angle qui jouent ici le rôle d'arêtiers. Elles soutiennent aussi les sablières inférieures des tréteaux de l'étage suivant, la construction précédente se répétant une ou plusieurs fois suivant la hauteur de la flèche. Ainsi, si cette hauteur était de 12 à 15 m, il suffirait de deux étages. Arrivé à la partie supérieure du second étage, on relie les arêtiers par des poutrelles transversales qui servent en même temps à maintenir le poteau central supportant la pointe de la flèche. Ces poutrelles sont entaillées d'une certaine quantité sur les arêtiers et l'on assemble de même par entaille, avec serrage par boulons, toutes les pièces qui se croisent. Les chevrons formant arêtiers ont une section rectangulaire et sont d'un équarrissage plus fort que les chevrons intermédiaires.

La fig. 406, A représente la disposition des bois au premier étage ; la fig. 406, B, celle du second étage et enfin la fig. 406, C, le mode de liaison des arêtiers dans les deux derniers étages.

Moller recommande de se conformer dans ces combles aux indications suivantes :

1). Remplacer l'assemblage ordinaire à tenon et mortaise par l'assemblage en queue-d'aronde et éviter que la pénétration n'excède 0,04 m, afin de ne pas trop affaiblir les pièces de bois.

2). Faire simplement reposer la charpente sur la maçonnerie, sans établir de liaison entre les deux.

3). Construire l'intérieur de la flèche aussi légèrement que possible et renforcer, par contre, ses parois extérieures.

4). Supprimer le grand poteau central, de poids considérable, pour le remplacer par une pièce légère et de peu de longueur sur laquelle vient s'assembler la partie supérieure des chevrons et se poser la pointe de la flèche.

5). Ne pas interrompre les arêtiers par des traverses horizontales, mais, quand les bois sont trop courts, les allonger en joignant les pièces directement l'une à l'autre.

6). Bien réunir les pans de flèche entre eux, de manière à n'exercer à la base qu'une pression verticale sur les murs.

7). Les liaisons horizontales doivent être répétées de distance en distance, de manière à diviser la pyramide totale en plusieurs troncs de pyramide superposés.

8). Toutes les mortaises dans lesquelles l'eau pourrait se rassembler doivent être évitées. Là où cela n'est pas possible, il faut ménager un orifice d'écoulement à l'eau.

9). Les sablières et poutres ne doivent pas s'encastrer dans la maçonnerie, mais doivent reposer librement sur les murs.

10). Favoriser le plus possible le passage de l'air.

11). Tous les bois doivent être assemblés de telle façon que l'on puisse facilement remplacer ceux qui commenceraient à se détériorer. Il ne faut donc pas placer les poutrelles horizontales dans le plan même des arêtiers, mais sur les côtés de ces derniers.

12). Dans les flèches de grandes dimensions, il faut ajouter quelques entretoises horizontales en plus du soutènement des arêtiers, et cela pour assurer la solidité de la charpente, tant pendant le montage que pendant les réparations.

13). A chaque étage, il faut ménager au moins une fenêtre, afin de pouvoir vérifier facilement si les bois ne se sont pas endommagés.

Intersection et combinaison des combles.

Combles formant croupe droite. — Lorsque les pignons sont remplacés par des pans triangulaires inclinés, descendant jusqu'au niveau des égouts des deux longs pans, on

obtient un comble formant c r o u p e [1]). L'intersection de deux
pans de même inclinaison donne naissance à une arête saillante ou à une arête rentrante, appelée respectivement
arêtier ou noue, dont la projection horizontale est toujours
une ligne droite, coïncidant avec la bissectrice de l'angle
formé par les deux murs d'appui. La fig. 407 donne en

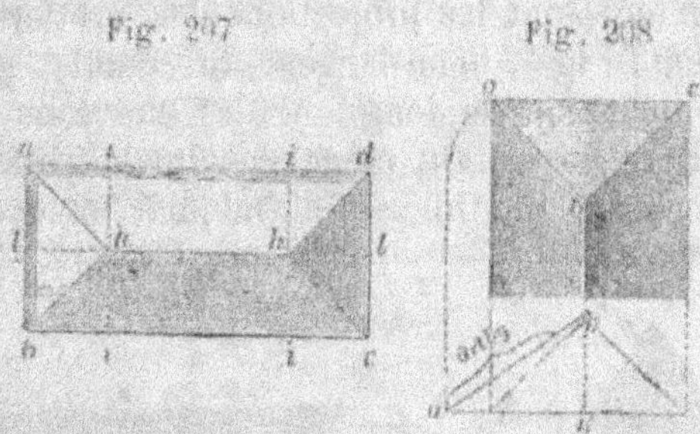

Fig. 407   Fig. 408

abcd) le plan d'un comble terminé par des croupes droites
en (ab) et (cd). (ah) et (bh) d'une part, et (ah) et (eh) d'autre part, sont les projections des arêtiers. (hh) est la ligne
de faîte et les points (h) sont les sommets des croupes. Les
fermes de la charpente doivent être disposées de façon qu'il
y en ait toujours une au droit du sommet des croupes.
Contre cette ferme viennent s'appuyer les arêtiers, qui sont
ordinairement supportés par des demi fermes et sur lesquels
portent les abouts des empanons. [2])

Pour avoir la vraie longueur de l'arêtier, on construit un
triangle rectangle dont l'un des petits côtés est égal à la flèche
du comble et dont l'autre est égal à la projection horizontale
de l'arêtier. Ainsi dans la fig. 408, la flèche est représentée
par (bb') et la projection de l'arêtier est reportée en (ab'); l'hy-

---

[1]) On dit que la croupe est droite quand sa ligne d'égout est perpendiculaire
à celles des deux longs pans, et qu'elle est biaise, quand cette ligne est oblique
par rapport aux deux autres.

[2]) Les empanons sont les chevrons d'inégale longueur, recouvrant la croupe
et les extrémités des longs pans. Ils sont assemblés par une extrémité sur les
arêtiers et par l'autre sur la plate-forme du comble.

pothénuse de ce triangle représente donc la vraie grandeur de l'arêtier.

Pour obtenir la surface des versants, en vraie grandeur, on effectue leur rabattement autour de la ligne d'égout, comme le montre la fig. 409, A et B.

Soit (abcd) le plan d'un comble terminé par une croupe droite ; (eb) et (ec) sont les projections des arêtiers. Faisons dans la fig. 409 B, fg = demi-largeur du comble, gi = la flèche et hg = eb ; alors la longueur des chevrons est (if) et celle des arêtiers est (ih). On mène ensuite la parallèle (eh) à (bc) et l'on porte sur elle (hl) = (fi). On joint (cl) et l'on mène

Fig. 409 A—B.   Fig. 410.

par (l) une parallèle à (cd) ; la surface (dclm) représentera alors le rabattement du pan (necd) sur le plan horizontal. On opère de même pour le pan opposé.

Pour tracer le rabattement de la croupe, on décrit des points (b) et (c), comme centres, avec un rayon égal à la longueur de l'arêtier, deux arcs de cercle, dont le point d'intersection donne le rabattement (g) du sommet de la croupe ; il suffit de joindre (bg) et (cg) pour compléter le tracé.

Combles à croupes biaises. — La croupe est alors formée de la manière suivante (fig. 410). On mène la parallèle (fg) à égale distance de (eb) et (ec) ; elle représente la projection de la ligne de faîte, puis on élève en (b) une perpendiculaire à (bc), sur laquelle on fait bd = demi-largeur du bâtiment soit = (ef). On mène par (d) une parallèle à (bc) laquelle coupe la ligne de faîte en (g). Les droites (bg) et (cg) représentent alors les projections horizontales des arêtiers, (g) étant le sommet de la croupe. En ce point et perpendiculairement aux murs de façade, se trouve la ferme (xgx), contre laquelle les arêtiers prennent leur appui. Les empanons (y) et (z) sont dirigés normalement aux lignes d'égout.

Combles à versants gauches. — Ces combles prennent naissance quand les murs longitudinaux ou de façade ne sont pas parallèles entre eux ; quant aux murs de pignon, ils peuvent indifféremment faire un angle aigu, droit ou obtus avec les premiers, fig. 411, A-C.

Afin de simplifier le plus possible la disposition de la

Fig. 411 A—C.

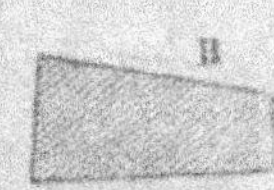

charpente, on dirige ordinairement le faîtage parallèlement à l'un des deux murs longitudinaux, fig. 412, A-B. Dans ces

Fig. 412.

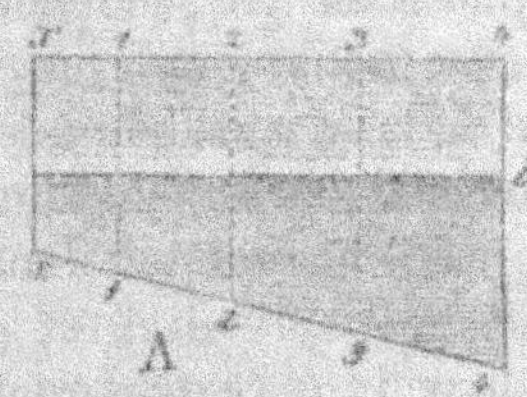
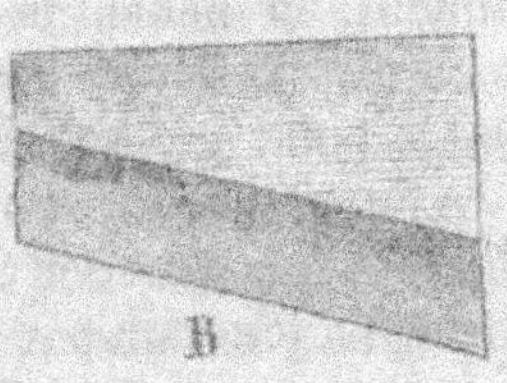

conditions, l'un des versants reste parfaitement plan, tandis que l'autre, celui pour lequel le faîtage est oblique par rapport à l'égout, devient une surface gauche, car la ligne de faîte (ab) étant horizontale et les chevrons (ax, a1, a2), etc., fig. 413, ayant des longueurs et des pentes différentes, il en résulte entre deux chevrons successifs des bandes d'inclinaisons différentes, s'appuyant d'une part sur le faîtage horizontal et de l'autre sur la ligne d'égout.

Les croupes dans un comble à surface gauche sont toujours des **surfaces planes**. Mais leur intersection avec la surface gauche n'est jamais une droite, mais une courbe qu'il faut déterminer pour pouvoir faire le tracé de l'arêtier.

Il peut cependant se présenter des cas où les arêtiers courbes peuvent être évités et, de fait, en pratique, on les évite le plus possible. Nous distinguerons donc deux sortes de combles à surfaces gauches.

1° Ceux avec arêtiers droits, et 2° ceux avec arêtiers courbes.

Le tracé, dans le premier cas, se fait de la manière suivante, fig. 414 : On commence par déterminer la largeur moyenne

Fig. 413.　　　　　　　　　　　　Fig. 414.

du bâtiment, en menant la perpendiculaire (er) par le milieu de (ab) et en divisant cette largeur en deux parties égales (eg) et (gf). Par le point (g), on mène la ligne de faîte parallèle à (ab). On trace ensuite la bissectrice de l'angle (dab), ce qui donne le point (h), puis l'arêtier (bi) par le procédé indiqué dans la fig. 410.[1] La jonction par des droites des points (h,d) et (i,c) donne les arêtiers (hd) et (ic). Pour que ceux-ci restent rectilignes, il faut que les parties de versant qui intersectent les croupes soient des surfaces planes. A cet effet, on fixe la position des fermes d'appui (kl) et (mn) et l'on donne aux surfaces triangulaires (hdl) et (inc) une forme plane, tandis que la partie (lhin) reste une surface gauche. Il en résulte un léger bris au droit des lignes de raccordement des trois surfaces.

---

[1] Quand les versants ont même inclinaison, on obtient (bi) plus rapidement en traçant simplement la bissectrice de l'angle (abc).

Dans la partie (lhin) les chevrons restent parallèles aux fermes
(kl) et (mn), tandis que les empanous des extrémités triangulaires sont perpendiculaires à la ligne d'égout du versant.

Les avantages de l'arêtier droit se comprendront mieux

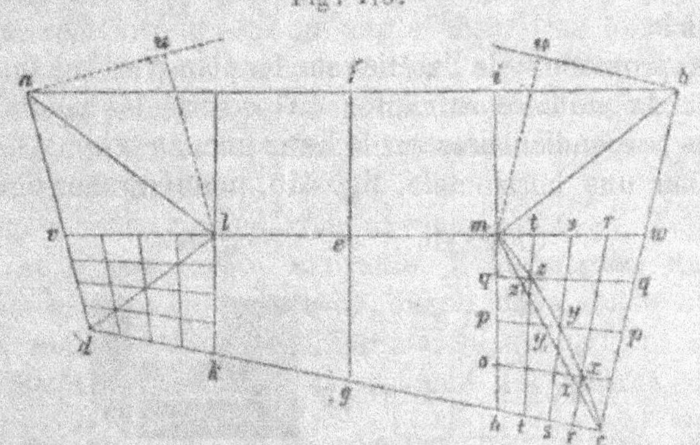

Fig. 415.

quand nous aurons décrit la disposition avec arêtier courbe,
fig. 415.

Soit en (abcd) le plan de la toiture. On détermine la ligne
de largeur moyenne en prenant sur la médiane (fg), ef = eg.
Par le point (e), on mène une parallèle (vw) à (ab), laquelle
représente la projection de la ligne de faîte. Pour obtenir les
extrémités (m) et (l) du faîtage, on élève sur (ad) en (a) et sur
(cb) en (b) des perpendiculaires, et l'on prend sur ces droites
des longueurs (au) et (bu) égales à la demi-portée (ef). On
mène ensuite par (u) des parallèles aux rives (ad) et (bc), coupant la ligne de faîte en (l) et (m) et déterminant par conséquent la longueur (lm) du faîtage. La surface (abml) est
plane puisqu'elle contient les deux parallèles (lm) et (ab). Pour
obtenir les arêtiers du côté de la surface gauche, on trace
d'abord les lignes (lk) et (mh) des fermes de croupe et on
divise chacun des côtés du quadrilatère (mwch) en un nombre
déterminé de parties égales, en quatre, par exemple, de telle
sorte que sur les côtés opposés, on a les points de division
(t,s,r) et (p,q,o). On joint ensuite les points correspondants

(tt,ss,rr et qq, pp, oo) par des droites qui se coupent en des points (x,y,z). La jonction des points (c,x,y,z,m) donne la projection horizontale de l'arêtier.

On procède de même pour le quadrilatère (vlkd). Les croupes (qld) et (bcm) sont planes, tandis que la surface (lmcd) est gauche.

La projection de l'arêtier sur le plan vertical (mc) s'obtient de la manière suivante : on projette les points (z,y,x) par des perpendiculaires sur la ligne (mc) en (x_1,y_1,z_1), puis on porte sur une horizontale, fig. 416, une longueur égale $(cx_1$

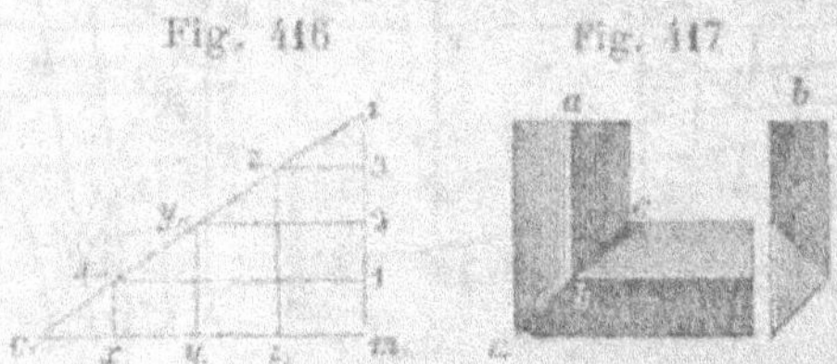

Fig. 416   Fig. 417

$y_1z_1m)$ et l'on mène des verticales par les points (x_1y_1z). On fait ensuite (m,i) égal à la flèche du comble et on la divise dans le même nombre de parties égales que (mw) sur le plan.

Si l'on mène maintenant par les points (1,2,3) des horizontales, elles couperont les verticales en des points $(x_{11}y_{11}z_{11})$ et $(c_1x_{11}y_{11}z_{11}i_1)$ sera la projection verticale de l'arêtier.

Sa véritable forme est définie par les ordonnées (zz_1),

Fig. 418 A—B.

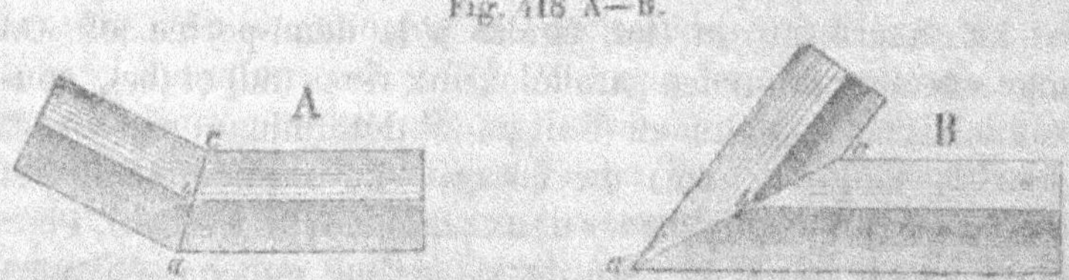

(yy_1) et (xx_1), portées perpendiculairement au plan de la figure au-dessus des points $(z_{11}y_{11}$ et $x_{11})$.

Combles composés. — Quand une construction présente des parties saillantes ou coudées sa toiture est aussi formée de parties distinctes, se pénétrant l'une l'autre à la manière de prismes triangulaires horizontaux, dont la face la plus grande coïnciderait avec le plan horizontal, tandis que les deux autres auraient même grandeur et inclinaison.

Le cas le plus simple de combles composés de ce genre est celui dans lequel deux corps de bâtiment, de même largeur, se rencontrent sous un angle aigu, droit ou obtus, fig. 417 et 418 A et B. Si les combles ont alors même largeur, on obtiendra en plan la ligne de pénétration, en joignant simplement par une droite les points d'intersection des rives intérieures et extérieures.

On appelle, comme nous savons, a r ê t i e r, l'arête saillante, et n o u e l'arête rentrante. L'intersection des deux combles est encore une droite, quand deux toits de même flèche, mais de largeur différente, se rencontrent à angle droit, fig. 419. Le faîtage de chacune des toitures se trouve

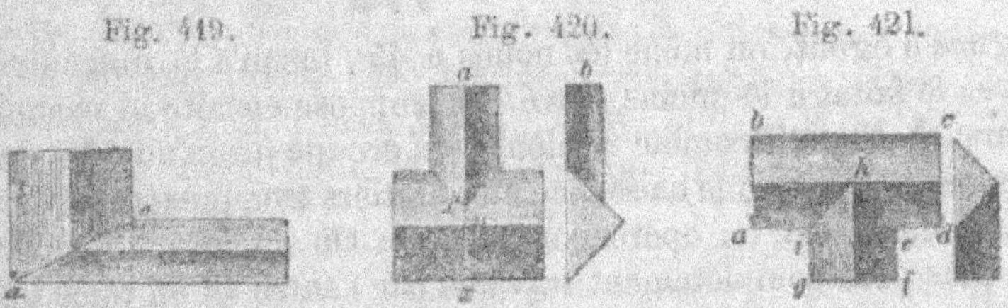

Fig. 419.Fig. 420.Fig. 421.

dans l'axe du bâtiment et les lignes de faîte se coupent en (b), (ab) étant l'arêtier et (bc) la noue.

Mais quand l'un des corps de bâtiment se trouve avoir une hauteur moindre que l'autre, fig. 420, la pénétration est toute entière d'un seul côté du faîtage le plus élevé et se compose de deux noues. On dispose alors une ferme dans la direction (xyx), en ayant soin de rendre l'appui extrême (x) parfaitement invariable. Quand les deux corps de bâtiment ont même largeur, soit (ab) = (gf), fig. 421, et les deux combles même hauteur et inclinaison, les deux faîtages sont dans un même plan horizontal et les deux noues sont symétriquement disposées par rapport au point de rencontre (h) des faîtages.

Une disposition se rapprochant beaucoup de la précédente
est donnée dans la fig. 422 ; elle représente la rencontre d'un
comble à deux versants avec un comble en appentis.

Dès que la hauteur des deux combles n'est plus la même
fig. 423, le raccordement doit se faire d'une manière différente.

On commence par tracer les lignes de faîte dans l'axe des
deux corps de bâtiment, puis, par les points d'intersection des

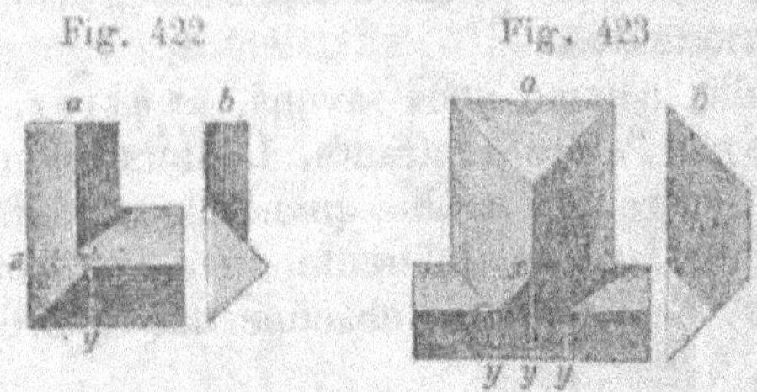

Fig. 422   Fig. 423

lignes d'égout, on mène les noues à 45°, jusqu'à la rencontre
avec le faîtage le moins élevé. On suppose ensuite le second
versant du petit comble prolongé en croupe jusqu'au faîte du
grand, ce qui donne naissance aux arêtiers tronqués (xx). Pour
faire leur tracé, on opère comme suit : On suppose le comble
le plus petit complètement traversé par l'autre et on trace les
deux croupes à l'extrémité de ce dernier, sans se préoccuper
du petit comble. On mène ensuite la ligne de faîte du petit
comble et les points où celle-ci rencontre les arêtiers de
croupe sont les naissances des arêtiers tronqués. La fig. 424
donne un exemple de l'application de cette règle. On prolonge
le comble principal (abch) jusqu'en (fg), puis on trace les
arêtiers (lf) et (lg) et la ligne de faîte qui rencontre ces derniers en (m) et (n). (cm) et (hn) sont les noues et (ml) et (nl) les
arêtiers tronqués de la ligne de raccordement.

En ce qui concerne la disposition de la charpente, il faut
remarquer que l'on place des demi-fermes en (xy), fig. 423 et
des fermes complètes en (cf) et (gk), fig. 424 ou à 0,3 m de
ces lignes.

La fig. 425 représente le raccordement dans le cas où les

deux corps de bâtiments se rencontrent obliquement. Ce qui a été dit pour les fig. 410 et 424 s'applique également à cette figure.

Lorsque deux bâtiments de largeur et hauteur inégales for-

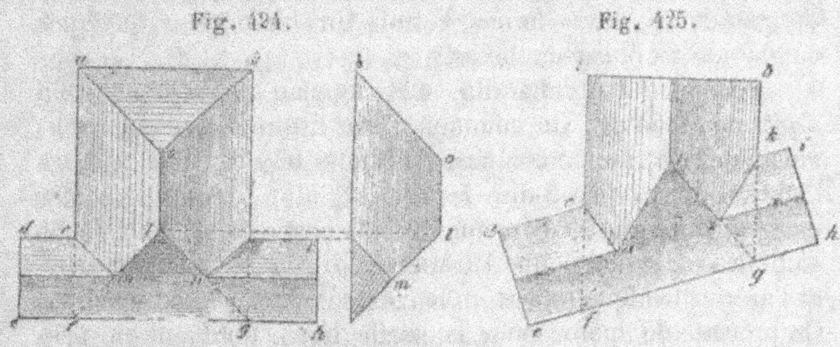

Fig. 424.   Fig. 425.

ment ensemble un coude, les faîtages des combles qui les recouvrent se raccordent par des arêtiers tronqués. Dans la fig. 426 A, le coude forme un angle droit et dans la fig. 426 B, il forme un angle obtus. La construction reste identique à la

Fig. 426.

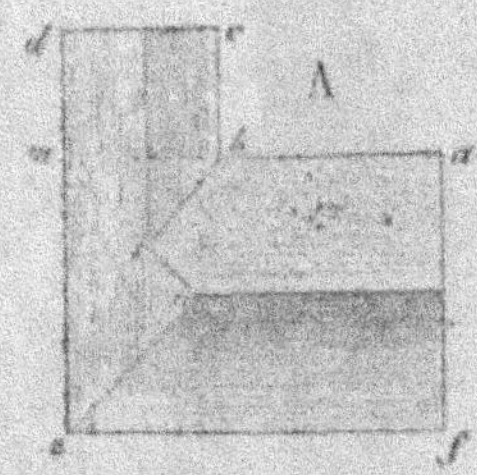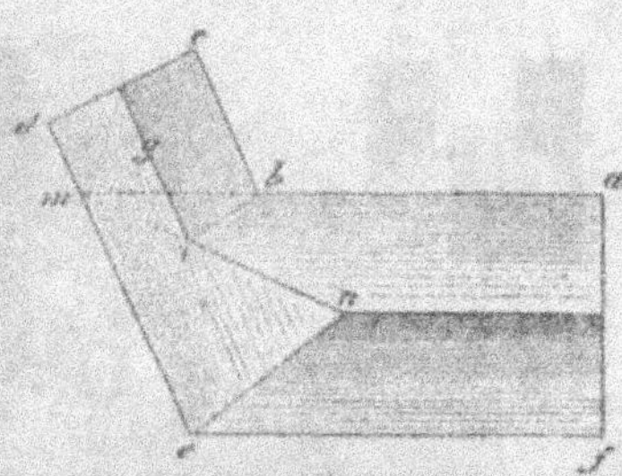

précédente, dans chacun de ces cas. On prolonge le grand comble jusqu'en (m), et on trace à son extrémité, sans avoir égard au petit comble (de), la croupe (mnc). On mène ensuite le faîtage (g) qui coupe l'arêtier (mn) en (i) et détermine ainsi l'arêtier tronqué (ni), l'arêtier complet (ne) et la noue (ib). La croupe biaise de la fig. 426, B, a été tracée comme nous l'avons indiqué dans la fig. 410. En faisant l'étude de la charpente d'un comble composé de ce genre, il faut avoir soin de disposer des demi-fermes en (xy) et (xz), fig. 427.

Maintenant que nous connaissons la règle générale qui sert à déterminer l'intersection des combles de différentes hauteurs et grandeurs, nous ferons l'étude du tracé pour quelques combinaisons plus complexes.[1]

Soit en (abefghqia) fig. 428, le plan du bâtiment qu'il s'agit de recouvrir. On commence par figurer le comble principal (abrs), en menant sa ligne de faîte (ck) et en traçant ses deux croupes, c'est-à-dire les arêtiers (db), (da), (dr), (ds). On passe ensuite au tracé du comble de la partie (efgr), en menant son faîtage, lequel coupe l'arêtier en (o), donnant la noue (oe) et l'arêtier tronqué (ol) et en le complétant par la croupe (fg). On procède de même pour la partie (hqis), obtenant en (t) le point de raccordement de l'arêtier tronqué de ce comble avec la noue (th).

La fig. 429 donne le plan d'un ensemble de bâtiments

Fig. 427

Fig. 428.

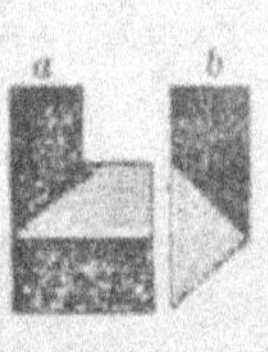
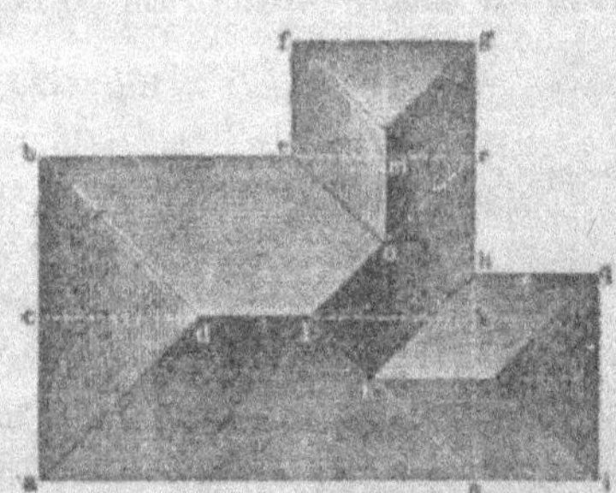

adossés en (rmw) contre un groupe de maisons, le long desquelles, il ne peut y avoir écoulement des eaux de pluie tombant sur la toiture. On est donc forcé d'avoir recours à des

---

[1] Dans les applications précédentes, de même que dans toutes celles qui vont suivre, il est supposé que les pans sont tous également inclinés sur l'horizontale.

appentis pour toutes les parties touchant aux maisons voi-
sines. Nous commençons par tracer le grand comble (FGHe),
avec ses croupes (FGa) et (HBc), puis celui du bâtiment
adjacent (eghd), terminé également par des croupes en (eg)
et (dh). On mène les noues (kA) et (lJ) et l'on joint les points
(k),(l), extrémités des deux arêtiers tronqués. On détermine
ensuite la disposition du comble recouvrant le rectangle
(BEms), dans lequel (BE) ou (sm) représente la largeur de
l'appentis s'appuyant contre (mw). Du point (w), on mène
une droite à 45°, représentant l'arêtier d'angle de l'appentis ;
cette droite passe par le point B, parce qu'il se trouve que,
dans le cas particulier, (wE) = (BE). Le raccordement de la
croupe (wBE) et du versant (aFcb) se fait au moyen d'un petit
comble à deux versants, de la largeur (EB). L'intersection des
noues partant des points (B) et (E) donne en (z) la hauteur du
faîtage (y), qui rencontre l'arêtier (Bw) en (x). Le rectangle
(nrmw) forme un appentis dont le faîte est adossé au mur
(rm). Pour avoir la longueur de ce faîtage, il suffit de mener
de (n) la ligne d'arête (nq) et de (c), la noue (ct). Il en résulte

Fig. 429.

la longueur cherchée (tq). On complète la toiture en menant
les noues (Dp) et (fo).

Le bâtiment de la fig. 430 n'est adossé contre une maison voisine qu'en (hgs), en sorte que (hb) et (se) doivent forcément être des lignes d'égout. On suppose (de) prolongé jusqu'en (c) et l'on trace la ligne de faîte entre (dc) et (ab). On mène les bissectrices des angles (dcb) et (cba) pour obtenir les arétiers (lc) et (lb), ainsi que la bissectrice de l'angle (des) pour déterminer la noue (em) et l'on fait passer par le point (m) la

Fig. 430.Fig. 431

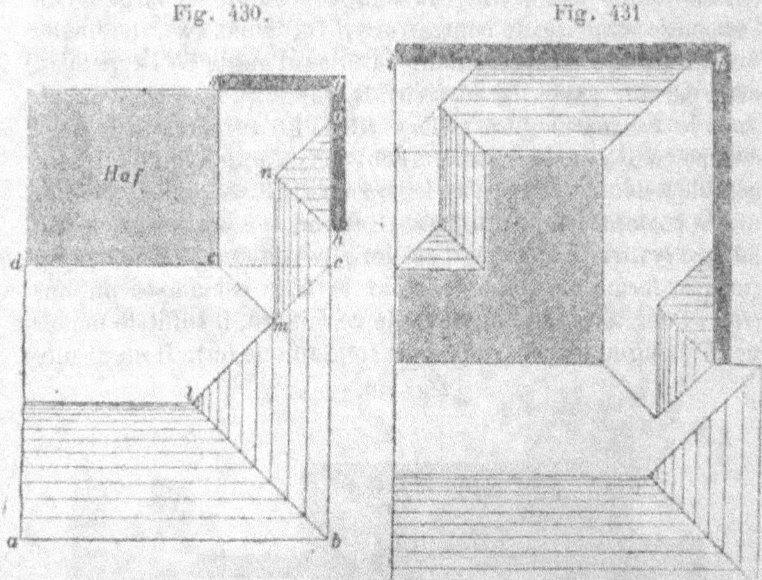

ligne de faîte du bâtiment secondaire. Ce faîtage est limité au point (n) par la noue (nk). Enfin du point (n), on mène l'arêtier tronqué (no); (go) est alors le faîtage de l'appentis.

Une disposition du même genre, mais plus compliquée, est représentée dans la fig. 431. La cour est comprise ici entre le bâtiment principal et les bâtiments secondaires qui sont adossés aux murs (eh) et (hi) de la propriété voisine. Le tracé de l'intersection des divers combles se ferait exactement comme tout à l'heure; il est donc inutile d'y revenir en détail.

A la place des croupes planes triangulaires, on pourrait avoir aux extrémités des deux longs pans des croupes arquées, de forme cylindrique ; mais on ne les emploie que fort rarement, parce qu'elles sont difficiles à couvrir et de construction compliquée ; aussi n'en parlerons nous pas.

Nous citerons deux derniers exemples pour terminer cette question des combles composés.

Soit en (a'b'd'f'l'k'm't'o's'a') le plan du bâtiment à couvrir, fig. 432. Il s'agit de déterminer les intersections des différents versants en plan et élévation, sachant qu'ils sont tous inclinés à 45° avec l'horizontale.

A cet effet, on commence par tracer les lignes de faîte des deux corps de bâtiments principaux, puis on détermine les arêtiers (a'c'), (b'c'), (r's') et (r't'), comme il a été fait dans la fig.

Fig. 432

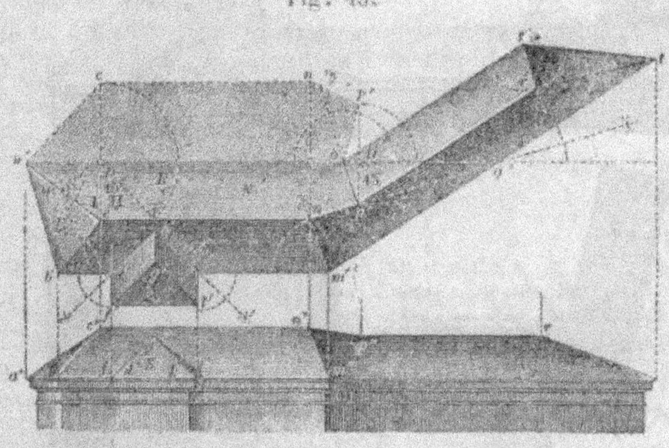

410 ; il en résulte les croupes (a'b'c') et (t's'r'). On mène alors la bissectrice de l'angle (a'o's') qui, prolongée jusqu'à sa rencontre avec la ligne de faîte (r'p'), détermine la noue (o'p') et l'extrémité du faîtage (r'p'). On opère de même pour la noue (m'n'), laquelle donne l'extrémité du faîtage (cn'). Il ne reste plus qu'à joindre ces deux points (p') et (n') pour avoir l'ensemble des lignes de faîte. Pour compléter le plan, il suffit

ensuite, de tracer les arêtiers (f'g') et (l'g') et les deux noues (d'h) et (k'h'), en menant des bissectrices par les points (f) (l) (d') et (k').

L'élévation s'obtient en ramenant, par des verticales, les divers points des lignes d'égout et de faîte sur les horizontales représentant les projections verticales de ces lignes, en (a"t"), pour la ligne d'égout, et en (c"n") et en (p"r"), pour les lignes de faîtage.

Pour avoir le rabattement d'un pan quelconque N', par exemple, on mène par D une ligne (Dj) à 45° avec (cD) et l'on ramène (Dj) sur le prolongement de (De') en (c). On rabat de même le point (p') autour de (D'), en (p), et (n'), par la verti-

Fig. 433.

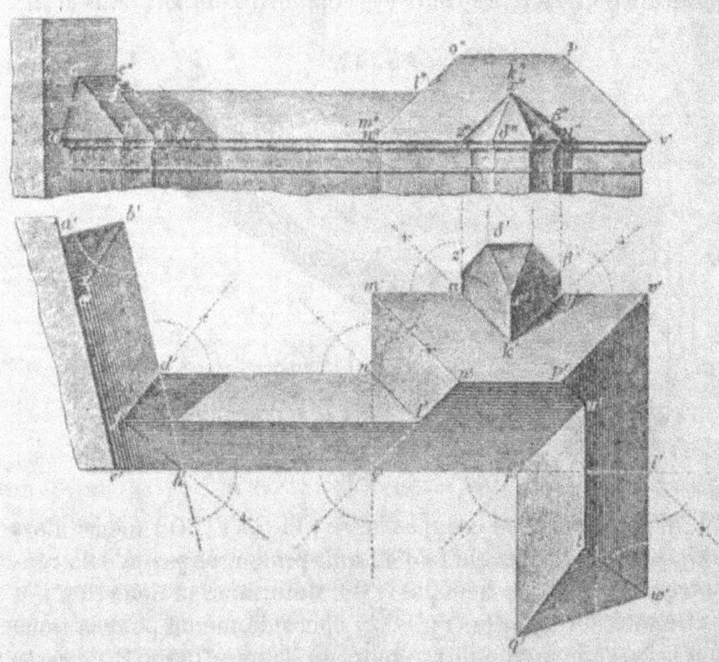

cale (nn') sur l'horizontale (cn). Le rabattement du versant (N') est alors représenté par le polygone (a'cnp'o').

Dans la fig. 433, on a représenté le plan d'une construction touchant par le côté (a'c') à une maison voisine.

On suppose que les versants ont tous une inclinaison de 45° et l'on demande de déterminer les projections horizontales et verticales de la toiture.

Tous les versants adossés à la muraille doivent naturellement être disposés en appentis, afin que l'eau soit renvoyée de la ligne de raccordement. (c'e') est donc le faîtage de l'appentis, qui se termine en (a'b') par une demi-croupe et en (e'h') par un pignon oblique. La croupe biaise (q'w') se détermine comme dans la fig. 410. On trace, comme toujours, d'abord les arêtiers du comble principal, puis on passe aux arêtiers et noues des combles secondaires, comme nous l'avons montré dans la fig. 424. Ce tracé rentre entièrement dans ce qui a déjà été dit, nous n'insisterons donc pas.

Construction des croupes et retours d'angle. — Nous ne donnerons ici qu'une idée générale de cette question dont l'étude complète conduit à des épures fort longues et compliquées, et nous nous bornerons à examiner le cas le plus simple où la croupe est droite, le retour d'angle d'équerre et où les versants ont tous la même inclinaison. Dans ces conditions les arêtiers et les noues se projettent suivant des lignes à 45° avec les rives. [1]

---

[1] Quand la croupe n'a pas la même inclinaison que les longs pans, les arêtiers ne se projettent plus suivant deux droites à 45° avec les rives, mais suivant les diagonales de deux rectangles, si la croupe est droite, et de deux trapèzes, si elle est biaise. On est alors conduit à déplacer d'une petite quantité l'axe des arêtiers, afin de conserver leurs arêtes inférieures dans le plan des faces inférieures des chevrons et empanons. On dit alors que les arêtiers sont dévoyés. Mais ce déplacement entraîne aussi celui du poinçon, des coyers et des chevrons de ferme qui sont pareillement dévoyés.

En France, les empanons d'une croupe biaise sont généralement disposés parallèlement aux rives de longs pans, au lieu d'être placés normalement à la rive de croupe. On peut alors les poser de façon à ce que les faces latérales soient verticales, les deux autres étant parallèles au plan du lattis du long pan ou de croupe, ce qui fait que les quatre faces ne sont pas à angle droit bien, que parallèles deux à deux; ou bien on peut conserver l'équarrissage d'équerre et placer alors les faces latérales des empanons perpendiculairement au lattis. Dans le premier cas, on dit que les empanons sont délardés, tandis que dans le second cas, on dit qu'ils sont déversés. Il suit de là, qu'à équarrissage égal, l'empanon déversé est le plus fort, car il lui reste plus de bois qu'à celui qui est délardé.

Fig. 434.

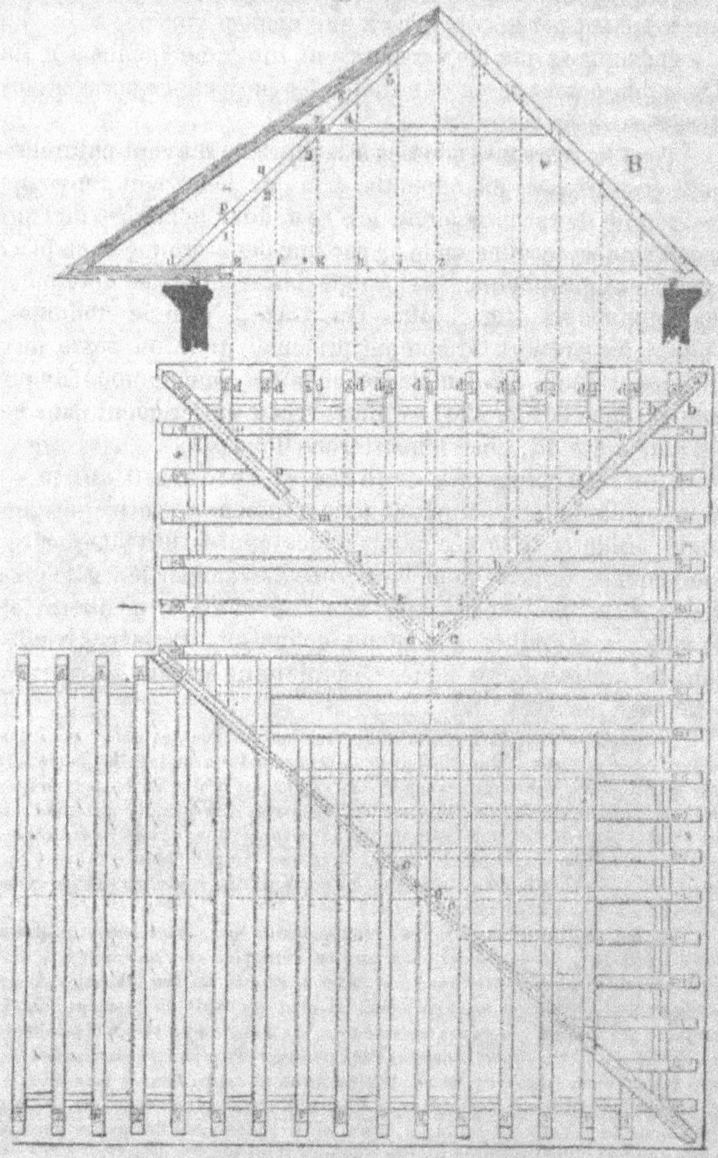

Supposons qu'il s'agisse de la charpente représentée dans la fig. 434. On commence par tracer sur le plan les lignes d'axe des arêtiers et des noues, puis on porte de part et d'autre de cette ligne, la demi-largeur de la pièce, soit par exemple en (c) $\frac{18}{2}$ cm, et l'on figure les arêtes (bc). Pour déterminer la vraie longueur de chacun des empanons, on mesure sur le plan, fig. 434, A, le côté le plus long de la projection, soit (de), (df), (dg), (dh)...., de chacune de ces pièces et on le reporte sur l'élévation, fig. 434, B, de (d) en (e), (f), (g), (h)... sur l'horizontale et par ces points (e) (f) (g) (h)..., on mène des perpendiculaires sur (aa) jusqu'au chevron (do). On aura alors en (dp),

Fig. 435.   Fig. 436

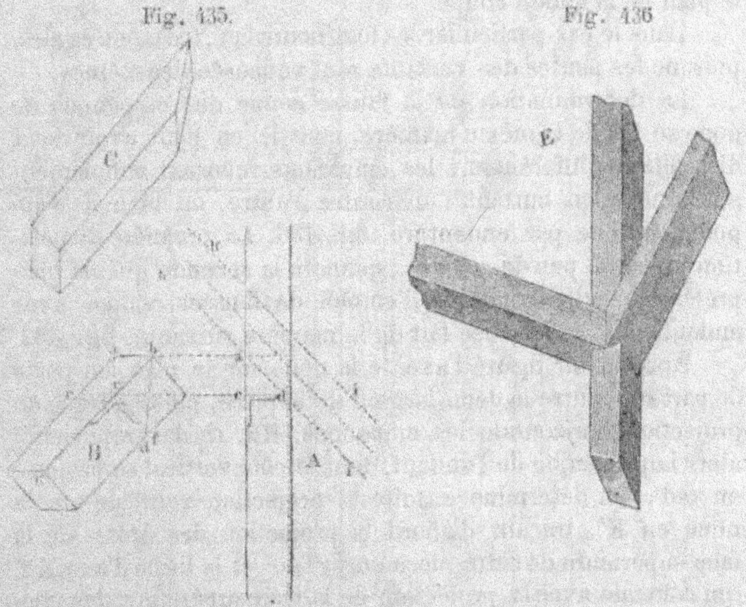

(dq), (dr), (ds)... les longueurs vraies des arêtes les plus longues, et en prenant également sur le plan les longueurs des arêtes opposées, on a en (p1), (q2), (r3), (s4) la projection de la fausse coupe suivant laquelle se fait le contact avec l'arêtier.

Cette coupe oblique se détermine de la manière suivante : (La fig. 435 A, représente une partie du plan à plus grande échelle). Après avoir tracé les arêtes (ih) de l'arêtier, on prend arbitrairement du côté le plus long de l'empanon une longueur (ac), par l'extrémité de laquelle on mène la normale (cd) coupant (ih) en (d). On détermine sur le rabattement B de l'empanon la longueur vraie (bc) de la projection (ac), puis on mène la perpendiculaire (cf) à l'arête (bc) et l'on prend sur cette droite une longueur (cd) égale à celle du plan A. En joignant (bd), on a, sur la face de l'empanon, la ligne suivant laquelle doit se faire la fausse coupe de contact. La normale (ba) à (cb), sur l'autre face, détermine avec cette première ligne le plan de la fausse coupe.

Dans le cas particulier les longueurs (ac), (cd) sont égales, puisque les pentes des versants sont supposées les mêmes.

La détermination de la fausse coupe des empanons de noue se fait de la même manière, mais ici on peut avoir deux dispositions différentes : les empanons reposent simplement sur la noue, en buttant l'un contre l'autre, ou bien ils s'appuient sur elle par endenture, fig. 436. La première disposition présente peu de solidité ; quand à la seconde qui est bien préférable, elle conduit à l'emploi de fausses coupes avec endent, dont le tracé se fait de la manière suivante, fig. 437.

Après avoir figuré l'axe de la noue sur le plan, on porte de part et d'autre la demi-largeur de la pièce, puis on trace en projection horizontale les empanons, RR. (bcda) représente alors la projection de l'endent, dont le côté vertical se projette en (ad). On détermine ensuite la projection verticale de la noue en K", traçant d'abord la projection des arêtes de la face supérieure de cette pièce en yy" oo" et la ligne d'axe XX qui coïncide avec la projection de la face supérieure des chevrons.

Pour déterminer la hauteur de l'endenture, il faut commencer par tracer le rabattement de la noue, comme indiqué en K' dans la fig. C.

On prend sur le plan la longueur (xb) et on la porte sur

le rabattement en (xb₀) fig. C ; puis on prend (xc) que l'on
porte en (xc₀), (oa) en (xa₀) et (od) en (xd₀) et l'on fait passer
des verticales par les points (b₀), (a₀), (c₀), (d₀). Ces verticales
coupent l'arête (xx') de la noue en (b'), (a'), (c'), (d"). La diffé-

Fig. 437.

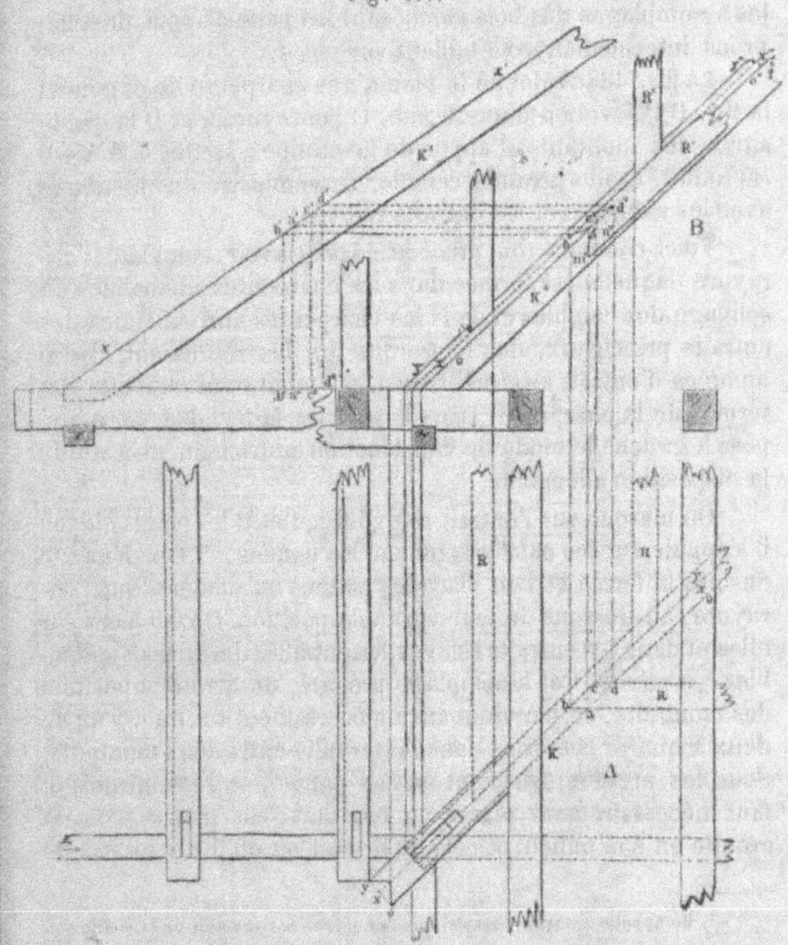

rence de hauteur entre (b'a') donne le biais de l'endent, comme
il est facile de le voir en ramenant sur (xx"), par des horizon-

tales, le point (b') en (b''), et le point (a') en (a''), sur (oo''), fig. B. Enfin, en menant par (a) la verticale (a''m''), on obtient en (b''a''m'') l'un des côtés de l'endent. L'autre côté (c''d''n'') se déterminerait de la même façon.

Dans les charpentes avec cours de pannes sur montants les assemblages des bois composant les pans d'appui des chevrons intermédiaires se taillent sur place.

La fig. 438 A donne le plan d'une charpente de ce genre ; la fig. B l'élévation d'une ferme, C l'enrayure [1] et D la disposition des montants d'appui de la croupe ; la fig. 439 A—D reproduit, à plus grande échelle, l'assemblage des montants avec les sablières et les entraits relevés.

Voici comment on procède. Après avoir complété l'enrayure (laquelle est formée dans les charpentes allemandes du solivage des combles et dans les charpentes autrichiennes des entraits principaux, des longerons qui les réunissent et des amorces d'entrait intermédiaires), on monte sur elle une des fermes de la charpente. Dans le plan de la fig. 438, on a supposé à gauche le mode de construction autrichien et à droite la disposition allemande.

On marque sur l'entrait relevé fig. 438, B les points (dd) où il s'appuie sur les sablières ou sur les pannes. [2] On démonte ensuite la ferme et l'on place les pannes ou sablières sur l'enrayure, au-dessous de leur véritable position. On fait alors sur elles et dans les entraits relevés, les entailles destinées à assembler ces pièces. Cet assemblage préparé, on arrête la position des montants, en leur donnant un écartement tel, qu'il y ait de deux à quatre chevrons dans l'intervalle entre deux montants. Sous les arêtiers, au point où les pannes se rencontrent, il faut nécessairement placer un montant ; de même dans la croupe en son milieu, et cela qu'il y ait ou qu'il n'y ait pas de

---

[1] On appelle enrayure l'assemblage des pièces horizontales de la charpente.

[2] On sait que dans ces charpentes, chaque paire de chevrons est reliée par un entrait élevé et que c'est celui-ci qui repose sur les pannes ou sur les sablières des pans latéraux.

chevron en ce point. Cependant, quand la portée de la panne est comprise entre 4 et 6 m, on peut se dispenser de ce mon-

Fig. 438.

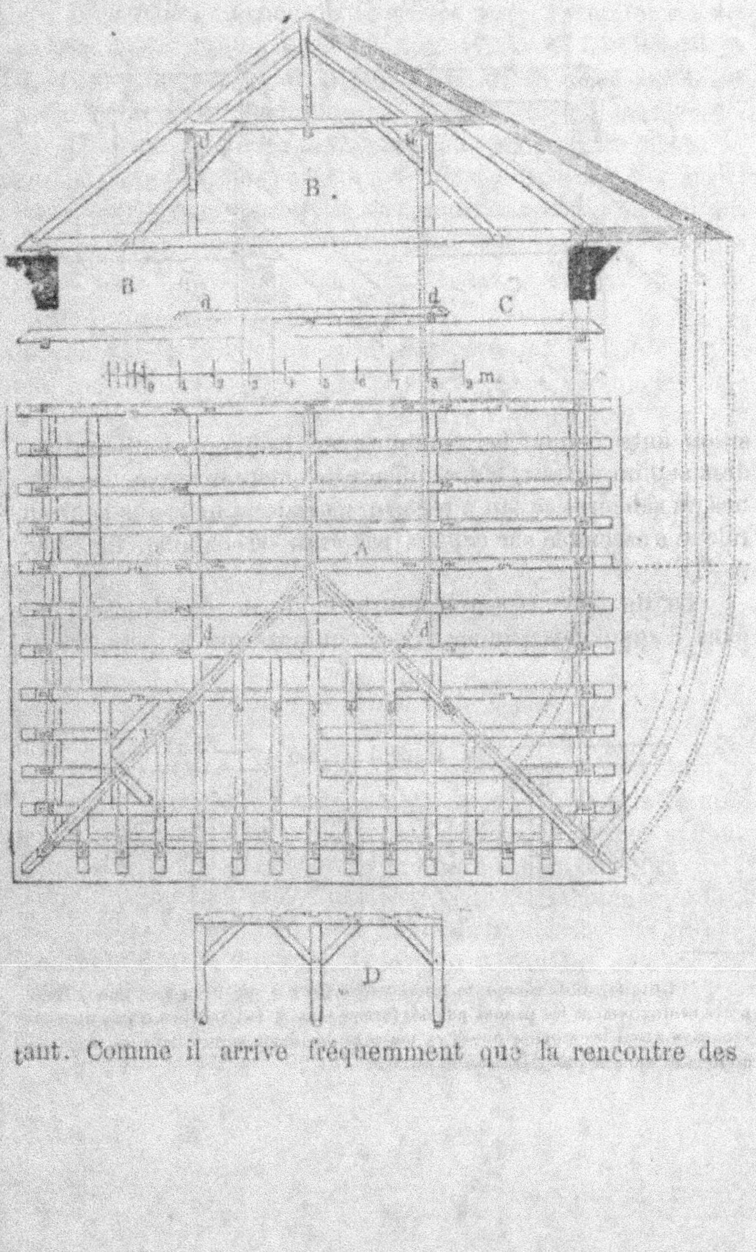

taut. Comme il arrive fréquemment que la rencontre des

pannes aux arêtiers ne correspond pas à une solive, on intercale en ce point un linçoir dans le solivage. [1] Dans la dispo-

Fig. 439

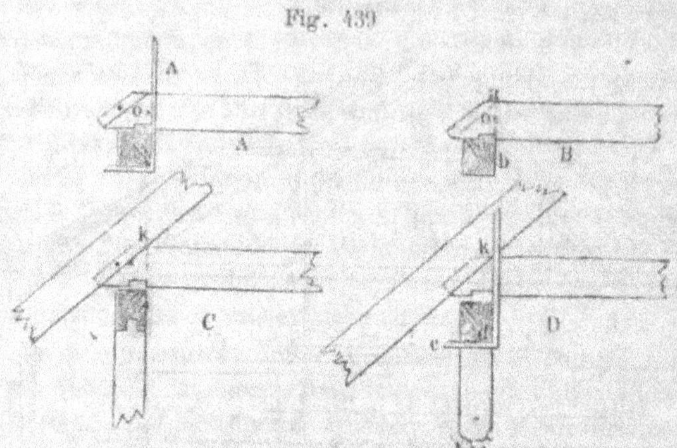

sition autrichienne les montants se trouvent toujours au-dessus d'un entrait. L'assemblage des montants avec les pannes ou sablières se fait à tenon et mortaise, tandis que l'entrait relevé s'assemble sur celle-ci par cran ou entaille, fig. 439, A—D.

La fig. 438, D, représente le mode de construction des pans d'appui des pannes. Les montants qui les supportent

Fig. 440.

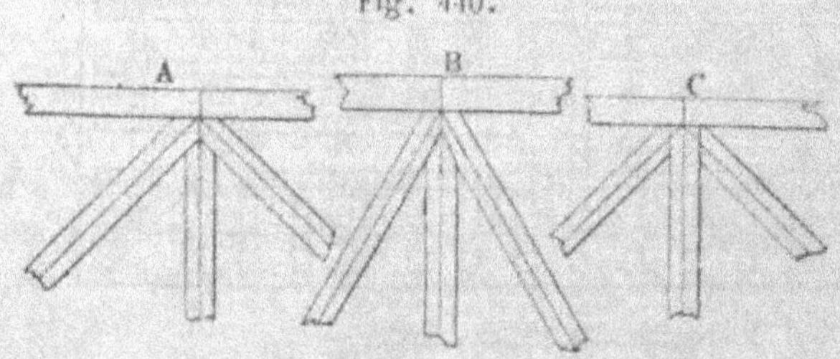

---

[1] Cette forme de charpente ne se rencontre pas en France et l'on y supporte ordinairement les pannes par des fermes tout à fait indépendantes du chevronnage. Aussi les croupes ont-elles toujours des demi-fermes dans les plans des arêtiers et dans le prolongement du faîtage.

sont armés d'aisseliers servant non seulement au soutien des pannes, mais aussi au contreventement de la charpente dans le sens longitudinal.

La jonction du chevron de croupe avec les arêtiers peut se faire de différentes manières, fig. 440, A—C. La disposition A est la plus simple et la meilleure. Quelquefois aussi, on assemble la partie supérieure de ce chevron sur un gousset.

Pour mieux faire comprendre la disposition des pièces de croupe dans une charpente avec cours de pannes sur montants, nous avons représenté en perspective une croupe droite dans la fig. 441. L'œil étant supposé dans le plan même de

Fig. 441

l'un des arêtiers, celui-ci se confond, sur la figure, avec la verticale.

Les fig. 442 A—B et 443 A—B reproduisent en détail la charpente d'un comble recouvrant un retour d'angle formé par la rencontre de deux bâtiments d'inégales largeur et hauteur. Dans la fig. 442, A, est représenté le plan de l'enrayure ; il s'agit, comme on voit, d'une charpente autrichienne ; la fig. 442 C, donne l'élévation de la ferme du comble de plus grande largeur et dans la fig. 443, A, le plan à hauteur de l'entrait relevé ; enfin, la fig. 443 B, l'élévation longitudinale de la charpente.

Les deux combles ayant des versants de même pente, le

Fig. 442.

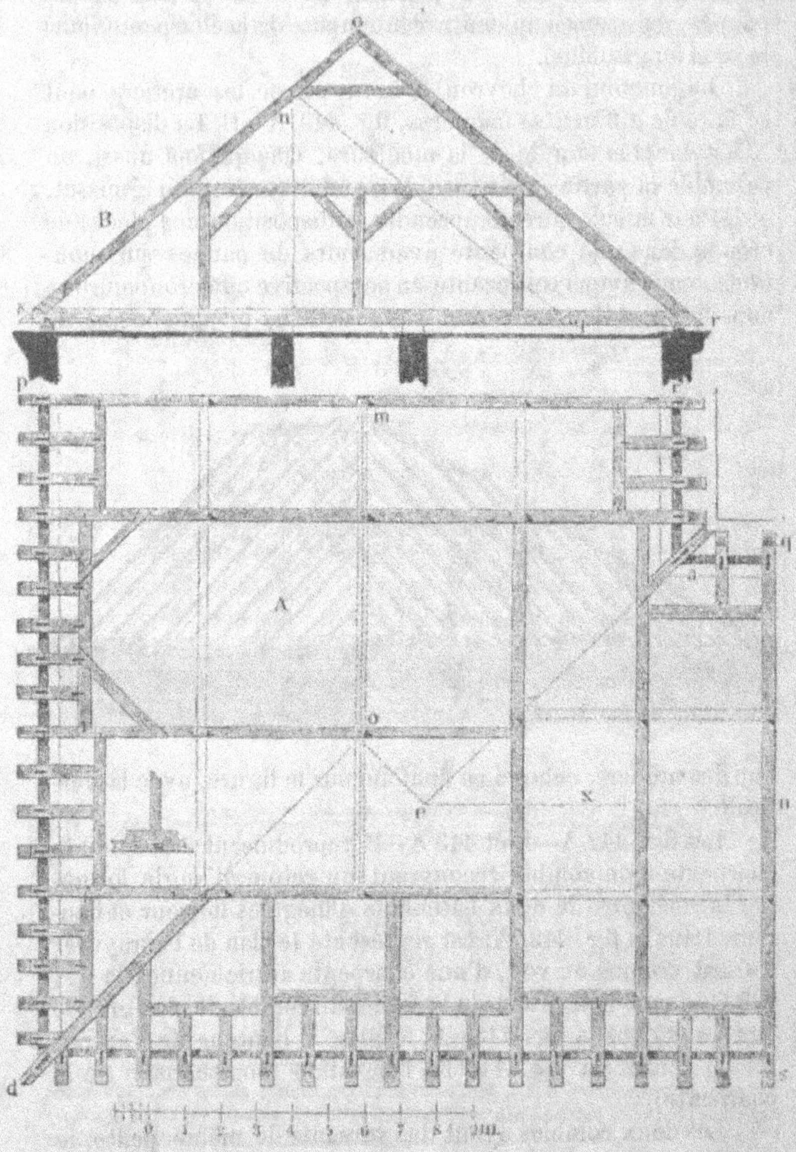

Fig. 443.

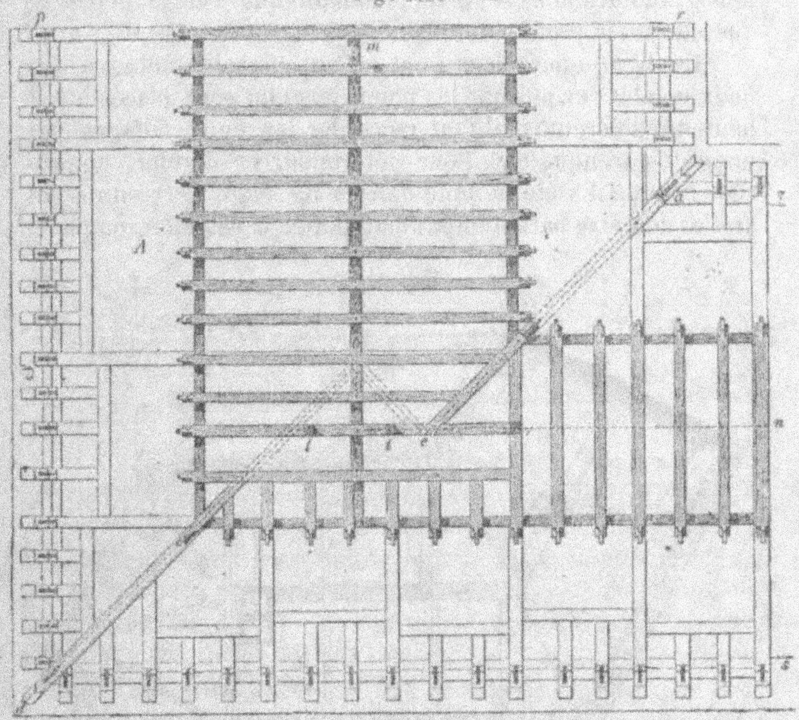

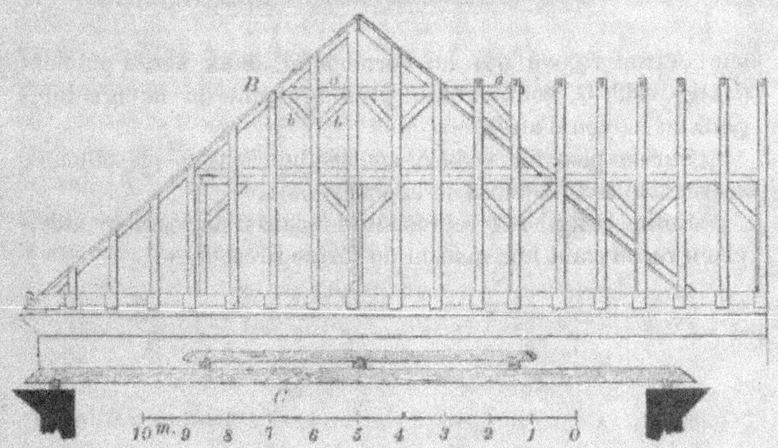

plus grand des deux s'élève plus haut que l'autre. C'est ce
que montre le profil pointillé indiqué sur la fig. 442, B.

Les lignes pointillées (om) et (en) sont les faîtages des
deux combles et puisque les points (e) et (o) sont placés à des
hauteurs différentes, il faut raccorder les deux faîtages par
un arêtier tronqué (oc). Pour déterminer ce dernier, on procède comme il a été indiqué dans la fig. 426. Le pied de cet
arêtier doit être parfaitement maintenu ; à cet effet, on place

Fig. 444.

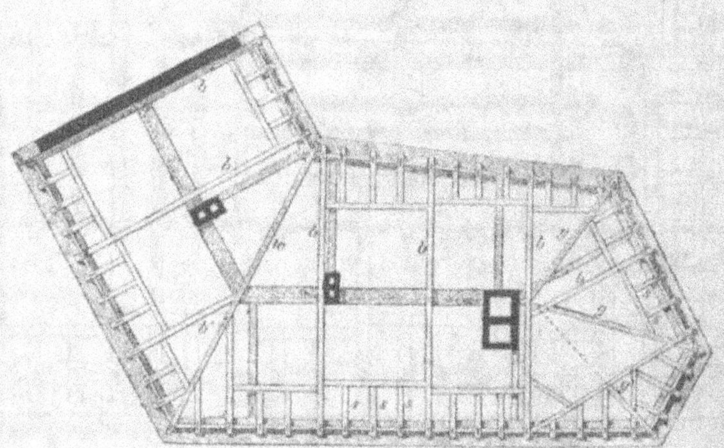

sur l'entrait relevé qui lui correspond, deux petits potelets
(tt) fig. 443, C, soutenant le prolongement du faîtage inférieur au moyen d'aisseliers (bb).

Sur le plan fig. 442 A sont indiqués tous les poteaux
servant au soutènement de la charpente.

Enfin, la fig. 444 représente le plan d'un comble autrichien recouvrant une maison de forme irrégulière.

CHAPITRE V.

Cintres en bois.

La construction des cintres rentre dans le domaine du charpentier dès que leur portée dépasse les dimensions ordinaires des baies de portes et de fenêtres.

Les cintres ont pour but de supporter le poids de la voûte avant la liaison des voussoirs qui la composent. Ce soutènement se fait au moyen d'arcs en madriers ou en planches que l'on cloue ensemble, à joints croisés. La poussée que ces arcs exercent aux naissances est ordinairement reprise par des entraits, mais le plus souvent les cintres sont formés de fermes complètes, dont la disposition varie suivant la portée et suivant la facilité avec laquelle on les peut supporter en des points intermédiaires. C'est ainsi qu'ils pourront s'appuyer sur plusieurs soutiens reposant directement sur le sol, fig. 450, ou transmettre toute la charge aux naissances fig. 446—449, ou enfin n'avoir d'appuis qu'aux naissances et en un point milieu sur lequel la charge se trouve reportée par des contre-fiches rayonnantes, fig. 451.

Dans ce qui suit, nous donnons une série d'exemples applicables à des portées variant de 3,25 m à 10 m et pouvant servir à la construction soit de voûtes de caves, soit d'arches de ponts. Ces cintres sont représentés à une échelle assez grande, pour qu'on les comprenne sans autre explication ; aussi, nous bornerons-nous à énumérer la dimension des bois qui les composent.

Dans la fig. 445, la portée du cintre est de 3,25 m et les équarrissages des diverses pièces sont ; jambe de force (a) =

Fig. 445.

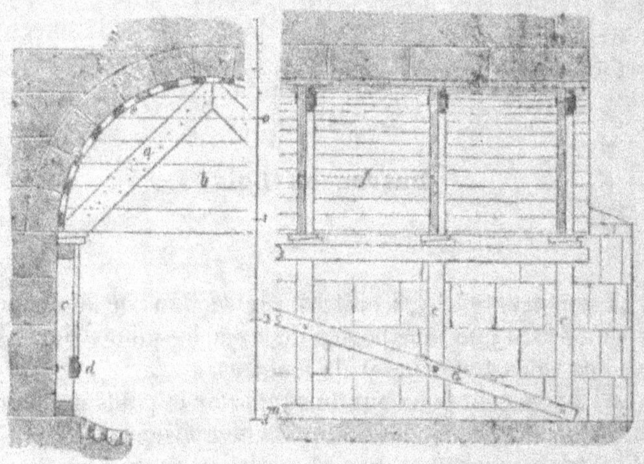

5 × 20 cm ; madriers (b) = 5 × 23 cm ; montant (c) = 15 × 15 cm ; contreventement (d) = 5 × 18 cm ; couchis (e) = 7 × 5 cm. L'écartement des cintres (f) = 1,25 m.

Dans la fig. 446, nous avons : Portée 3,75 m. Poinçon moisé (a) = 8 × 20 cm ; entrait (b) = 8 × 20 cm ; arc du cintre, chaque madrier au milieu = 6 × 30 cm ; montants latéraux (d), légèrement inclinés = 15 × 15 cm ; contreventement (e) = 15 × 18 cm ; couchis = 8 × 7 cm ; écartement des fermes 1,40 m.

Pour la fig. 447, A : Portée 3,75 m ; poinçon moisé (a) = 8 × 20 cm ; entrait (b) = 8 × 20 cm ; arbalétriers (c) = 8 × 32 cm ; montant (d) = 15 × 15 cm ; sablière haute (e) = 15 × 15 cm ; contreventement (f) = 5 × 12 cm ; couchis = 7 × 15 cm ; écartement des fermes 1 m.

Pour la fig. 447, B : Portée 4 m ; poteaux (a) et (b) = 15 × 15 cm ; sablière haute (c) = 15 × 15 cm ; arbalétriers (d) =

10 × 32 cm; contreventement (e) = 5 × 12 cm; couchis = 7 × 8 cm; écartement des fermes 1,50 m.

Fig. 448 : Portée 6,25 m; poinçon moisé (a) = 11 ×

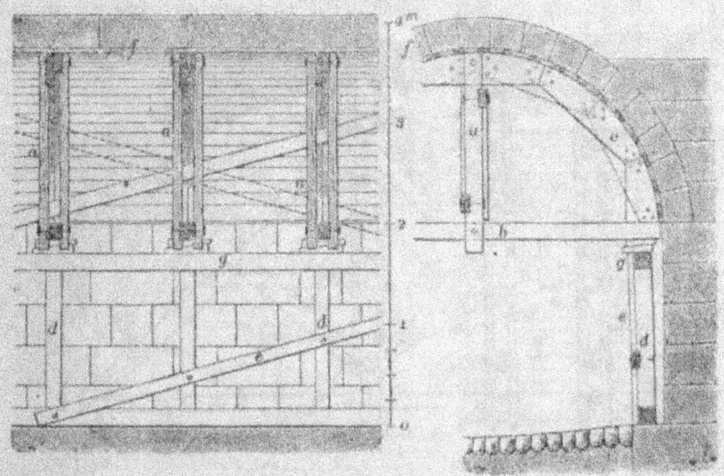

Fig. 446.

23 cm, pour chaque moise; arbalétriers (b) = 18 × 18 cm; entrait (c) = 18 × 18 cm; contre-fiches (d) = 11 × 23 cm;

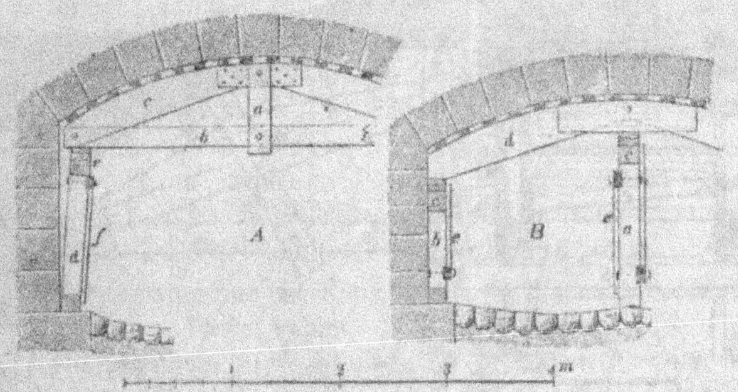

Fig. 447.

pannes (e) = 15 × 15 cm ; moises faîtières (f) = 6 × 13 cm ;
madriers (g) = 8 × 10 cm ; contreventement (h) = 8 × 11 cm ;
montants (i) = 20 × 28 cm ; sablière (k) = 20 × 20 cm ;
couchis = 5 × 5 cm ; écartement des fermes 1,30 m.

Fig. 448.

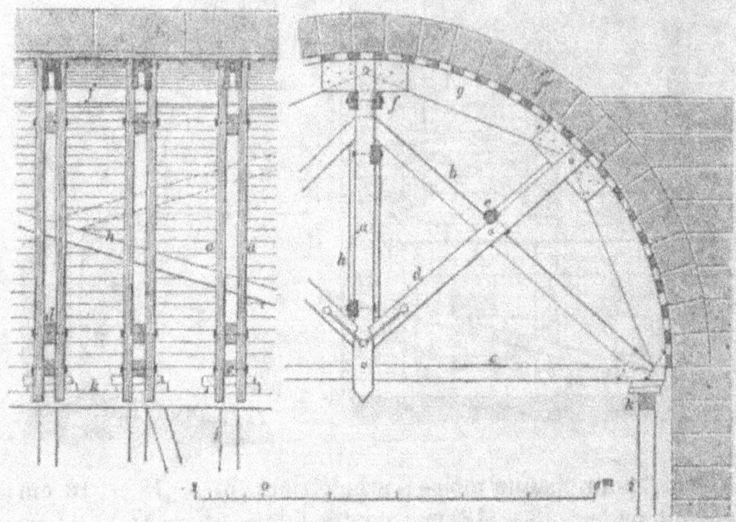

Fig. 449.

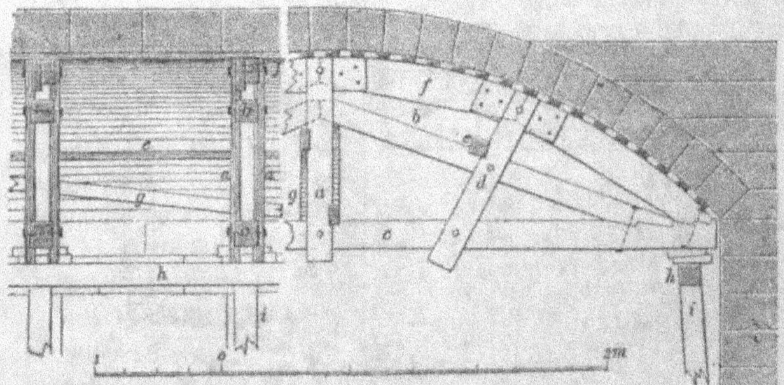

La même disposition que précédemment, mais avec une portée de 9,50 m ; poinçon moisé (a) = 10 × 20 cm ; arbalétrier (b) = 20 × 23 cm ; entrait (c) = 20 × 23 cm ; contre-fiches moisées (d) = 10 × 20 cm ; entretoises (e) = 18 × 18 cm ; moises faîtières (f) = 10 × 18 cm ; madriers (g) = 9 × 50 cm ; contreventement (h) = 8 × 18 cm ; montants (i) =

Fig. 450 A.

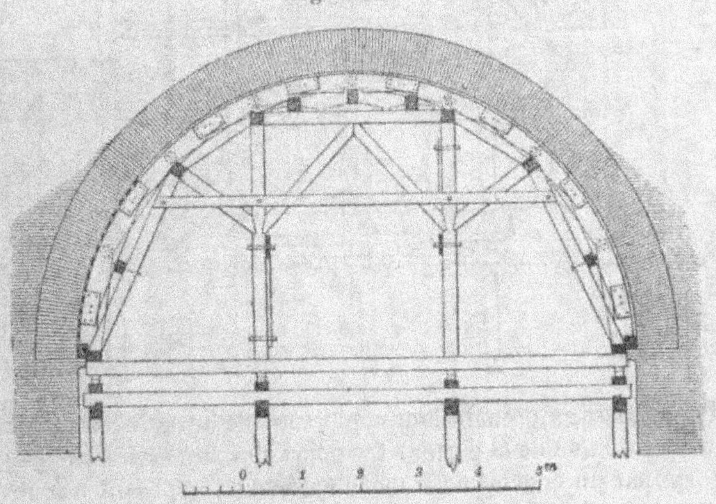

23 × 23 cm ; sablière (k) = 23 × 23 cm ; couchis = 10 × 10 cm ; écartement des fermes 1,50 m.

Fig. 449 : Portée 6,50 m ; poinçon moisé (a) = 10 × 23 cm ; arbalétrier (b) = 18 × 23 cm ; entrait (c) = 18 × 23 cm ; contre-fiches moisées (d) = 10 × 23 cm ; longeron (e) = 15 × 15 cm ; madriers (f) = 8 × 32 cm ; contreventement (g) = 5 × 12 cm ; sablière (h) = 18 × 18 cm ; couchis = 10 × 10 cm ; écartement des fermes 1,50 m.

Nous terminerons par deux dernières dispositions, différant de celles que nous venons de citer, par la présence d'un ou plusieurs appuis intermédiaires. La première, fig. 450 fut employée au viaduc de Gœrlitz, sur la Neisse, et la seconde,

fig. 451, à un pont sur la Gerdau, près d'Ueltzen (Hanovre).
Dans ce dernier exemple les arcs des cintres sont soutenus au moyen de contre-fiches radiales, de 21 $\times$ 23 cm

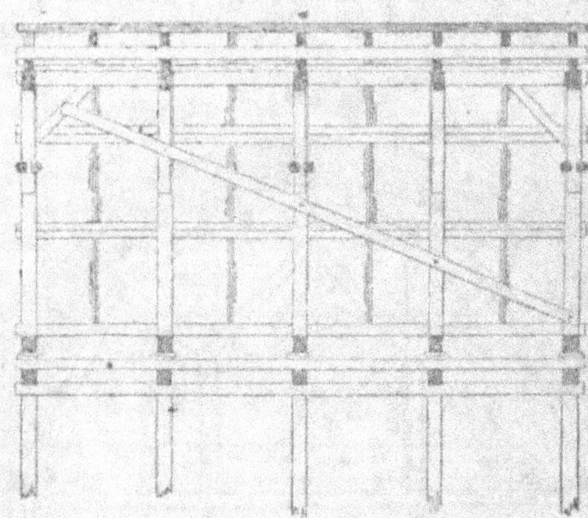

Fig. 450 B.

d'équarrissage, prenant leur appui sur une ligne de pieux, bat-
tus dans l'axe de la portée. Le poids des voussoirs est supporté par un couchis de 5 cm d'épaisseur, reposant sur des
arcs en madriers. Ceux-ci s'appuient, au droit des joints, sur
des semelles en bois de peu de longueur, directement soutenues par les contre-fiches. Ces semelles supportent vers le
milieu de la portée une pression considérable (elle s'élève
jusqu'à 6500 kg), aussi sont-elles en bois de chêne. A leur
partie inférieure, les contre-fiches reposent également sur une
semelle en bois de chêne, laquelle s'appuie sur l'entrait qui
est soutenu à son tour, en ce point, par la ligne de pieux. A
ses extrémités, l'entrait est encastré de 0,21 m dans la maçonnerie ; il est composé de deux moitiés dont le joint est fait
bout à bout, avec couvre-joints sur les côtés. La hauteur de
l'appui des naissances peut être réglée au moyen de coins en
chêne. Les bois ne sont assemblés à tenon et mortaise qu'à

la partie inférieure des contre-fiches ; ailleurs ils buttent par
bout et l'assemblage est fait au moyen de pièces de bois rapportées sur les côtés.

Sous l'effet du poids de la voûte, ces cintres
ont subi au sommet un abaissement variant de 12 à 20 mm.

Fig. 451

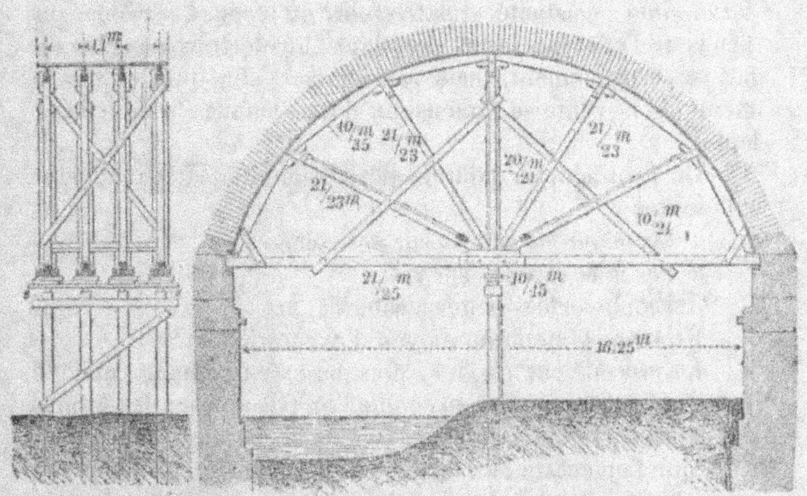

Avec les équarrissages adoptés, on aurait peut-être pu placer
les fermes à plus de 1,10 m de distance, mais en ce cas, il eut
été bon d'augmenter un peu les dimensions des madriers de
l'arc, surtout en épaisseur, afin de leur donner plus de résistance aux appuis. On pourrait aussi arriver au même résultat, en augmentant, dans une certaine mesure, la longueur
des semelles sur lesquelles ils portent.

Dans ce dernier exemple, le décintrement se fit au moyen
de boîtes à sable (voir un peu plus loin à ce sujet) et c'est en
vue de reporter la majeure partie de la charge sur les points
où étaient placés ces boîtes, que l'on adopta la disposition
radiale précédemment décrite.

Décintrement des voûtes.

On ne doit procéder au décintrement des voûtes que lorsque le mortier des joints a acquis une certaine dureté ; sa prise ne doit cependant pas encore être complète afin qu'il conserve une élasticité relative et qu'il puisse céder un peu sous l'effet de fortes pressions. Le décintrement ne se fait pas brusquement, mais par reprises, afin que les tassements de la voûte se produisent d'une manière graduelle et lente.

On peut adopter pour le décintrement quatre méthodes différentes :

1° Appuyer les cintres sur des coins ;

2° Les faire reposer sur vis ;

3° Employer des boîtes à sables ;

Et 4° les soutenir au moyen d'excentriques.

Le procédé par c o i n s, presque exclusivement employé jusqu'en 1854, consiste en ce que l'on fait reposer les fermes des cintres sur deux coins en bois de chêne, de forme allongée, que l'on écarte l'un de l'autre, à coups de maillet ou de massue, au moment du décintrement. Il en résulte la descente graduelle mais saccadée des cintres. Ce procédé s'employait anciennement d'une manière générale, même pour les arches de pont de grande portée ; aujourd'hui on ne s'en sert plus que pour les voûtes de petite dimension, où cet abaissement irrégulier a moins d'inconvénients. La manière dont les coins sont disposés sous les fermes est indiquée dans les fig. 448-450.

Les voûtes de bâtiment se décintrent toujours au moyen de coins.

Dans les voûtes de grande portée, au contraire, dans les arches de pont, par exemple, le poids qui s'exerce aux naissances est tellement considérable que le frottement rend fort difficile le glissement des coins l'un sur l'autre. Le décintre-

ment ne peut alors se faire qu'en détruisant les coins à l'aide
d'un instrument tranchant, ou en les déplaçant au moyen de
chocs violents. Il en résulte des ébranlements qui peuvent
nuire, dans une grande mesure, à la stabilité de la voûte.

C'est pourquoi l'on en vint, il y a une cinquantaine d'années, à employer la seconde méthode de décintrement. Ici,
chacune des naissances des cintres est supportée par une forte
vis en fer qui permet de l'élever ou de l'abaisser à volonté. Le
cintre que nous donnons dans la fig. 452 a servi à la construc-

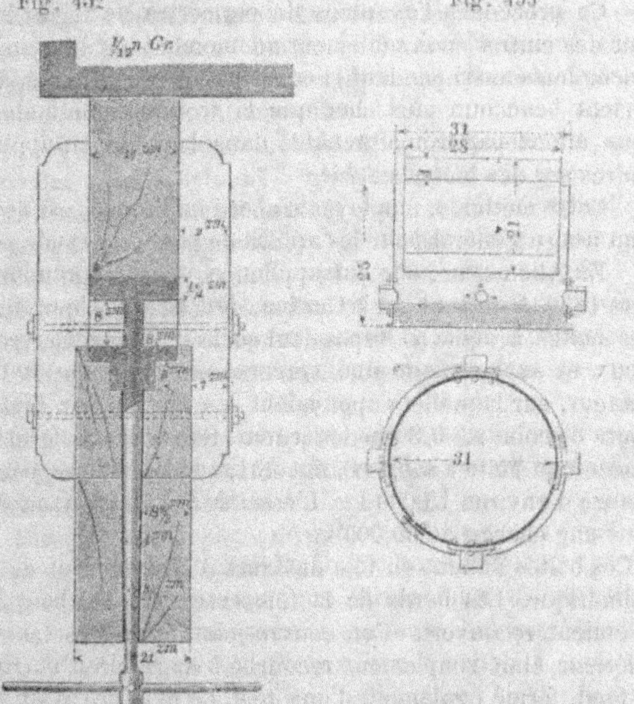

tion d'une voûte en arc de cercle de 16,10 m de portée, faite
en briques. Les cintres étaient supportés par des vis de 35 mm
de diamètre, à filet carré, s'appuyant sur des écrous en fonte
dont la forme extérieure était celle d'un prisme carré et qui

étaient encastrés dans l'épaisseur des sablières. Les cintres se terminaient par des semelles en fonte, de 4 cm d'épaisseur, contre la face inférieure desquelles s'appuyait l'extrémité arrondie de la vis.

On eut soin de maintenir les vis bien graissées pendant la construction et, pour ne pas les fatiguer, de caler les cintres sur les sablières d'appui. Au moment du décintrement, ces cales furent enlevées et les vis desserrées aussi régulièrement que possible, pour n'abandonner la voûte que lentement à elle-même.

Ce procédé a l'avantage de permettre de régler la hauteur des cintres, non seulement au moment de leur mise en place, mais aussi pendant la construction de la voûte. Mais il revient beaucoup plus cher que la troisième méthode, dont nous allons parler maintenant, dans laquelle on appuie les cintres sur des boîtes à sable.

Cette méthode, employée d'abord en France, est devenue d'un usage général pour les arches de pont de grande portée.

En Allemagne, elle fut appliquée pour la première fois vers 1850, à un pont sur la Gerdau, déjà cité plus haut, fig. 451. Les boîtes à sable (s) reposaient sur la sablière recouvrant les pieux et supportaient une traverse en chêne de 10 cm de hauteur, sur laquelle s'appuyaient les cintres par l'intermédiaire de coins de 0,30 m de largeur. Sous chaque ferme était placée une boîte à sable (s), fig. 451, sur laquelle reposait une charge d'environ 15,000 kg. L'essai de ces boîtes avait été fait sous une charge de 50,000 kg.

Ces boîtes étaient en tôle de 3 mm d'épaisseur et de forme cylindrique. Les bords de la tôle se rejoignaient bout à bout et étaient recouverts d'un couvre-joint extérieur. Le rebord inférieur était simplement recourbé à angle droit et rivé sur le fond, formé également d'une tôle. Le cylindre avait 31 cm de diamètre et 25 cm de hauteur. Près du fond, il portait quatre ajutages, en fer forgé, de 25 mm d'ouverture que l'on pouvait fermer au moyen de bouchons. Le vide au fond du cylindre, en dessous des ajutages, était rempli par un disque en bois. Sur le sable s'appuyaient des cylindres pleins, en chêne, de 28 cm de diamètre et de 21 cm de hauteur, armés, haut et bas, de frettes en fer et transmettant la pression des cintres aux appuis. Toutes les parties de l'appareil, aussi bien les parties en fer que celles en bois, étaient recouvertes de plusieurs couches de peinture.

Au moment de la mise en place des cintres, on ferma les ajutages avec des bouchons bien sains, puis on remplit les boîtes de sable jusqu'à une hauteur suffisante pour que les cylindres intérieurs pussent descendre de toute la quantité voulue pour le décintrement. Le sable employé était de deux qualités : du grès blanc bien fin et du sable à grains un peu plus gros, tous deux soigneusement séchés au feu. Les deux qualités se comportèrent également bien.

Après avoir introduit le sable et l'avoir nivelé, de façon à ce que les quatre cylindres appartenant à une même palée fussent tous bien à même hauteur, on remplit l'intervalle de 15 mm compris entre les boîtes en tôle et les cylindres intérieurs, d'argile dure, puis on entoura chacun des appareils de toile cirée, sur laquelle on étendit une couche de goudron. Ces précautions suffirent pour conserver le sable parfaitement sec, même après plusieurs mois, et pendant des temps fort pluvieux.

Dans 12 de ces cylindres, employés à deux reprises différentes, on ne remarqua pas la moindre trace d'humidité au moment du décintrement.

Afin d'être en mesure de contrôler la descente des divers cintres et de rendre leur mouvement aussi uniforme que possible, on plaça, de deux en deux fermes, des indicateurs de niveau, sur lesquels on pouvait aisément lire des différences de $\frac{1}{4}$ mm.

Pour éviter en outre, que les inégalités de mouvement ne se traduisent par des efforts additionnels, reportés d'une ferme à l'autre par les diagonales, du contreventement, on démonta celles-ci avant le décintrement. Ces préparatifs achevés, on retira seulement deux des bouchons fermant chaque boîte, en choisissant ceux de deux orifices opposés. Ces bouchons s'enlevèrent aussi facilement que ceux d'une bouteille ordinaire. Le sable commença alors à s'écouler, mais on s'aperçut bientôt que dans ces petits ajutages de 25 cm de longueur, il se formait de petits cônes de sable, qui finissaient par boucher en partie l'orifice de sortie. Il fallut alors faciliter l'écoulement du sable au moyen de clous ou de crochets. Mais cette particularité, que l'on éviterait d'ailleurs aisément en diminuant la longueur des ajutages, loin d'être nuisible, aidait à régler la descente des cintres, en permettant de diminuer ou d'augmenter l'écoulement de sable, suivant l'abaissement subi par les cintres, abaissement que constataient les indicateurs de niveau.

Le procédé de décintrement par des vis ou vérins, ainsi que celui par des boîtes à sable ne donnent pas encore une descente parfaitement uniforme. En vue d'atteindre ce but, M. Jntze, professeur à l'École polytechnique d'Aix-la-Chapelle, a fait reposer les cintres du pont Sainte-Anne, à Hambourg, sur des excentriques.

Nous ne faisons que citer, pour mémoire, cette quatrième méthode qui s'est peu répandue jusqu'à présent. Les personnes que cette question intéresserait plus particulièrement, trouveront la description détaillée et le dessin des appareils employés dans la « Deutsche Bauzeitung » de 1870, p. 49.

CHAPITRE VI.

Corniches principales en bois.

Dans beaucoup de grandes villes d'Allemagne, les corniches principales en bois sont prohibées par ordonnance de police. Tel n'est cependant pas le cas à Berlin, aussi ce mode de construction y est-il fort commun.

Dans les constructions rurales, on se contente souvent, en guise de couronnement, de laisser projeter le chevronnage, fig. 454, sans même le garnir d'un revêtement, ou bien, quand on en met un, de le composer de simples voliges que l'on fixe à l'aide de pattes et de clous.

Fig. 454

Si le bâtiment demande quelque décoration, on peut terminer les chevrons en forme de consoles et appuyer sur eux une pièce de bois évidée (a), formant corniche, laquelle reçoit à l'intérieur une gouttière en zinc, fig. 455.

Une disposition plus répandue consiste à appliquer sous les chevrons des consoles rapportées (k), fig. 456, dont le but est simplement décoratif. La maçonnerie d'entablement s'élève jusqu'à la hauteur des chevrons ou même du voligeage. Dans le premier cas, il faudrait surmonter le bord de la maçonnerie d'une volige placée de champ, afin de cacher le vide

Fig. 455.

qu'elle laisserait au-dessus d'elle. L'extrémité des chevrons
est profilée par quelques moulures.

Le mode de construction des corniches de plus d'importance

Fig. 456.

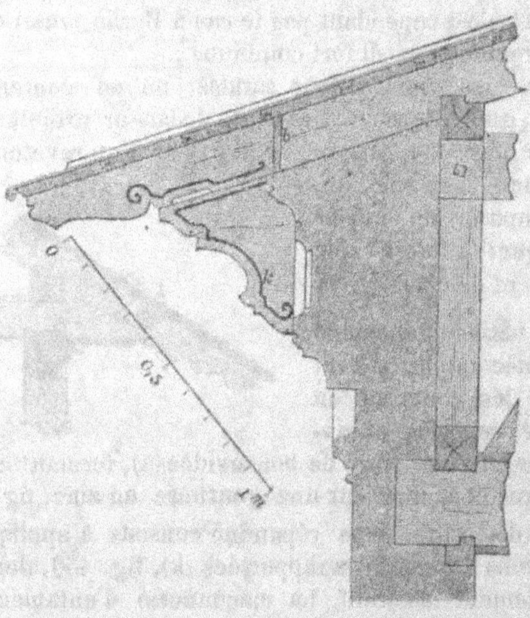

diffère selon que la cymaise sert de chéneau ou qu'elle est

indépendante de celui-ci. En général, on s'arrange de façon
à avoir dans la charpente, de deux en deux mètres, des jambes de force (c), fig. 457, sur lesquelles on vient boulonner,
ainsi que sur les montants (b) et à hauteur convenable, des
moises (d). Ces moises supportent par leur prolongement la

Fig. 457.

corniche de l'entablement. Les moulures de la corniche sont
profilées sur des planches, qui se raccordent à plat joint ou à
rainure et languette, et que l'on cloue sur les pièces (d) et sur
les fourrures (f). La petite moulure sous le larmier est tirée
avec l'enduit du mur. La partie supérieure de la corniche
reçoit également un revêtement en planches que l'on recouvre
de zinc pour les garantir de l'humidité.

La gouttière (h) présente forcément de la pente pour
assurer l'écoulement de l'eau ; pour cacher alors cette ligne
inclinée qui produirait un mauvais effet, on place en avant une
feuille redressée, simulant un chéneau.

Dans la fig. 458, la moise (z) supporte non seulement la corniche, formée comme tout à l'heure d'un revêtement en planches moulurées, mais un acrotère A, destiné à cacher le chéneau. L'inclinaison de la partie supérieure de la corniche est obtenue par l'addition de fourrures (k), fixées sur les moises (z). Le revêtement en voliges est cloué sur ces fourrures et

Fig. 458.

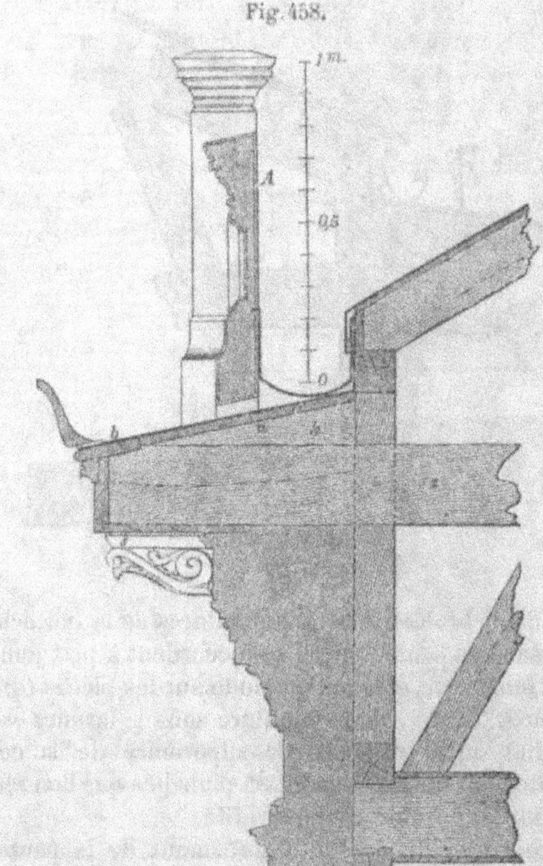

est recouvert d'une feuille de zinc remontant presque sous le chéneau. Des modillons en plâtre ou en ciment sont appliqués sous le larmier. La cymaise peut être en bois ou en zinc, et comme elle tendrait à former gouttière, sa partie inférieure est percée, de loin en loin, de petits trous livrant passage à l'eau.

Une disposition avec corniche à larmier incliné est représentée dans la fig. 459. L'extrémité de la moise (z) est entaillée obliquement par en dessous et c'est contre elle que sont fixées les planches constituant le larmier. La cymaise est en bois ou en zinc d'art. Une gouttière en zinc recouvre la partie supérieure de la corniche.

Les dispositions des fig. 457-459 sont d'une application

Fig. 459.

courante à Berlin. La murette d'entablement est généralement formée d'une cloison en briques, d'une demi-brique d'épaisseur, comme nous l'avons, du reste, déjà vu dans les exemples, fig. 194 et 196.

En terminant, nous renvoyons encore au premier volume de cet ouvrage, où il a été donné, au chapitre gouttières et chéneaux, quelques autres exemples de corniches principales en bois.

TABLE DES MATIÈRES.

	Page.
Charpentes.	1

CHAPITRE I.

Combinaisons élémentaires.	2
A. Allongement ou enture de bois.	2
B. Élargissement des bois	4
C. Assemblage d'angle et joints multiples	5
a. Les pièces à réunir se trouvent dans un même plan	6
b. Les axes des pièces à réunir ne sont pas dans un même plan.	9
D. Renforcement de la section des bois	13
a. Assemblage à crans.	13
b. Assemblage par simples clefs.	17
c. Assemblage à crémaillère ou à endents	18
Assemblages des poutres composées	21
1. Poutres composées en forme de fermes	21
a. Arbalétriers	24
b. Poinçons	25
c. Entraits.	26
d. Assemblage du poinçon avec les arbalétriers	26
e. Assemblage du poinçon avec l'entrait.	28
f. Assemblage du poinçon avec l'entrait relevé et l'arbalétrier.	30
g. Ferrements des assemblages	35
2. Poutres s'appuyant sur contre-fiches	47

Page.

CHAPITRE II.

Planchers 59

  Planchers des étages 60
  Planchers des combles 69
    Dispositions particulières 74
  Entrevous et plafonds 77
    Souténement du solivage 81
    Renforcement des poutres 87
    Dimensions des solives des maîtresses-poutres 97
    Calcul des maîtresses-poutres 101
    Les planchers en bois en Autriche 108

CHAPITRE III.

Pans de bois 120

  Pans de bois en pièces jointives 121
    Pans de bois formés d'une charpente hourdée 122
    Pans de bois avec poteaux de petite longueur 123
    Pans de bois en porte-à-faux 134
    Remplissages des panneaux 135
    Cloisons 139
    Cloisons suspendues 143
  Pans de bois avec poteaux de grande longueur 149
  Pans de bois, avec hourdis en pisé, à la tourbe, etc. 156
  Cloisons en madriers et en planches 157

CHAPITRE IV.

Charpentes de combles 162

  Pente des toits 162
  Formes diverses des combles 167
    1. Comble à deux longs pans (fig. 229) 167
    2. Comble en appentis (fig. 230) 169
    3. Comble en pavillon (fig. 231) 169
    4. Comble à deux longs pans avec croupes (fig. 232) . . . 170
    5. Appentis avec croupes (fig. 234) 170
    6. Comble en demi-pavillon (fig. 235) 170
    7. Comble à la Mansard (fig. 236) 170
    8. Combles en arc 171
    9. Combles en dôme (fig. 238) 171
  A. Charpente avec chevronnage s'appuyant sur les solives du plancher des combles 175
    1. Combles formés d'un simple chevronnage 175
  Charpentes à simple chevronnage renforcé de faux entraits . . . 179

Page.

Charpente à simple chevronnage avec faux-entraits s'appuyant sur deux appuis. 183
Charpentes avec chevronnage sur cours de pannes. 188
Charpentes avec cours de pannes sur fermes. 189
Charpentes avec cours de pannes s'appuyant sur soutiens inclinés. . 199
B. Charpentes avec chevronnage surhaussé 205
Combles à deux versants de pentes ou de largeurs différentes . . . 218
Charpentes de combles soutenant en même temps le plafond sous-jacent 224
Combles à la Mansard. 233
Combles en appentis 237
Combles à versants dissemblables dit combles « Sheds ». 244
Combles en arc. 249
Fermes en arc de de Lorme. 250
Fermes en arc du système Emy. 259
Fermes en treillis. 259
Combles retroussés 260
Fermes formées de la combinaison de poutres armées simples . . . 287
Combles de clochers 292
Intersection et combinaison des combles. 296

CHAPITRE V.

Cintres en bois 323
Décintrement des voûtes 330

CHAPITRE VI.

Corniches principales en bois 335

Paris. — Imp. E. Bernard et C°, 71, rue Lacondamine.

[illegible] en note

CHAPITRE V

[illegible]

CHAPITRE VI

[illegible]

DIVISION DES ATELIERS

PHOTOGRAPHIE

Notre matériel nous permet de faire des *clichés* *d'un mètre carré*, soit dans nos ateliers, soit à domicile, où nous envoyons dans les 24 heures.

PHOTOGLYPTIE

Par ce procédé on obtient des épreuves *inaltérables*, aussi brillantes que la photographie au sel d'argent et on a, de plus, l'immense avantage de pouvoir tirer rapidement et en grand nombre.

Les impressions en *photoglyptie* prenant chaque jour une plus grande extension, nous avons organisé un atelier spécial qui nous permet de livrer, en moyenne, 5.000 épreuves par jour.

PHOTOTYPIE

La phototypie est la reproduction des épreuves photographiques par l'impression à l'encre grasse, c'est-à-dire l'exactitude de la photographie jointe à l'inaltérabilité de la gravure.

Le succès sans précédents qui a accueilli les premières reproductions est le plus bel éloge qu'on puisse faire de ce nouveau procédé.

PHOTO-LITHOGRAPHIE

Notre outillage photographique nous permettant de faire des clichés d'un mètre carré, nous pouvons reproduire sur pierre tous les dessins à cette dimension, soit par réduction ou agrandissement.

LITHOGRAPHIE

Nous nous chargeons de tous les travaux de lithographie, en noir et en couleurs, ainsi que des dessins et impressions autographiques, qui donnent aujourd'hui d'excellents résultats.

TYPOGRAPHIE

Notre matériel typographique, entièrement neuf, comprend plusieurs machines des meilleurs constructeurs de Paris. Nous pouvons exécuter tous les travaux de luxe ainsi que les labeurs à grands tirages.